세상을 바꾼 독약 한 방울 2

THE ELEMENTS OF MURDER: A History of Poison
by John Emsley

Copyright © 2005 by John Emsley
All rights reserved.

The Elements of Murder: A History of Poison was originally published in English in 2005.

Korean Translation Copyright © 2010 by ScienceBooks Co., Ltd.
Korean translation edition is published by arrangement with Oxford University Press through EYA.

이 책의 한국어판 저작권은 EYA를 통해 Oxford University Press와 독점 계약한
(주)사이언스북스에 있습니다.
저작권법에 의해 한국 내에서 보호를 받는 저작물이므로 무단 전재와 무단 복제를 금합니다.

제국을 멸망시킨 화학 원소 이야기

세상을 바꾼 독약 한 방울 2

존 엠슬리 | 김명남 옮김

사이언스북스

옮긴이의 말

사람이 죽는 방법은 헤아릴 수 없이 많다. 오죽하면 『800만 가지 죽는 방법』이라는 추리소설 제목이 있겠는가. 죽이는 방법도 헤아릴 수 없이 많다. 목 졸라 죽이는 교살, 총으로 죽이는 총살, 쏘아 죽이는 사살, 베어 죽이는 참살, 쳐서 죽이는 격살, 던져 죽이는 척살…… 그러나 그 모든 방법들 중에서 가장 널리 쓰였던 방법은 독물을 먹여 죽이는 독살이었다.

고대 그리스의 소크라테스는 독당근 추출물을 사약으로 받고 죽었다. 고대 로마에서는 식물에서 추출한 독물을 사용해 정적을 제거하는 일이 비일비재했다고 한다. 15세기 이탈리아의 세도가 체사레 보르자 집안도 독약을 정치적 무기로 활용했던 것으로 유명하다. 유럽이나 일본의 왕궁에는 음식에 독이 들었는지 먼저 맛보는 '시식시종'이 있었다. 멀리 갈 것도 없이, 조선 시대의 왕들은 세 명 중 한 명꼴로 독살을 당했을 것이라는 주장(『조선 왕 독살사건』)이 있다.

독살은 왜 이렇게 인기 있었을까? 수많은 타살의 방법들 중에서 자연사를 가장할 수 있는 유일한 방법이었기 때문이다. 잘만 되면 살인 행위 자체를 숨길 수 있었을 뿐만 아니라, 설령 타살이 의심된다고 해도 일단 몸속으로 들어가 소화된 독물에서 가해자의 증거를 찾아내기는 여간 어려운 것이 아니니 범인에게는 가장 안전한 방법이었다. 게다가 피해자의 음식이나 음료에 슬쩍 손을 대기만 하면 그만이니 완력도 담력도 필요 없다. 그래서 독살을 가리켜 겁쟁이의 방법이라고 했고, 여성의 살인법이라고 했다.

독살의 전성기라면 두말할 것도 없이 19세기 말에서 20세기 초였다. 식물이나 광물에서 화합물을 분리해 내는 기술이 눈부시게 발전하면서 서양의 약국에는 갖가지 특허 의약품들이 진열되었는데, 모두 독약으로 쓰일 만한 물질들이었다. 코카인이나 비소가 아이에게도 버젓이 팔리던 시대였다. 당시에 얼마나 독살이 유행했는가 하는 것은 애거사 크리스티 같은 고전 추리소설가들의 책을 보면 잘 알 수 있다.

독물이 살인자들의 좋은 친구였다면, 그 반대편에는 누가 있었을까? 바로 화학자들이다. 화학자들이 독물을 검출하는 기법들을 개발하면서, 이른바 독물의 황금시대는 막을 내렸다. 그래서 오늘날은 독살이 한물간 기법으로 여겨진다. 요즘은 누구나 쉽게 독물을 구입할 수가 없기도 하거니와, 범죄소설이나 드라마가 법의학 지식을 널리 퍼뜨린 탓에 청산가리(사이안화칼륨) 같은 사이안화 화합물에서는 아몬드 냄새가 난다는 등의 초보적인 지식을 누구나 갖고 있는 세상이다.

화학자들이 수백 년 된 시료에서조차 미량의 독물을 감지해 내는 세상인 것이다.

그렇듯 떼려야 뗄 수 없는 독약과 화학자의 관계, 애증에 가까운 그 미묘한 관계를 잘 보여 주는 것이 이 책 『세상을 바꾼 독약 한 방울』이다. 한 마디로 이 책을 묘사하라면 '독약과 화학'쯤일까? 주기율표를 놓고 가장 널리 독살에 사용되었던 다섯 원소를 골라 내 소개한 것부터가 그렇고, 각 원소가 인체나 환경에 어떤 형태로 들어 있으며 어떤 형태일 때 독약으로서의 반응성이 높은지 알려주는 것도 그렇다.

수은과 비소를 집중 조명한 1권에 이어, 2권은 안티모니, 납, 탈륨을 소개한다. 안티모니는 보통 사람들에게는 이름도 생소한 원소이지만, 책에 따르면 한때 만능약으로 여기저기 처방되었다. 모차르트가 안티모니 중독으로 죽었을 것이라는 이야기도 흥미롭다. 그에 질세라 납은 모차르트 못지 않게 유명한 베토벤을 죽였다. 그리고 납은 물감 재료로 널리 쓰였기 때문에, 붓을 핥는 버릇이 있었던 반 고흐를 비롯하여 많은 화가들까지 중독시켰다고 한다. 한편 탈륨은 사담 후세인의 비밀병기. 이처럼 하나같이 요긴한 재료이지만 어두운 이면이 있었던 원소들의 이야기를 읽다 보면, 치명적인 매력이란 바로 이런 게 아닐까 싶다.

김명남

한국어판 서문

『세상을 바꾼 독약 한 방울』이 한국에서 출간된다는 소식에 무척 기뻤다. 이 책은 속성상 인간에게 해로운 몇몇 원소들, 즉 비소, 안티모니, 수은, 탈륨, 납을 소개한다. 이 원소들은 위험한 것임에도 불구하고 널리 사용되었고 흔히 부주의하게 사용되었으며 가끔은 독살로 사람을 죽이는 범죄에 일부러 오용되었다. 『세상을 바꾼 독약 한 방울』은 그런 측면들을 두루 살펴본다.

중심이 되는 장에서는 먼저 원소의 흥미로운 역사를 이야기한다. 원소가 의약적으로 어떻게 사용되었는지, 왜 오늘날 위험하다고 여겨지는지, 인간과 환경에 어떤 위협을 가하고 있는지 살펴본다. 이어지는 장에서는 원소가 범죄에 악용된 사례들을 소개하는데, 오래 전의 사건들이 많지만 지난 세기의 사건들도 간간이 섞여 있다.

유독 원소들을 동원한 살인은 지금은 드문 일이 되었다. 원소 구입에 대한 법적 규제가 있기 때문이고, 악용되었을 경우에는 법의학 감식을 통해 그 존재를 확실하게 밝혀낼 수 있기 때문이다. 한국 독자들 가운데 이 원소들에 얽힌 흥미로운 일화를 아는 분이 있다면 내게 알려주시기를 바란다. 더없이 고마울 것이다.

존 엠슬리

감사의 말

이 책을 쓰는 데 도움을 준 아래의 친구들과 지인들에게 진심으로 감사의 인사를 드린다. 몇 사람은 내가 달리 얻지 못했을 정보를 알려 주었고, 몇 사람은 내 꼬임에 넘어가 몇몇 장의 내용이 과학적으로 정확한지 살펴봐 주었고, 몇 사람은 심지어 원고 전체를 읽어 주었다. 감사의 마음을 담아 소개하면 다음과 같다.

존 애시비(John Ashby) 박사, 체셔 주 중앙 독물학 연구소에서 일하며 스태퍼트셔 리크에 사는 박사는 비소 관련 장들을 점검해 주었고 추가의 비소 정보를 제공해 주었다.

앨런 베일리(Alan Bailey) 박사, 런던 과학 수사 연구소의 분석 센터에서 일하는 박사는 탈륨 관련 장들을 샅샅이 조사하고 용어 설명을 점검해 주었다.

토머스 비팅거(Thomas Bittinger), 레킷 벤키저 사의 마케팅 담당자인 그는 교황 클레멘스 2세의 독살을 다룬 논문을 번역해 주었다.

폴 보드(Paul Board), 란디드노의 푸그로 로버트슨 주식회사에서 일하는 그는 모차르트의 죽음과 살인자 주라 샤(Zoora Shah)에 관한 자료들, 그밖의 아이템들을 제공해 주었다. 또한 원고 전체를 읽어 주었다.

데이비드 딕슨(David Dickson), 과학 및 개발 네트워크 www.scidev.net의 관리

자인 그는 방글라데시와 벵골 지역 식수의 비소 오염 원인을 밝힌 연구에 관해 알려 주었다.

내 아내 조안 엠슬리(Joan Emsley), 전체 원고를 읽고, 내가 일반 독자에게도 화학 학위가 있겠거니 생각한 듯 어렵게 쓴 부분을 쉽게 풀어 쓰도록 지적해 주었다.

레이먼드 홀란드(Raymond Holland), 화학 산업 협회의 브리스톨 앤드 사우스웨스트 지부 의장인 그는 수은 관련 장들을 검토해 주었고 목재 보존에 쓰이는 염화수은(II)의 데이터를 제공해 주었다.

스티브 험프리(Steve Hunphrey), 런던 과학 수사 연구소의 독물학 부서에서 일하는 그는 비소 관련 장들을 읽어 주었다.

미하엘 크라클러(Michael Krachler) **박사**, 독일 하이델베르크 대학교의 박사는 최신의 안티모니 분석법들을 알려 주었고 안티모니 관련 장들을 확인해 주었다.

스티브 레이(Steve Ley) **교수와 로즈 레이**(Rose Lay), 케임브리지 대학교 화학과의 이들은 전체 원고를 읽고 귀중한 발전적 제안들을 주었다.

실비아 리머릭(Sylvia Limerick) **대영 제국 백작 부인**, 자신이 1988년에 이끈 위원회의 보고서인 「요람사 이론들을 점검하기 위한 전문가 집단: 유독 기체 가설」을 한 부 주었다. 또한 이 책의 안티모니 장들을 읽어 주었다.

C. 해리슨 타운센드(C. Harrison Townsend), 캐나다 밴쿠버의 그는 눈 속의 독 때문에 죽은 밀렵꾼들 이야기를 해 주었다.

윌리엄 쇼틱(William Shotyk) **교수**, 하이델베르크 대학교의 교수는 안티모니 정보를 제공해 주었고, 관련 장들을 점검해 주었다.

마이클 유티지언(Michael Utidjian) **박사**, 뉴저지 주 웨인에 사는 그는 비소와 수은에 관한 여러 흥미로운 정보를 제공해 주었다.

트레버 워츠(Trevor Watts) **박사**, 킹스 칼리지 치대의 학부장인 박사는 치아용 아말감 내용을 확인해 주었다.

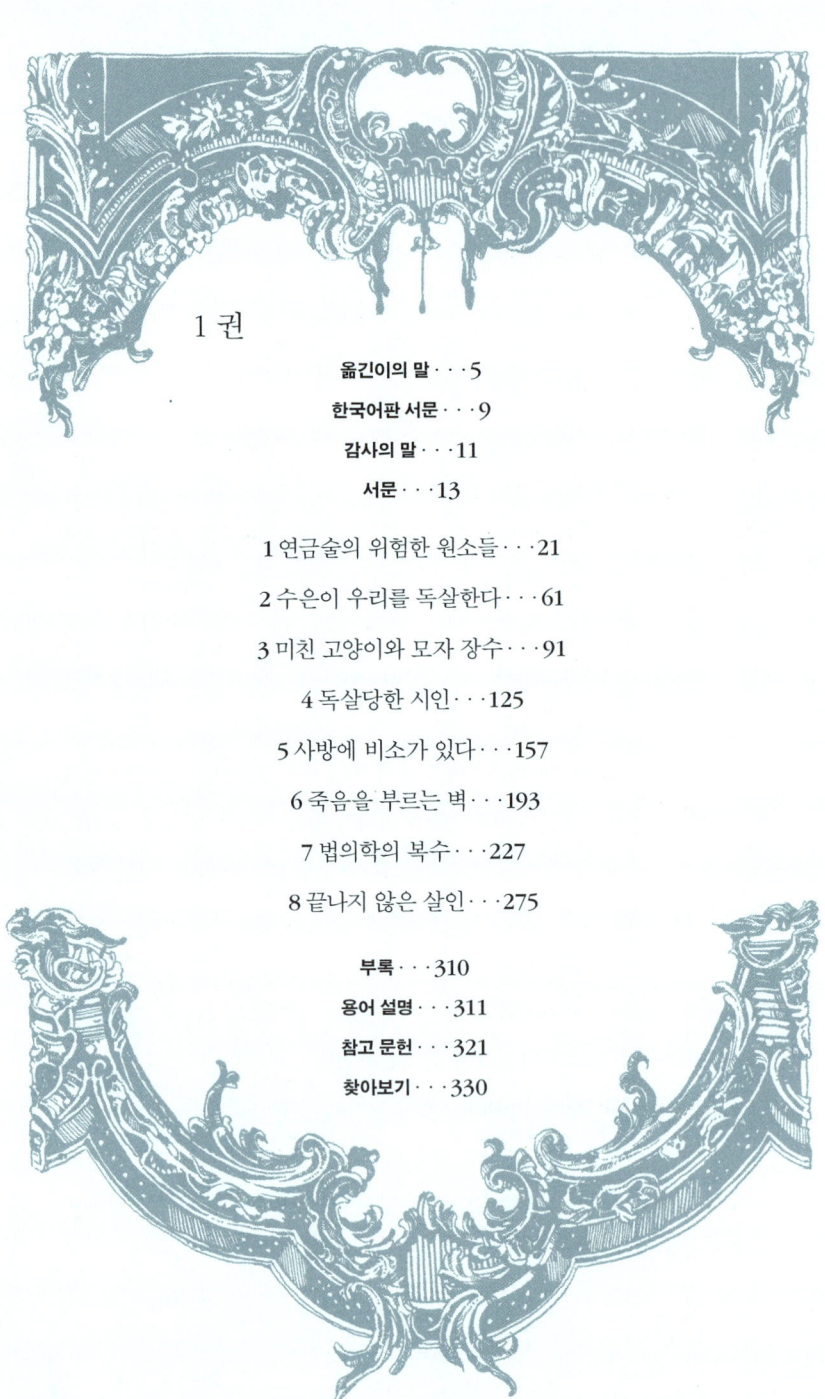

1권

옮긴이의 말 · · · 5
한국어판 서문 · · · 9
감사의 말 · · · 11
서문 · · · 13

1 연금술의 위험한 원소들 · · · 21
2 수은이 우리를 독살한다 · · · 61
3 미친 고양이와 모자 장수 · · · 91
4 독살당한 시인 · · · 125
5 사방에 비소가 있다 · · · 157
6 죽음을 부르는 벽 · · · 193
7 법의학의 복수 · · · 227
8 끝나지 않은 살인 · · · 275

부록 · · · 310
용어 설명 · · · 311
참고 문헌 · · · 321
찾아보기 · · · 330

2권

옮긴이의 말 · · · 5
한국어판 서문 · · · 8
감사의 말 · · · 10

9 만병을 통치하는 안티모니 · · · 15
10 새로운 진혼곡 · · · 47
11 가명의 살인마 · · · 79
12 납의 제국 · · · 109
13 조지 왕의 광기 · · · 145
14 바티칸 독살 음모 · · · 175
15 탈륨 쥐약의 정체 · · · 199
16 수상한 찻잔 · · · 231
17 또 다른 죽음의 원소들 · · · 265

부록 · · · 302
용어 설명 · · · 303
참고 문헌 · · · 313
찾아보기 · · · 322

9 만병을 통치하는 안티모니

안티모니 원소에 대한 더 전문적인 정보는 용어 설명을 참고하라.

안티모니는 같은 무게로 비교할 때 비소만큼 독성이 강하다. 하지만 같은 양을 섭취해도 비소만큼 치명적이지 않다. 안티모니 염은 대번에 격렬한 구토를 일으켜 인체가 미처 흡수하기도 전에 대부분의 독소를 내보내기 때문이다. 이처럼 위 근육을 자극해 내용물을 배출시키는 이상한 능력 때문에 일반적으로 안티모니를 살인 무기로 쓰기는 어렵다. 하지만 간혹 한 번에 엄청난 양을 먹여 피해자를 죽음에 이르게 할 수 있다. 10장에 나올 찰스 브라보(Charles Bravo)의 경우가 그랬다. 체내에 있는 경우 안티모니는 120밀리그램 정도의 소량도 치명적이다. 소량을 여러 차례 가해 사람을 죽일 수도 있다. 11장에 나올 독살자 조지 채프먼(George Chapman)이 그런 식으로 살인했다.

안티모니는 자연에서 비소만큼 흔한 물질은 아니다. 지각의 농도는

0.3피피엠, 바닷물의 농도는 0.3피피비에 불과하다. 비소의 약 10분의 1인 셈이다. 먹이 사슬에 들어가는 양도 적을 수밖에 없다. 매년 대기로 배출되는 안티모니는 약 1,600톤인데, 석탄 연소로 나온 것이 대부분이다. 석탄 배기 가스에는 평균적으로 3피피엠의 안티모니가 함유되어 있다. 금속 제련소나 소각장에서도 상당한 양이 배출된다.

수백 년 동안 우리 환경의 안티모니 양은 꾸준히 증가해 왔다. 주로 안티모니를 불순물로 포함하는 납 광석과 구리 광석의 채굴량이 늘어났기 때문이다. 안티모니 배출을 걱정한 사람이 아주 없었던 것은 아니지만, 대체로 사람들은 이 원소의 영향력을 과소평가해 왔다. 안티모니의 권위자인 독일 하이델베르크 대학교의 교수 윌리엄 쇼틱(William Shotyk)이 스위스와 스코틀랜드의 습지에서 채취한 토탄을 분석한 결과 오늘날의 안티모니 농도는 5,000년 전에 비해 1,000배가량 높다. 납처럼 안티모니에는 아무런 생물학적 역할도 없다. 안티모니는 납보다 10배나 독성이 강하고, 납처럼 누적되는 독이다. 5장에서 비소가 장벽을 통과해 혈류로 들어가면 신진대사 과정에서 인을 대신한다는 말을 했다. 안티모니는 화학적으로 비소와 유사하지만 그런 일을 하지는 못한다. 안티모니가 인체의 방어선을 돌파하기는 무척 힘들다. 하지만 일단 돌파한 경우에는 쉽사리 제거되지 않는 경향이 있다.

체내의 안티모니

체액에 정상적으로 존재하는 안티모니의 농도는 탐지가 불가능할

정도로 적다. 하지만 최근 몇 년 동안 기술이 크게 발전해 이제는 1조 분의 몇 정도의 농도도 측정할 수 있다. 소변의 안티모니 농도는 보통 250피피티(0.000000025퍼센트) 정도다. 이보다 농도가 높은 장기도 있다. 가령 뇌는 0.1피피엠, 머리카락은 0.7피피엠, 간은 0.2피피엠, 신장은 0.2피피엠이다. 그렇지만 이 정도는 건강에 위협을 주지 않는다. 이런 장기들에서는 일반적으로 비소 농도보다 안티모니 농도가 높은데, 비소는 빠르게 배출되는 반면 안티모니는 오래 남기 때문이다. 안티모니가 든 기생충 약을 복용한 환자들을 검사하니 이 원소는 예상보다 훨씬 오래 몸에 남는 것으로 드러났다. 보통 며칠에 걸쳐 여러 번 주사를 맞기 때문에 전체 안티모니 주입량은 500밀리그램쯤 되었는데, 6개월이 지난 뒤에도 소변의 안티모니 농도가 1피피엠으로 상당히 높은 편이었고, 1년이 지난 뒤에도 0.25피피엠이나 되었다.

우리가 매일 음식과 음료에서 섭취하는 안티모니의 양은 약 0.5밀리그램으로, 주로 채소에 든 미량의 안티모니다. 평균적인 성인의 경우 체내 안티모니 총량은 약 2밀리그램이고, 이들은 단백질의 황 원자들과 결합하고 있다. 황 원자들이 효소의 활동 부위에 존재하는 것이 아닌 이상 안티모니가 신진대사를 크게 방해할 일은 없다.

원소 상태보다 훨씬 위험한 것은 스티빈이라 불리는 수소화안티모니 기체(SbH_3)다. 몇몇 산업 분야를 제외하면 거의 마주칠 일이 없는 기체지만, 1990년대에는 이 물질이 유아 요람사의 원인이라는 비난을 받은 적이 있었다. 이에 대해서는 뒤에서 살펴보겠다. 스티빈은 몇몇 안티모니 합금들이 강한 산과 접촉할 때 형성된다. 스티빈은 안티모니 화합물들 가운데 가장 독성이 세고, 두통과 메스꺼움과 구토를

일으키고, 심장 박동 유지에 관여하는 항콜린에스테라제라는 효소의 활동을 방해한다. 그밖의 산업적 독성 화합물로는 염산에 삼염화안티모니를 녹인 이른바 갈색화 용액이 있다. 주철 등의 금속에 청동 색깔을 입혀 준다고 해서 붙여진 이름이다. 이 용액은 가구 광택제나 에나멜 가죽 표면 처리제로 쓰였다. 이것을 마시고 죽은 사례들이 있지만 사실 살인 도구로는 적합하지 않았다. 부식성 용액이라서 피해자의 주의를 끌지 않은 채 먹일 방법이 없었기 때문이다.

안티모니는 혈류로 들어가면 우선 간에 쌓인다. 다음에 인체 곳곳으로 전달되고, 신장에 의해 서서히 몸 밖으로 배출된다. 하지만 안티모니 중독 증상의 하나가 소변량 감소이기 때문에 배출은 효과적이지 못하다. 안티모니에 중독되었더라도 48시간을 버티면 완벽하게 회복할 가능성이 높다. 약간의 보살핌과 치료만 받으면 된다. 안티모니 중독으로 죽은 사람의 시체를 부검하면 위의 염증 말고는 특별한 이상을 발견하지 못할 때가 많다.

빅토리아 시대에 가장 뛰어난 안티모니 검출법은 마시 검출법이었다. 비소와 마찬가지로 안티모니도 금속 거울 막을 만든다. 안티모니 막의 색깔은 비소보다 검었고, 시험관에서 불꽃에 더 가까운 위치에 형성되었다. 마시 검출법은 시료 용액에서 뽑아낸 스티빈 기체를 불꽃으로 분해함으로써 안티모니를 확인했다. 안티모니 거울 막에 공기를 쐬면서 열을 가하면 비소와는 달리 휘발성 산화물이 생겨나지 않으므로 이 단계에서 두 원소를 구분할 수 있었다. 가열한 거울 막에 황화수소 기체를 쐬면 안티모니는 불그스레한 주황색의 황화안티모니로 바뀌었다. 반면 비소 거울에 황화수소를 쐬면 밝은 노랑색의 황화비소가 생겼다. 20세기에는 한결 정교한 안티모니 분석 기법들이 등장했는데, 용어 해설을 참고하기 바란다.

요즘은 안티모니 중독 진단이 제대로 내려지는 이상 환자가 죽을 리는 없다. 용어 설명에 이야기했듯이, 좋은 킬레이트 약물들이 있기 때문이다. 킬레이트제는 피와 내장 기관들 속의 안티모니를 수색해 몸 밖으로 내보낸다. 이런 약물이 도입되기 전에는 위 내용물을 모두 끄집어내는 것이 공인된 치료법이었다. 위를 여러 번 물로 세척한 뒤, 아주 많은 양의 액체를 마시도록 하는 것이었다. 이런 치료법으로도 종종 환자의 생명을 살린 예가 있었다. 혈중 안티모니 농도가 정상의 60배가 넘어 무려 0.1피피엠이었던 한 중독 환자가 킬레이트제 없이도 완전하게 회생한 사례가 있었다.

의학에서의 안티모니

안티모니가 어떤 형태로든 질병 치료에 사용된 것은 3,000년 전부터의 일이다. 이집트의 파피루스를 보면 자연 광물인 휘안석(검은 황화안티모니)을 열병 환자나 피부병 환자들에게 처방했다는 내용이 있다. 1세기 후반 로마 시대의 의사, 아나자르부스(터키 남부)의 디오스코리데스(Dioscorides)도 휘안석을 알았다. 그는 이 광물을 스티비라 부르면서 피부 질환, 궤양, 화상 등에 추천했고 밀랍과 섞은 연고 형태로 바르라고 했다. 그는 휘안석을 숯불로 가열하면 마치 납처럼 녹는 금속으로 환원된다고 했다. 황화안티모니를 추천한 사람으로 칼라프 이븐 아바스 알 자라위(Kalaf ibn-Abbas al-Zahrawi)도 있었다. 유

럽에 아불카시스(또는 알부카시스)라는 이름으로 알려진 그는 아랍 시대 에스파냐의 저명한 의사로 1013년에 사망했다. 그는 선지자 마호메트가 안염 같은 눈병 치료에 안티모니 사용을 승인했다고 주장했다.

중세에 안티모니 금속은 두 가지 형태로 등장했다. 구토 술과 영구 알약인데, 전자는 숙취와 과식을 치료하기 위한 것, 후자는 변비를 치료하기 위한 것이었다. 흥청망청 먹고 마신 날 잠자리에 들기 전에 안티모니로 만든 특별한 술잔에 포도주를 부어 두었다가 다음 날 그것을 마시면 곧 구토가 일어나 위가 비워졌다. 그것이 구토 술이었다. 영구 알약은 작은 공 모양의 안티모니 덩어리였다. 이것을 삼키면 장이 자극을 받아 장 속 물질들이 빠져나갔다. 그러면 배설물과 함께 나온 알약을 찾아내 잘 씻은 뒤에 다음을 위해 다시 보관했다. 영구 알약은 효과가 상당히 좋았고 대대로 알약을 넘겨주는 집안도 있었다.

안티모니 화합물이 대유행을 한 것은 1500년대였다. 온갖 종류의 질병에 치료제로 쓰였지만, 약효를 믿지 않는 의사들도 있었다. 1600년대에는 이른바 안티모니 전쟁이 벌어졌다. 안티모니 사용을 권장했던 파라셀수스의 가르침을 따르는 경험론자들과 고대 로마의 의사 갈레노스의 가르침에 집착하는 전통 갈레노스주의자들 사이의 대립이었다. 파라셀수스는 안티모니 화합물 사용에 적극 찬성했는데, 특히 릴리움이라는 처방약을 높이 샀다. 이것은 질산안티모니와 타타르산안티모니 용액에 주석, 구리를 4대 1대 1로 섞은 것이었다. 파라셀수스는 이것을 여러 질환들에 처방으로 제시했다.

새로운 안티모니 화합물들이 만들어지면서 점점 많은 의사가 이것들을 실험하게 되었다. 하지만 파리 의사 단체는 안티모니 처방에 질색했고, 1566년에는 법으로 단호하게 금지하고 나섰다. 이 법은 이후 100년 동안 프랑스 법전에 남았다. 독일의 몇몇 주들도 안티모니 사용을 막아야 한다고 믿었다. 1580년부터 1655년까지 하이델베르크 대학교 의대 졸업생들은 환자에게 안티모니(또는 수은)를 절대 적용하지 않겠다고 서약해야 했다.

그러나 서서히 경험론자들이 우위를 점하기 시작했다. 1600년대에는 몇몇 저명 의사들이 안티모니 약제를 옹호하고 나섰다. 『화학의 공회당(Basilica Chymica)』을 쓴 오스왈드 크롤(Oswald Croll, 1580~1609년)도 그런 인물이었다. 그 책에는 안티모니를 활용하는 23가지 조제법이 실려 있었다. 크롤은 특히 버터의 질감을 닮은 삼염화안티모니($SbCl_3$)의 효력에 깊은 인상을 받았다.[45] 실제로 안티모니 버터라고 불렸던 이 물질은 물과 반응해 불용성 산화염화안티모니(SbOCl)를 만들었다. 삼염화안티모니는 피부에 쓰기도 곤란할 정도로 위험했기 때문에 의사들은 대신 이 산화염화안티모니를 처방했다. 1604년에는 안티모니의 효용을 대중에게 널리 알린 『안티모니의 개선 마차』라는 책이 출간되었다. 그 책에 담긴 조제법들은 대부분 모호하기 때문에 우리가 알아보기가 힘들지만, 어떤 화합물을 말하는지 몇 가지 추리해볼 수는 있다. 가령 안티모니 거울은 산화황화안티모니고, 고정된 안티모니는 질산안티모니다.

---

45 삼염화안티모니는 저온에서는 결정형 고체지만 실온에서는 버터와 비슷한 반죽이 된다. 녹는점은 73도고 연기를 발산하며 녹아 노란 액체가 된다. 최근까지 수의사들은 알코올이나 클로로폼 같은 용매에 삼염화안티모니를 녹인 용액을 송아지의 뿔을 자르는 데 쓰기도 했다. 법에 따라 생후 1주일 안의 송아지에게만 적용할 수 있는 방법이었다.

1600년대 말에는 안티모니 화합물을 활용하는 조제법이 100가지도 넘었다. 어떤 의사들은 안티모니가 포함된 가루약 제품에 자신의 이름을 남겼다. 예를 들어 1603년에 사망한 이탈리아 베로나의 의사 빅토르 알가로티(Victor Algarotti)는 구토제로 처방되는 안티모니 가루약을 만들었는데, 영국에서 이 약은 알가로스 가루로 알려졌다. 가루의 성분은 산화염화안티모니로서, 이것을 먹으면 즉시 구토가 일어나 몸의 나쁜 '체액'을 몰아낼 수 있다고 했다. 더욱 인기 있는 특허 약품들도 속속 등장했다. 가령 1620년에 등장한 워릭 백작 가루가 있었다. 여왕 엘리자베스 1세의 총신이었던 그 유명한 레스터 백작의 아들, 로버트 더들리(Robert Dudley, 1574~1649년)가 제조한 것이었다. (레스터 백작은 더들리가 태어나기 불과 2일 전에 더들리의 어머니와 결혼했으나, 후에 그녀를 버렸고 나중에는 결혼했다는 사실조차 인정하지 않았다.) 백작이 죽자 더들리는 적통을 인정받아 아버지의 작위와 유산을 물려받으려 했으나, 이 일에 실패하자 피렌체로 이민 가서 로마 가톨릭으로 개종했다. 그곳에서 페르디난도 2세로부터 워릭 백작 작위를 받았고, 교황이 이를 승인했다. 더들리는 1649년에 죽었다.

	워릭 백작 가루가 국제적으로 유명해진 것은 1657년의 일이었다. 칼레에서 장티푸스에 걸린 19세의 프랑스 왕 루이 14세를 낫게 하는 엄청난 성공을 거두었던 것이다. 이때부터 워릭 백작 가루는 인기가 사그라들지 않았다. 파리 의사 단체는 이 약도 금지해야 마땅했지만, 더 이상 그럴 수가 없었고, 1666년에는 안티모니 사용 금지법이 아예 폐지되었다. 그래도 이 약에는 분명 위험이 도사리고 있었기 때문에 의료계는 간간이 비난을 들어야 했다. 프랑스 극작가 몰리에르는 의사들이 이 약을 부주의하게 적용한 탓에 자신의 외동아들이 죽었다고 믿었다. 몰리에르가 희곡에서 틈만 나면 의사들을 조롱했던 이유가 그 때문일 것이다. 예를 들어 그의 작품 「상상병 환자(La Malade Imaginaire)」는 심기증에 걸린 환자와 그를 치료하려는 의사들의 이야기로, 의료계 전반을 힐난하며 웃음을 자아내는 희곡이다. 1721년의 런던 약전에는 워릭 백작 가루의 성분에 대해 이렇게 적혀 있다. "스카모니아(메꽃류의 식물에서 얻는 수지로 설사제 성분) 2온스, 발한성 안티모니(아마 산화안티모니일 것이다.[46]) 1온스, 타타르 크림(타타르산수소화칼륨) 1온스를 섞을 것." 이렇게 하면 아마 가루약 1,000회 분량 이상이 만들어졌을 것이다.

요한 글라우버(Johann Glauber, 1604~1670년)는 1651년에 케르메스 미네랄이라는 새로운 안티모니 조제약을 발명했는데, 조제법은 비밀에 부쳤다. 이 약도 온갖 질병을 치료한다고 알려졌고, 특히 프랑스에서 샤르트르 가루라고 불리며 인기가 높았다. 가벼운 열병뿐만 아니라 천연두, 수종, 매독 등 심각한 질환을 치료하는 데에도 쓰였다. 글라우버는 평생 제조법을 공개하지 않았지만, 그가 죽은 뒤 비법이 드 샤스트네(de Chastenay) 박사에게 전수되었고, 샤스트네는 또 라 리저리(La Ligerie)라는 외과 의사에게 알려 주었으며, 라 리저리는 시몬 수사라는 수도사에게 은밀히 알려 주었다. 시몬 수사는 그 약으로 동료 수도사들을 성공리에 치료했다. 라 리저리는 결국 케르메스 미네랄

---

46 안티모니의 산화물 중 흔한 것은 삼산화안티모니(Sb_2O_3)고 드문 형태는 사산화안티모니(Sb_2O_4)다. 후자는 전자를 공기 중에서 세게 가열하면 얻어진다.

조제법을 루이 14세에게 팔았다. 상당한 금액을 대가로 받았다고 하나 얼마인지는 비밀에 부쳐졌다. 몇 년 뒤에 위대한 화학자 베르셀리우스(Berzelius)가 그 약을 분석해 산화안티모니가 40퍼센트, 황화안티모니가 60퍼센트 섞인 혼합물에 때에 따라 황화나트륨 소량이 첨가된 물질이라고 결론내렸다. 이 약은 무려 1910년까지 미국 약전에 남아 있었다.

글라우버는 검은 휘안석 광석으로 케르메스 미네랄을 만들었다. 그는 휘안석을 잿물(탄산칼륨)에 넣어 끓이면 만들어지는 붉은 물질을 새로운 물질로 생각했지만, 그것은 황화안티모니의 다른 형태에 불과하다. 글라우버로부터 100년이 지난 뒤에야 화학자 로즈가 황화안티모니는 검은색과 붉은색의 두 가지 형태로 존재한다는 것을 밝혀냈다. 용액 속에서 침전될 때는 붉은색이고, 가열하면 검은색으로 돌아간다. 글라우버는 휘안석을 붉은 형태로 바꾸는 방법을 알아낸 것이었는데, 다만 그 과정에서 재료 일부를 환원시켰다.

다양한 안티모니 약제들은 결국 효력이 더 좋고 더 안전한 신제품 제임스 가루로 대체되었다. 그것은 1747년에 로버트 제임스(Robert James, 1705~1776년) 박사가 특허를 낸 제품이었다. 그는 1755년에 최초의 영어 사전을 편찬한 새뮤얼 존슨 박사의 주치의이자 평생지기였다. 제임스 가루는 열병 가루라고도 불렸고, 흥건하게 땀을 내고자 할 때 처방되었으며, 150년 동안 약전에 이름을 올렸다. 1회 복용량에는 안티모니가 5~10밀리그램 들어 있었고 이 정도면 바라는 효과를 내기에 충분했다. 제임스 가루는 조지 3세에게 처방되었고, 1800년대 초에 북극 원정을 갔다가 실종된 탐험대의 구급 상자에도 들어 있었다. 후대에 원정대의 유류품 몇 가지가 발견되었을 때 이 사실이 알려졌다.

특허에 따르면 제임스 가루는 안티모니 금속을 가열해 산화시킨 뒤 동물성 기름, 소금, 녹인 초석(질산칼륨)을 섞어 만들었다. 그러나 사실 특허 설명서에 적힌 조제법은 가짜였다. 제임스는 비법을 보호하려고 했던 것이다. 후대의 분석 결과에 따르면 제임스 가루는 산화안티모니와 인산칼슘의 혼합물이었다. 산화안티모니는 특허의 설명대로 만들 수 있지만 후자는 아마 석회화한(태운) 뼈를 원료로 제조했을 것이다. 1700년대에는 인산칼슘의 원료가 그것밖에 없었기 때문이다. 약전이 지정하는 공식 대체물은 황화안티모니 또는 산화안티모니와 녹각 가루를 섞은 가루였다. 하지만 사람들은 제임스의 제품에 비하면 대체물의 효능은 형편없다고 믿었다. 제임스 가루는 1800년대까지도 계속 런던에서 제조되었다. 사실 제임스 가루의 유효 성분은 안티모니 한 가지뿐이다. 원하는 효과를 얻는 데는 극소량의 안티모니면 충분했기 때문에, 인산칼슘 같은 아무 기능 없는 재료를 첨가해 묽힌 것이었다.

이 모든 특허 의약품들을 뛰어넘은 제품이 하나 있었으니, 바로 타타르 구토제(타타르산안티모닐칼륨)였다. 1631년에 메클렌부르크 공의 주치의였던 아드리안 민지히트(Adrian Mynsicht)가 처음 처방했다고 하지만 그 전에도 다양한 이름으로 오랫동안 사용되었을 가능성이 높다. 글라우버가 1648년에 공개한 타타르 구토제 제조법은 은색의 안티모니 승화물(산화안티모니의 한 형태)과 타타르 크림(타타르산수소화칼륨)을 3대 4의 비율로 섞어 1시간 끓인 뒤 거르고, 물을 대부분

날려 버리는 방법이었다. 그것을 식히면 타타르산안티모닐칼륨 결정이 자랐다.

타타르 구토제는 1700년대 중반에 저명한 영국 의사 둘의 추천을 받았다. 부유하고 성공한 런던 개업의 존 포더길(John Fothergill, 1712~1780년)과 왕립 학회 특별 회원인 존 헉스햄(John Huxham, 1692~1768년)이었다. 헉스햄은 데번 출신으로서 1755년에 안티모니에 대한 논문으로 영예로운 왕립 학회 코플리 메달을 받았다. 그는 특히 안티모니 포도주를 추천했다. 황화산화안티모니 1온스를 마데이라 포도주 24온스에 녹여 10일에서 12일 동안 숙성시킨 것이었다. 복용량에 따라 체질 개선제(일반적인 강장제), 혈액 희석제(체중 감량 도우미), 발한제로 쓰일 수 있다고 했다.

타타르 구토제가 아니라도 타타르산안티모닐칼륨을 함유하는 다른 특허 제품들이 있었다. J. 존슨 알약, 힌드 발한제(수의사들이 썼다.), 미첼 알약 등 이름은 다양했고, 프랑스와 독일 이름을 붙인 제품도 많았다. 정말 수입품이었거나, 아니면 그 나라의 안티모니 화합물이 효력이 좋다고 알려졌기 때문에 수입품이 아닌데도 외국 이름을 붙인 제품들이었다.

타타르산안티모닐칼륨 대신 나트륨 염을 선호하는 사람도 있었다. 칼륨 염은 건조한 공기에서 풍화하는 경향이 있기 때문이다. 즉 수분을 잃는다는 것인데, 완전히 말라 버리면 용액에 녹이기가 어려웠다. 나트륨 염은 그렇지 않은 데다 자극이 적다는 장점도 있었다. 그러나 칼륨 염을 완전히 대신하지는 못했다. 칼륨 염은 구하기 쉬운 재료들로 간단히 만들 수 있고 용액 속에서 쉽게 결정화한다는 장점이 있었다. 타타르 구토제는 거의 만능약처럼 여겨졌고 특히 열병 치료에 좋다고 했다. 그러나 곧 파울러 용액(1권의 5장을 참고하라.) 같은 비소 약제에 밀려났고, 1890년대 들어 아스피린이 널리 사용되기 시작하면서 고열을 떨어뜨리는 데에만 처방되는 수준으로 사용이 축소되었다.

 1800년대 말이면 오래된 안티모니 치료법들은 대개 인기를 잃었다. 안티모니를 사용해 저지른 살인 사건들이 알려진 탓도 있었다. 그런데 1915년에 안티모니가 주혈흡충증이나 선모충증 같은 기생충 감염에 효과적이라는 사실이 알려지면서, 안티모니 염들은 1900년대에 다시 의료계의 관심을 받게 되었다. 의사들은 숙주인 인체에는 해가 되지 않지만 기생충을 죽일 수 있는 양의 타타르산안티모닐칼륨 용액을 주사했다. 대체로 치료 효과가 뛰어났지만 안티모니 중독 증상을 경험하는 환자가 간혹 있었고, 때때로 민감한 환자가 사망하기도 했다. 첫 주사를 맞고 나서 몇 분 만에 죽은 사람도 있었다.

 구충제로 쓸 안전한 안티모니 화합물을 찾던 연구자들은 비스나트륨안티모니(피로카테콜-2,4-다이설포네이트)를 발견했다. 이 물질은 스티보펜이라는 일반명으로 불렸고, 푸아딘이나 트리몬 같은 다양한 제품명으로 시장에 선보였다. 이것을 100밀리그램 주입하면 주혈흡충증, 선모충증, 트리파노소마증 등에 효과가 있었다. 이것은 타타르산안티모닐칼륨보다 부작용이 훨씬 적어, 2,041명의 환자들 가운데 1명만 안티모니 중독으로 죽었을 뿐이다. 안티올리민(사이오말산리튬안티모니)도 많이 쓰였다. 2~3일 간격으로 1밀리리터씩 주사하고, 한번에 안티모니 10밀리그램을 주입하는 처방이었다. 그러다 서서히 4밀리리터로 주사량을 늘리고, 나중에는 환자의 몸무게에 따라 한번에 40밀

리그램에서 60밀리그램 정도의 안티모니를 적용했다.

주혈흡충증은 빌하르츠증이라고도 하며, 스키스토소마라는 작은 편형 흡충에 감염되는 병이다. 흡충은 방광, 장, 폐, 간 등 여러 장기들의 혈관에 기생한다. 사람은 기생충 알에 접촉함으로써 감염되는데, 수생 달팽이 또는 수륙 양생 달팽이가 중간 숙주로서 감염 통로가 된다. 낮은 산화수의 안티모니(III)를 포함한 스티보펜을 주사하면 주혈흡충증을 성공적으로 치료할 수 있었다. 요즘은 안티모니가 들어 있지 않고 훨씬 적은 용량으로도 효과를 발휘하는 프라지콴텔이라는 약이 사용된다.

높은 산화수의 안티모니(V)를 포함하는 약은 리슈만편모충증을 다스리는 데 쓰였다. 리슈만편모충증은 리슈마니아라는 편충이 피부를 파고들어 뾰루지를 일으키고 곪게 하는 병이다. 매년 200만 명이 이 기생충에 감염된다고 하는데, 대개 어린아이들이라서 어떤 나라에서는 소아병으로 취급하기도 한다. 안티모니 약제는 감염이 특히 심각한 경우에 쓰인다. 간, 비장, 림프절 등에 리슈만편모충이 침입하면 엄청날 정도로 붓는데, 그런 치명적인 상황을 막기 위해서다. 기생충을 옮기는 것은 모래파리다. 주택에서도 간간이 발견되는 모래파리는 가축이나 야생 동물들도 감염시킨다. 동물이 보균자가 되기 때문에 기생충만 통제해서는 인간 감염을 완벽하게 차단할 수 없다.

원래는 리슈만편모충증을 치료할 때 산화수가 3인 안티모니 화합물을 썼지만 1950년대 들어 글루콘산나트륨안티모니(펜토스탐)나 안티모니화메글루민(글루칸팀) 같은 산화수 5의 화합물을 쓰게 되었다. 안티모니 약제가 듣지 않는 상황도 있는데, 이유는 안티모니의 산화수에 있다. 안티모니(V)에 접촉한 기생충은 제 몸의 세포에서 그것을 안티모니(III)로 환원시키는데, 이 안티모니(III)가 기생충에 치명적이다. 그런데 어떤 기생충은 안티모니(V)를 안티모니(III)로 환원시킬 줄 몰라서 살아남는다.

이처럼 의학계에는 아직 안티모니 용례가 존재한다. 최근에 독일 하노버 대학교의 니나 울리히(Nina Ulrich) 교수는 앞으로 적용 사례가 더욱 늘어날 것이라고 내다보았다. 정말 그렇다면 의사들은 주의 깊게 결과를 감시해야 할 것이다. 안티모니의 효과는 참으로 예측 불가능하기 때문이다. 한때 스티보펜의 칼륨 염인 안티모산이 다발성 경화증 치료제로 도입되었으나 효과를 거두지 못한 적이 있다. 1926년, 다발성 경화증을 앓던 24세 여성이 2개월에 걸쳐 17번 안티모산 주사를 맞고 증세가 호전되는 듯 보였다. 하지만 그녀는 18번째 주사를 맞은 뒤 갑자기 부작용을 일으켜 피를 토하기 시작했고, 혼수상태에 빠져 깨어나지 못했다. 이와 달리 완벽하게 안전한 안티모니 치료법들도 있다. 가령 동종 요법(비슷한 것이 비슷한 것을 치료한다는 원칙 아래 질병의 증상과 비슷한 상태를 오히려 조장하는 치료 요법 ― 옮긴이)에서도 안티모니 용액을 많이 사용하지만, 농도가 너무 낮아서 안티모니 원소가 환자의 몸속으로 들어갈 가능성이 없으므로 절대 안전하다.

안티모니의 기타 용도

안티모니는 진짜 금속은 아니다. 화학자들은 안티모니를 메탈로이드(반금속) 또는 준금속이라고 부른다. 금속 성질과 비금속 성질을 동

시에 띤다는 뜻이다. 금속으로서는 납의 성질을 닮았다. 안티모니와 납의 합금은 오늘날의 안티모니 소비에서 큰 부분을 차지하는 자동차 전지의 전극에 쓰인다. 이때 안티모니는 강도와 경도를 높여 주는 역할을 한다. 종의 재료 등으로 쓰이는 주철 합금에도 소량 첨가된다. 요즘은 납 합금의 인기가 떨어졌기 때문에 납 대신 주석 89퍼센트, 안티모니 7퍼센트, 구리 2퍼센트, 비스무트 2퍼센트의 합금이 널리 쓰인다. 총알, 산탄, 전선 피복재 등의 납 제품을 만들 때 안티모니를 몇 퍼센트 추가해 강도를 높이는 기법은 요즘도 흔히 쓰인다. 총알의 안티모니 농도를 측정해 서로 다른 시점에 생산된 총알들을 구분할 수 있는데, 이것은 다음 장에서 설명할 것이다.

배빗 메탈은 원래 1839년에 아이작 배빗(Isaac Babbitt)이 특허를 낸 합금을 가리켰는데, 요즘은 마찰 감소 성질이 뛰어난 여러 은백색 합금들을 통칭하는 말로 쓰인다. 그런 금속들에 모두 안티모니가 들어간다. 상대적으로 무른 납 같은 금속을 기본으로 하고 거기에 안티모니처럼 단단한 합금 결정들을 섞은 것이다. 이것은 베어링의 재료로 이상적이라서 가스 터빈, 전기 모터, 펌프 등에 사용된다. 납을 기반으로 하고 안티모니 15퍼센트에 주석과 비소를 소량 첨가한 것도 있고, 주석을 기반으로 하고 안티모니 7퍼센트에 구리와 납을 소량 첨가한 것도 있다. 배빗 메탈은 주조식으로 다른 금속 표면에 입히기도 하고, 화염 아크 용사법으로 뿌리기도 한다. 특히 기계에서 정지 부품과 가동 부품이 틈을 두고 맞닿는 부분에 쓰인다. 배빗 메탈은 가동 부품의 표면에 제 곡면을 완벽히 맞춤으로써 부품들 사이의 마찰을 줄여 주고, 윤활제가 고르게 퍼지도록 해 준다. 덕분에 과열되는 지점이 적어져서 마찰열 때문에 금속들이 붙는 사고가 발생하지 않는다.

과거에는 안티모니 화합물이 요즘보다 훨씬 널리 각종 산업에 사용되었다. 예를 들어 타타르산안티모닐칼륨은 가죽과 섬유 산업에서 착색제로 쓰였다. 즉 가죽이나 천을 염색할 때 염료를 고정해 주는 물질로 쓰였다. 섬유 표면에 안티모니가 화학적으로 결합하고, 그 안티모니에 염료가 결합하는 것이다. 요즘은 안티모니 대신 황산칼륨알루미늄이 쓰인다. 그밖에 유리와 세라믹 산업, 염료 산업, 반도체 산업 등에서 안티모니화비소화갈륨 같은 화합물들이 쓰인다. 의학계에서는 방사선 측정 기기인 신틸레이션 계수기와 방사성 동위 원소를 써서 인체 장기의 영상을 얻는 신티그램 촬영법에 황화안티모니가 사용된다.

안티모니는 세계 경제에서 중요한 금속이다. 2003년의 연간 생산량은 14만 톤이었고, 그중 90퍼센트는 중국산이었다. 중국의 안티모니 매장량은 100만 톤이 넘는다. 주요 광물 형태는 휘안석과 테트라헤드라이트(구리, 철, 황화안티모니 광물)고 이들이 부산물로 안티모니를 내놓는다. 미국은 안티모니 수요의 대부분을 납 전지 재활용으로 충당하고, 따로 비축해 둔 것도 8만 톤 있다. 미국에는 현재 안티모니를 생산하는 광산이 없지만 알래스카, 아이다호, 몬태나, 네바다 주에 안티모니가 풍부한 광물들이 매장되어 있으므로 필요한 경우 언제든 캘 수 있다.

산화안티모니(Sb_2O_3)는 플라스틱에 내연제로 첨가된다. 특히 자동차 부품, 텔레비전, 매트리스 등에 쓰이는 것이 전체 소비의 3분의 2에 달한다. 산화안티모니는 불붙은 플라스틱과 화학 반응을 일으켜 찐

득찐득한 층을 형성함으로써 불길을 끈다. 이렇게 가정의 안전을 보장하는 역할을 함에도 불구하고, 안티모니가 한때 돌연사의 주범으로 몰린 적이 있었다.

요람사와 안티모니

1950년대부터 영국에서는 아기들을 보통 방수 PVC 막이 씌워진 폼 매트리스에 재웠다. 1988년에는 내연 첨가물 규정이 법으로 만들어짐에 따라 매트리스에도 방화재가 포함되기 시작했다. 제조사들은 대부분 PVC 막에 산화안티모니를 더하는 방법을 썼다. 그런데 1950년대부터 아기들이 잠을 자다 갑자기 사망하는 요람사가 증가했고, 1980년대 말에는 아기 1만 명당 23명 정도가 특별한 이유 없이, 겉으로 드러난 원인 없이 죽는 상황이었다. PVC 매트리스의 사용과 요람사 사이에 관련이 있을까? 두 영국인이 그렇다는 가설을 제안했다. 매트리스에서 발생되는 스티빈 기체가 아이들을 중독시킨다는 주장이었다. 그들은 라디오에서 이 이론을 공개했고, 유명 의학 잡지에도 투고했다. 이로써 장장 7년을 끌게 될 압력 집단들 사이의 공방이 시작되었다. 젊은 부모들 수천 명이 매트리스를 내다 버리고, 공포에 질려 상담 전화에 문의하는 난리가 벌어질 참이었다.

요람사라는 말은 사람의 감정을 자극한다. 최고로 안전해야 할 요람에서 죽는다니 말이다. 이 말을 처음 쓴 사람은 병리학자 배릿(A. M. Barrett)이었다. 그는 겉보기에 건강한 아기가 갑자기 사망하는 사례를 가리키기 위해 1954년에 이 표현을 처음 썼다. 미국 소아과 의사 벡위스(J. B. Beckwith)는 1969년에 영아 돌연사 증후군(SIDS)이라는 훨씬 형식적인 이름을 도입했다. 뭐라고 부르건, 이 현상은 점점 흔해지는 것 같았다. 영국과 미국은 물론이고 서유럽 전체, 오스트레일리아, 뉴질랜드에서도 그랬다. 이상하게도 중국이나 인도, 아프리카, 일본 같은 나라에서는 사례가 거의 없었다. 다만 미국에 이민 온 일본인 가정에서는 다른 인종 집단과 비슷한 빈도로 사고가 발생했다. 사람들은 아기를 다루는 관행이나 실내 환경의 어떤 요소들 때문에 요람사가 발생하는 것이라고 해석했다.

영아 돌연사 사례는 1970년대와 1980년대 들어 점점 많아졌다. 1980년대 말에는 12개월 미만 아기들의 사망 사례 중 3분의 1이 돌연사에 해당했다. 영국에서는 1주일에 약 20건씩 보고되었다. 의사들은 과거라면 불확실한 감염에 의한 사망이나 사고로 인한 질식사 등 자연 원인으로 돌렸을 사례들을 이제 영아 돌연사 증후군으로 분류했다. 틀림없이 뭔가 원인이 있을 텐데, 대체 무엇일까? 다양한 가설들이 제기되었다. 소젖에 대한 극심한 알레르기 반응이라는 가설도 있었고, 부모가 흡연할 경우 사고 확률이 조금 높아진다는 통계에 따라 담배가 원인일 것이라는 설도 있었다. 심지어 송전선이 원인이라는 다소 신비주의적인 주장마저 등장했다.

1990년에 스티빈으로 인한 안티모니 중독이 요람사의 원인이라는 가설이 영국에서 각종 언론의 1면을 장식했다. 가설에 따르면 스코풀라리옵시스 브레비카울리스라는 곰팡이균이 매트리스의 PVC에 방화재로 포함된 산화안티모니를 섭취해 스티빈 기체를 방출한다고 했다. 6장에서 보았듯 이 미생물은 습한 곳에서 번성하며 비소를 휘발시키는 녀석이다. 그러니까 안티모니도 휘발시킬 수 있을지 몰랐다. 그게 사실이라면 요람사는 고지오 병의 안티모니 버전인 셈이었다. 아기의 소변으로 축축해진 매트리스에 곰팡이가 자라서 비소 기체만큼 치명적인 스티빈 기체가 나오는 셈이었다.

이 가설을 생각해 낸 사람은 배리 리처드슨(Barry Richardson)과 피터 미첼(Peter Mitchell)이었다. 1988년에 리처드슨은 건지에 위치한 페나스 국제 연구소의 소장 겸 재료 컨설턴트로 일했고, 친구 미첼은 잉글랜드 남부 윈체스터에 살았다. 처음에 두 사람은 PVC 방화재 속의 비소가 범인이라고 생각했다. 아르신 기체가 원인이 아닐까 짐작했던 것이다. 그들은 영국 전역의 경찰서에서 요람사가 발생했던 가정의 매트리스를 얻어다 아르신이 방출되는지 확인해 보았지만 검출에 실패했다. 대신 그들은 스티빈 기체가 방출된다는 결론을 내렸다. 질산은을 시험용지에 적셔 갖다 대면 스티빈이 있을 경우 까맣게 변하는데, 그 기법으로 스티빈을 확인할 수 있었다.

요람사의 다른 측면들도 이론에 들어맞는 듯했다. PVC 매트리스가 도입된 시점이 요람사 증가 시점과 일치한다는 점, 그런 매트리스를 쓰는 나라에서만 사고가 발생한다는 점 등이었다. 예를 들어 일본의 경우 붕소산 염 방화재로 처리한 요를 주로 쓰니까 문제가 없을 것이다. 두 사람이 자신들의 가설을 확신하게 된 결정적 증거는 요람사한 아이들의 혈중 안티모니 농도가 높다는 점이었다. 그들은 가설과 과학 증거를 논문으로 정리해 《브리티시 메디컬 저널(British Medical Journal)》에 보냈다. 하지만 잡지의 편집자는 그들이 논문 출간 이전에 공공에 발표해선 안 된다는 원칙을 어겼다는 이유로 게재를 거부했다.

그래서 리처드슨은 BBC 4 라디오의 정오 프로그램인 「당신과 당신의」 담당 기자에게 연락을 취했다. 프로듀서들은 아침 방송 「투데이」의 작가들에게 소재를 넘겨주었고, 이들은 반색을 하며 리처드슨을 인터뷰했다. 이렇게 해서 마침내 1989년 6월 아침에 영국 청취자들은 매트리스에서 나온 산화안티모니 화합물이 요람사의 원인이라는 주장을 접하게 되었다. 1990년에 리처드슨은 드디어 《란셋》 335호 670쪽에 논문을 발표했다. 그는 자신이 검사한 모든 아기용 매트리스에서 스코풀라리옵시스 브레비카울리스가 검출되었다면서 그 미생물이 만들어 내는 기체는 스티빈이라고 주장했다.

신문들이 대대적으로 이야기를 퍼뜨려 관심을 일으키자 정부도 행동을 취해야 했다. 정부는 먼저 정부 화학 연구소에 리처드슨의 발견을 검증해 달라고 요청했다. 연구소는 리처드슨의 결과를 재현하는 데 실패했다. 그러나 한번의 부정적인 증거로는 무슨 일이든 해야 한다고 아우성치는 여론을 잠재울 수 없었다. 1990년 3월 9일에 정부는 전문가들로 구성된 공식 조사단을 발족하고 권위 있는 런던 세인트바솔로뮤 병원의 교수였으며 지금은 작고한 폴 터너(Paul Turner)를 단장으로 임명했다. 터너는 정부 산하 독성 물질 관리 위원회의 의장이기도 했다.

조사단은 14개월 뒤인 1991년 3월에 보고서를 제출했다. 결론은 리처드슨의 가설을 뒷받침할 과학적 증거가 없다는 것이었다. 하지만 정부는 리처드슨의 제안들 가운데 하나를 받아들여, 부모들에게 아이를 엎드려 재우지 말라고 충고했다. 리처드슨에 따르면 아기를 등을 대고 재우면 축축하고 오염된 매트리스에서 나오는 스티빈을 흡입하는 양이 그나마 적어질 것이었다. 보건부는 1991년 12월에 '등 대고 자기' 운동을 시작해 부모들에게 아기를 똑바로 눕혀 재우라고 조언했다. 그 결과 1988년에 1,500건가량으로 이미 정점을 넘어 서서히 감소하던 영아 돌연사 사례가 더 빨리 줄었고, 1993년에는 420건 정도가 되었다. 그래도 영아 돌연사는 여전히 영국인들 사이에서 뜨거운 관심사였다. 인기 텔레비전 사회자 앤 다이아몬드(Anne Diamond)의 4개월 된 아들 세바스찬이 어느 날 아침 요람에서 죽은 채 발견된 뒤로는 더욱 큰 이야깃거리가 되었다.

보건부의 터너 위원회가 접촉했던 연구자들 중에는 조앤 켈리(Joan Kelley)가 있었다. 그녀는 매트리스의 세균을 조사해 달라는 요청을 받은 뒤 사고가 벌어진 요람 19개를 포함해 모두 50개의 매트리스를 검사했다. 그녀는 위험한 곰팡이균인 아스페르길루스 푸미가투스 등 갖가지 세균들을 확인했지만, 문제는 스코풀라리옵시스 브레비카울리스가 검출된 매트리스는 3개에 불과하다는 점이었다. 그녀는 이 균이 영아 돌연사와 관련이 있다는 증거는 찾아볼 수 없다고 결론내렸다.

이때쯤이면 리처드슨과 미첼의 주장은 속속 신뢰를 잃어 가고 있었다. 그렇지만 1994년 11월 17일에 영향력 있는 텔레비전 프로그램 「쿡 보고서」가 한 편을 몽땅 할애해 그들의 가설을 다루는 바람에 대중의 공포가 다시 깨어났다. 방송 제목은 '요람의 독살'이었고 리처드슨의 이론을 지지하는 내용이었다. 방송사가 설치한 안내 전화에는 염려하는 부모들로부터 5만 통의 전화가 걸려 왔고, 부모들은 아기 침대 매트리스를 내던지기 시작했다. 리처드슨의 이론이 잘못으로 판명되었다는 사실, 유수의 전문가들이 방송을 비판했다는 사실, 특히 공포를 조장하는 태도는 둘째치고 과학적 내용 부족을 꼬집었다는 사실은 대중의 관심 밖이었다.

어쨌든 요람사한 아기들의 체내 안티모니 농도가 평균보다 높다는 것은 과학적으로 분명한 사실이었다. 서리 대학교의 로벤스 산업 및 환경 보건 안전 연구소의 저명한 과학자 앤드루 테일러(Andrew Taylor) 박사가 수행한 분석이 있었기 때문이다. 그는 돌연사한 아기 37명의 혈액을 검사했는데 그중 20명에게서 안티모니가 검출되었고 평균 농도는 0.07피피엠이었다. 다른 원인으로 사망한 아기 15명의 경우에는 딱 1명에게서 안티모니가 검출되었고 농도도 0.0005피피엠이 못 되었다. 이 증거는 안티모니와 요람사 사이에 의미심장한 연관이 있다고 말해 주는 것 같았다.

「쿡 보고서」는 2주 뒤인 12월 1일에 두 번째 편을 방영했다. 이때는 요람사 아기들의 혈중 안티모니 농도가 다른 질병으로 사망한 아기들의 농도보다 높다는 사실도 소개했다. 이제 사람들이 보기에 스티빈이 요람사의 원인이라는 것, 매트리스의 PVC 막에서 스티빈이 나온다는 것은 확실한 사실로 보였다. 영국 전역에서 수천 개의 매트리스가 버려졌다.

상점들은 「쿡 보고서」에 대응해 잽싸게 매대에서 매트리스를 치웠다. 아기 매트리스 제조업자들이 1991년의 첫 스티빈 경고 때부터 이미 비소와 안티모니가 함유된 방화재를 쓰지 않고 있었는데도 말이다. 어떤 제조사들은 인산 방화재조차 포함되지 않는 폴리우레탄 소재를 썼다. 영국 정부도 「쿡 보고서」에 대응해 다시 전문가들로 구성된 조사단을 꾸렸다. 이번에는 한층 철저히 조사를 수행하기로 하고 영아 돌연사 연구 재단의 부회장인 레이디 실비아 리머릭(Lady Sylvia Limerick)을 지휘자로 임명했다. 그녀는 보건부 자금으로 각종 실험을 수행해 요람사 가설을 다각도로 살펴보겠다고 했다.

다른 연구자들도 스티빈 가설을 꼼꼼히 들여다보고 있었다. 런던 대학교 버크벡 대학의 미생물학자 제인 니클린(Jane Nicklin) 박사와 화학자 마이크 톰프슨(Mike Thompson) 박사도 관련 실험을 수행했다. 니클린은 사고 매트리스에서 떼어 낸 조각을 스코풀라리옵시스 브레비카울리스가 잘 자랄 만한 환경에 놓았고, 톰프슨은 거기서 발생하는 기체들을 채취해 스티빈이 있는지 보았다. 그러나 스티빈은 없었다. 한편 스코틀랜드 요람사 신탁은 글래스고의 왕립 소아과 병원 연구자들에게 조사를 위탁했다. 놀랍게도 그들은 돌연사한 아기들의 간 속 안티모니 농도가 다른 이유로 사망한 아이들보다 도리어 **낮다**는 것을 발견했다. 그런가 하면 리버풀 대학교의 딕 판 벨센(Dick Van Velsen) 교수는 아기들의 머리카락 속 안티모니 농도를 조사한 실험에서 아기들이 자궁에 있을 때의 농도가 출생 뒤보다 **높다**는 사실을 확인했다. 역시 매트리스에서 안티모니가 나온다는 가설을 반박하는 듯한 증거였다. 브리스틀에 위치한 왕립 소아과 병원의 소아 건강 연구소에서도 피터 플레밍(Peter Fleming) 교수가 역학 조사를 수행해 PVC 매트리스가 요람사와 연관 있을 확률은 **거의 없다**는 결론을 내렸다.

1995년 12월 9일자 《란셋》에는 브리스틀 공중 보건 연구소의 데이비드 와너크(David Warnock) 박사가 이끈 연구진의 긴 논문이 실렸다. 연구진은 리머릭 위원회의 위탁을 받고 PVC 매트리스를 검사했는데, 검사 대상인 매트리스 23개 대부분에서 산화안티모니가 검출되었다. (보통 0.7퍼센트에서 1.5퍼센트 사이였고, 3퍼센트나 되는 게 하나 있었다.) 몇몇은 극미량만 포함하고 있었지만 말이다. 리처드슨은 이 연구진에게는 기꺼이 협조했다. 그런데 리처드슨의 실험을 주의 깊게 재검토한 연구진은 결국 리처드슨과는 정반대의 결론을 내놓았다. PVC에서 자라는 세균은 스코풀라리옵시스 브레비카울리스가 아니라 일상에 흔한 박테리아인 바실루스 종이었고, 그들이 내뿜는 기체는 스티빈이 아니라 황 화합물이었다. 그 황 화합물도 리처드슨이 목격한 대로 질산은 용지를 검게 바꾸어 놓는다.

《란셋》은 1989년에 리처드슨이 주어진 자원의 한계 내에서 이론을 충분히 시험했던 것은 사실이나, 관찰 내용의 해석에서 실수했던 것 같다고 정리했다. 같은 잡지에 톰프슨의 글도 실렸다. 톰프슨은 안티모니를 함유한 매트리스 9개를 검사한 결과, 스코풀라리옵시스 브레비카울리스를 비롯한 곰팡이들이 자라는 것은 확인했으나 스티빈이 방출된다는 증거는 찾지 못했다고 썼다. 톰프슨은 최첨단 분석 기법(유도 결합 플라스마 질량 분석기)을 썼기 때문에 스티빈이 조금이라도 있다면 분명히 검출되었을 것이다. 1995년에 BBC TV 프로그램 「증명 종료(QED)」는 리처드슨의 실험과 톰프슨의 실험을 재현해 보았는데, 이때도 스티빈은 검출되지 않았다.

스티빈 논쟁은 《란셋》의 독자 투고란에서 이어졌다. 리처드슨은 영아 돌연사와 매트리스가 관련이 있다고 계속 주장했고, 다른 전문가들은 그렇지 않다고 했다. 언론도 시류에 편승해 논쟁에 합류했다. 몇몇 신문 칼럼니스트들은 스티빈 원인설을 굳건히 지지하면서 리처드슨을 비판하는 이들을 비난했다. 정부 산하 리머릭 위원회에 대해서도 위원회가 시작부터 리처드슨의 이론을 기각하고 출발했기 때문에 독립적인 평결을 내릴 수 없다는 부당한 비난을 퍼부었다.

논쟁은 쉽게 사그라지지 않았다. 신문들은 스티빈이 요람사의 원인이라는 기사를 계속 실었다. 컨설팅 전문 화학자이자 법의학자인 짐 스프로트(Jim Sprott)는 뉴질랜드에서 『요람사 대탐구(*The Cot Death Cover Up*)』라는 책을 냈다. 자신의 견해에 대한 증거들을 밝히지 않은 책이었으므로 과학적 출판물이라고는 할 수 없었다. 스프로트는 뉴질랜드 요람사 대응 운동 본부의 일원이었는데, 이 단체는 안티모니, 비소, 인이 함유되지 않은 베이비세이프라는 매트리스와 매트리스 덮개를 판매하는 곳이었다. 물론 스프로트가 그 품질을 보장했다. 그는 《생명의 요람 2000(*Cot Life 2000*)》이라는 소식지에서 자신이 스티빈의 위험에 대해 경고하고 조언한 덕분에 뉴질랜드의 요람사 건수가 눈부시게 줄었다고 주장했다.

영국에서는 피터 크레이그(Peter Craig) 교수가 이끄는 레스터의 드몽포르 대학교 연구진이 리머릭 위원회의 위탁으로 스코풀라리옵시스 브레비카울리스 조사에 착수했다. 곰팡이균이 무기 안티모니에서 휘발성 화합물을 만들어 낼 수 있는지 알아보는 게 목적이었다. 연구진은 곰팡이가 휘발성 안티모니 물질을 만들어 낼 수 있다는 사실을 최초로 확인했다. 하지만 그것은 스티빈이 아니라 트라이메틸스티빈이었다. (트라이메틸스티빈은 안티모니 원자 하나에 메틸기가 3개 달린 것이다.) 게다가 PVC에 들어 있는 것은 산화안티모니였고, 세균은 그것을 재료로 해서는 트라이메틸스티빈조차 만들지 못했다.

자, 그러면 아기들 몸속의 안티모니는 어디에서 왔을까? 의문은 1997년 3월에 풀렸다. 《란셋》은 톰프슨이 런던 임페리얼 칼리지의 이언 손튼(Ian Thornton)과 공동으로 수행한 연구 결과를 소개했다. 원래 《환경 기술(Environmental Technology)》 18호 117쪽에 발표된 논문이었다. 그들은 버밍엄(산업 도시), 브라이턴(해변 도시), 리치먼드(런던 교외), 웨스트민스터(런던 시내이자 정부 관청 소재지)의 100가구를 대상으로 실내 먼지를 조사했다. 모든 집의 먼지에서 안티모니 농도가 10~20피피엠으로 높게 나왔다. 지각의 농도가 평균 0.2피피엠임을 감안하면 상당히 높은 수치였다. (어떤 집들은 100피피엠을 넘었다. 버밍엄의 한 집은 1,800피피엠이라는 믿기 힘든 수치를 보였다.) 톰프슨과 손튼은 요람사한 아기들의 간 속 안티모니 농도가 0.005피피엠 정도임을 볼 때 집안 먼지에서 온 것일 수 있다고 지적했다. 아기가 하루에 마시는 먼지의 양은 약 100밀리그램으로 알려져 있으니, 대부분의 아기들이 하루에 1마이크로그램의 안티모니를 흡입하는 셈이다. 안티모니 농도는 먼지 속의 납 농도와도 비례했다. 안티모니가 원래 납에서 나왔음을 시사하는 증거였다.

몇몇 신문들이 이 소식을 보도했다. 하지만 그들은 과연 안심해도 좋은가에 대해서는 의혹을 떨치지 못했다. 스프로트의 책에 제시된 증거들과 배치되는 듯 보였기 때문이다. 하지만 이제 안티모니가 범인이 아님을 보여 주는 결과들이 줄지어 등장했다. 런던 그레이트 오먼드 가 소아과 병원에서 아기 148명의 소변을 검사한 결과, 매트리스에 접촉했을 리가 없는 생후 24시간의 아기들에게서도 안티모니가 검출되었다. 측정이 어려울 정도의 극미량이었지만 분명히 검출되긴

했다.

1998년 5월에 리머릭 위원회의 최종 보고서가 「요람사 이론들을 점검하기 위한 전문가 집단: 유독 기체 가설」이라는 제목으로 발표되었다. 보고서는 스티빈과 영아 돌연사를 연관짓는 모든 주장을 일축했다. 매트리스가 스코풀라리옵시스 브레비카울리스로 오염된 경우는 극히 드물다고 지적했고, 매트리스에서 스티빈이 발생하는지 확인하는 실험을 수백 차례 거듭한 결과 증거가 없었다고 지적했다. (보고서는 특별한 실험 조건에서는 산화안티모니를 트라이메틸스티빈으로 전환할 수 있다고도 밝혔다.) 또 요람사한 아기들이 스티빈 중독으로 죽었다는 임상 증거도 없다고 했다. 대부분의 영아들이 체내에 안티모니를 갖고 있고, 요람사한 아기들이라고 해서 특별히 농도가 높은 것도 아니라고 했다. 매트리스에 산화안티모니 방화재가 도입된 1988년에 갑자기 요람사가 증가한 것은 아니고, 방화재를 제거한 1994년에 요람사가 감소한 것도 아니라고 했다. 모든 결론은 해당 분야의 전문가들이 보증한 것이었다. 리머릭 위원회는 3년의 조사 기간 동안 50만 파운드를 썼다. 유죄든 무죄든 스티빈의 책임 여부를 확실히 가릴 수만 있다면 그 정도는 써도 좋은 것으로 보였다.

언론은 공포를 조장하던 때와는 사뭇 다르게 리머릭 보고서에 대해서는 크게 보도하지 않았다. 다만 몇몇 신문들이 「쿡 보고서」 이후 뭇매를 맞았던 전문가들을 인터뷰했다. 전문가들은 그 프로그램이 영유아를 둔 부모들로 하여금 불필요한 불안을 품도록 무책임하게 조장했다고 규탄했다. 인기 있는 신문 《선데이 피플(*Sunday People*)》은 「쿡 보고서」를 제작한 칼턴 방송사의 면허를 취소해야 한다고 목청을 높였다. 영아 돌연사 사무국장 조이스 엡스타인(Joyce Epstein)은 그동안의 쓸데없는 걱정과 하릴없는 노력을 요약하면서 리머릭 보고서가 "무시무시한 공중 보건 괴담"에 종지부를 찍었다고 평가했다.

리머릭 보고서가 안심시켜 주었음에도 불구하고, 연구자들은 계속 돌연사한 아기들의 안티모니 농도가 높은지 확인하고자 했다. 그러나 증거는 명백히 그렇지 않다는 쪽이었다. 가장 광범위한 조사는 더블린 아동 병원의 매튜스(T. G. Mattews) 교수가 아일랜드 아기들을 대상으로 수행한 것이었다. 교수는 1999년에 아일랜드에서 요람사한 아기 52명의 간, 뇌, 혈액, 소변의 안티모니 농도를 조사해 다른 원인으로 죽은 아기들과 비교했다. 모든 아기들의 조직 세포 내 안티모니 농도는 0.01피피엠 미만이었다. 영아 돌연사한 아기나 그렇지 않은 아기나 차이가 없었다. 혈중 안티모니 농도는 약 0.3피피엠으로 돌연사한 아기들이 약간 높았고, 소변의 농도는 약 3피피엠으로 돌연사 집단과 대조군 사이에 차이가 없었다. 결론인즉 영아 돌연사가 안티모니 때문이라는 이론을 뒷받침할 만한 증거는 없었다. 아직도 대부분의 영아 돌연사 사고에 대해서는 분명한 해답이 없다.

요람사 괴담은 안티모니에 대한 대중적 소란으로서 마지막 사건일 가능성이 높다. 안티모니는 앞으로도 여전히 특수 재료들을 만드는 데 유용하게 쓰이겠지만, 실내 환경의 재료로 쓰일 가능성은 거의 없다. 쓰인다고 해도 건강에 영향을 줄 성 싶지 않다. 대부분의 안티모니가 납을 강화하는 데 쓰이므로, 납 합금에 대한 사용 기준이 사실상의 안티모니 사용 기준이 될 것이다. 미래에 안티모니가 새롭게 활용될 분야가 있다면 오히려 기생충 질병들을 치료하는 신약의 원료

로서일 것이다. 그리고 모든 신약이 엄격한 안전 기준을 통과해야 하기 때문에 그 속의 안티모니가 해로운 부작용을 일으킬 가능성은 없어 보인다.

안티모니는 언제까지나 인간 세상의 한 부분일 것이다. 그리고 세상 마지막 날까지 영원히 독성 물질일 것이다. 그 사실은 누구도 바꿀 수 없다. 그러나 안티모니는 때때로 법의학 조사에 도움을 준다. 다른 방법으로는 풀 수 없는 문제를 풀어 주고는 한다. 다음 장에서 살펴보겠지만 안티모니는 세상에서 가장 강력한 인물의 암살 사건을 파헤치는 데 귀중한 통찰을 제공했다. 그리고 브라질 사람들이 어떻게 스코틀랜드가 수출한 것보다 더 많은 양의 스카치위스키를 마시는지, 그 의혹도 풀어 주었다.

가짜 스카치위스키

1970년대 초 브라질에서는 위스키가 아주 인기 있었다. 고급 브랜드인 조니 워커 제품이 아주 잘 팔렸다. 심지어 스코틀랜드에서 수입하는 양보다 더 많이 팔리는 것 같았다. 누군가가 가짜 조니 워커를 양조해 진짜인 양 유통시키고 있다는 뜻이었다. 제보를 받은 경찰은 조사 끝에 한 창고를 급습해 진짜처럼 보이는 다량의 위스키를 압수했다. 그 옆에는 의심스러울 정도로 많은 스크류 마개, 코르크 고리, 금속 박막 뚜껑이 함께 있었다. 경찰은 문제의 위스키 몇 병과 물건들을 상파울루 원자력 연구소의 방사 화학 부서에 보냈고, 연구소장 파우스토 리마(Fausto Lima) 박사가 물건을 받았다.

위스키에는 많은 화학 물질들이 소량씩 들어 있다. 그 양은 제조 시점에 따라 편차가 크기 때문에, 그런 성분들만 분석해서는 진짜 스카치위스키인지 아닌지 알아낼 수 없다. 하지만 역시 미량으로 들어 있는 금속들을 분석하면 진위 여부를 판별할 수 있다. 진짜 조니 워커에 풍부하게 들어 있는 금속은 납, 안티모니, 코발트, 구리였다. 문제는 압류한 위스키의 금속 성분도 진짜와 크게 다르지 않다는 것이었다. 진짜 위스키의 납 농도는 1,000피피비였고, 의문의 위스키도 그랬다. 진짜 위스키의 안티모니 농도는 330피피비였고, 의문의 위스키는 340피피비였다. 진짜 위스키의 코발트 농도는 320피피비였고 의문의 위스키는 300피피비였다. 진짜의 구리 농도는 200피피비, 의문의 위스키는 130피피비였다. 이것만 가지고서는 둘을 구별할 수 없었다. 어쩌면 창고 주인이 말하는 대로 정말 진품인지도 몰랐다.

위스키를 조사하던 과학자들은 병을 봉하는 데 쓰는 금속 박막 뚜껑으로 시선을 돌렸다. 그리고 여기에서 문제의 위스키가 위조라는 증거를 찾아냈다. 진품 조니 워커의 뚜껑 속 안티모니 농도는 0.056퍼센트인데 문제의 위스키 뚜껑은 0.237퍼센트였던 것이다. 상점에서 압류한 금속 뚜껑도 안티모니 농도가 높았다. 사건은 해결되었다. 경찰은 위조 위스키를 모두 몰수해 폐기했다.

10 새로운 진혼곡

시체 속의 안티모니는 영원히 사라지지 않는다. 화장을 하지 않는 한, 안티모니를 사용한 살인자는 어느 날 갑자기 책임 추궁을 당하지 않으리라는 보장이 없다. 그리고 옛날에는 화장이 드물었다. 하지만 잠재적 이득을 생각하면 이 정도는 작은 위험이었다. 안티모니를 살인 무기로 택하게 하는 장점에는 여러 가지가 있었다. 의료계에서 널리 사용되는 원소였다는 점도 그중 하나다.

유독한 안티모니

안티모니를 무기로 선택하는 독살자들은 거의 반드시 타타르 구토제(타타르산안티모닐칼륨)를 사용했다. 옅은 노란색의 타타르 구토제 결정에는 두 가지 장점이 있었다. 첫째, 물에 매우 잘 녹았다. 용액에서 살짝 금속 맛이 나기는 하지만 다른 맛을 가미하면 쉽게 가릴 수 있었다. 둘째, 구하기 쉬웠다. 모든 약국에서 판매했고 이유를 묻는 일도 없었다. 동물 치료에 널리 사용되었기 때문이다. 게다가 쌌다. 1897년에 1온스가 2펜스였다. (오늘날의 50페니나 1달러쯤이다.) 약제사들은 파운드(1파운드는 약 0.5킬로그램)단위로 화합물을 주문해 두곤 했으니, 수요가 얼마나 많았는지 짐작할 만하다.

타타르산안티모닐칼륨을 5밀리그램 정도로 조금 먹으면 발한 효과가 있었다. 땀을 나게 해 체온을 낮춰 주었다. 한편 50밀리그램 정도로 많이 먹으면 구토제가 되었다. 환자는 15분 내에 토하기 시작해 위의 내용물을 거의 전부 쏟아 냈다. 독극물이 스스로에 대한 해독제가 되는 셈이었다. 그래서인지 찻숟가락 두 스푼에 해당하는 무려 25그램(2만 5000밀리그램)의 타타르 구토제를 탄산수소나트륨인 줄 알고 먹었던 남자가 회복한 사례도 있었다. 반면 120밀리그램밖에 삼키지 않았는데 죽은 사람도 있었다. 그렇게까지 민감한 사람은 극히 드물지만 말이다. 안티모니의 치사량은 120밀리그램의 2배쯤이다. 그것도 충분히 체내에 흡수될 때까지 오래 몸에 남아 있는 조건에서다. 어쨌든 특별히 안티모니에 민감한 사람이 있는 것이 사실이다. 뒤에 살펴볼 찰스 브라보 사건이 그런 경우였고, 모차르트의 수수께끼 같은 죽음도 그 때문이었을지 모른다.

타타르산안티모닐칼륨을 500밀리그램 이상 단번에 섭취하면 몇 시간 만에 죽는다고 한다. 하지만 안티모니에 대한 반응이 개인마다 너무 다르기 때문에 치사량이 정확히 얼마인지 꼬집어 말하기는 어렵다. 250밀리그램은 생명을 위태롭게 하기에 충분한 최소량인 듯하

고, 500~1,000밀리그램은 피해자가 구토를 하지 않는다면 확실히 치사량이다. 안티모니는 간과 신장, 특히 심장 근육의 작동에 필요한 효소들의 활동을 방해한다.

안티모니의 독성이 예측 불가능한 까닭은 이처럼 사람들의 민감도에 편차가 크기 때문이다. 1854년에 16세 소녀가 타타르 구토제 50그레인(3,200밀리그램)을 먹은 뒤 3시간 동안 심하게 토했다. 다음 날 아침에 소녀는 다 나은 듯 보였지만 오후에 재발했고, 곧 혼수상태에 빠져 밤늦게 죽었다. 1966년에는 43세의 남성이 사고로 타타르 구토제 4분의 1온스(7,000밀리그램)를 먹었는데, 실수를 깨닫고 제 발로 1킬로미터 이상 걸어 의사를 찾아갔다. 그때는 안티모니 중독 증상이 전혀 없었다. 하지만 남자는 1시간 뒤부터 토하기 시작해 자리에 누웠다. 이튿날 아침에는 회복된 듯했으나 그 다음 날 다시 쇠약해졌고, 브랜디를 마시고 조금 나아지는 듯하다가, 하루 뒤에 죽었다. 남자는 마지막 순간까지 의식이 또렷했다.

1928년의 더운 여름, 뉴캐슬어폰타인에 있는 어떤 회사의 종업원 70명이 에나멜 들통에 담긴 레모네이드를 마시고 심각한 안티모니 중독을 겪었다. 레모네이드는 전날에 이른바 '과일 결정'으로 만든 것이었다. 과일 결정의 성분은 주로 시트르산(구연산)과 타타르산이었는데, 이것들이 용기의 에나멜에 약 3퍼센트의 농도로 들어 있던 산화안티모니에서 안티모니를 녹여 낸 것이었다. 검사 결과 레모네이드 한 컵인 280밀리리터에 안티모니가 60밀리그램이나 들어 있었다. 종업원들이 경험한 메스꺼움, 구토, 복통, 기절 등의 증상을 충분히 일으킬 만한 양이었다. 하지만 두 사람을 제외하고는 모두 빠르게 회복

했고, 그 두 사람도 병원에서 하룻밤 간호를 받고 퇴원했다.

다음 장에서 소개할 조지 채프먼 사건에서 채프먼의 아내들은 치사량에 못 미치는 분량의 안티모니를 반복적으로 섭취한 끝에 사망했다. 소량을 여러 번 섭취한 사람은 식욕이 없어지고 위에 음식물을 담아 두지 못하게 되어 살이 빠지고 기력이 쇠해진다. 엄청난 갈증도 겪다가 결국에는 전반적인 건강 쇠약으로 죽는다. 대부분 여성이었던 희생자들은 거듭된 독약의 공격에 비틀거리며 오랫동안 고통을 겪었다. 그들이 가장 신뢰한 사람, 매일 그들의 안녕을 염려하는 것 같았던 사람이 음식, 음료, 약물에 넣은 독 때문에 말이다.

이제 소개할 사건은 200년 동안이나 미스터리로 남아 있었지만, 지금 보면 안티모니 중독이 아니었을까 싶다. 사고였든 독살이었든, 세계 최고 작곡가의 목숨을 경력의 정점에서 앗아간 사건이었다.

모차르트의 죽음을 둘러싼 불협화음

1791년 여름, 낯선 이가 볼프강 아마데우스 모차르트(Wolfgang Amadeus Mozart, 1756~1791년)에게 찾아왔다. 그는 엄청난 금액을 제시하며 레퀴엠을 작곡해 달라고 했다. 모차르트는 그로부터 몇 달 뒤에 죽을 때까지 그 작품에 매달렸다. 사망 직전에 모차르트는 이것이 자신을 위한 레퀴엠이라는 망상에 사로잡혔는데, 우연찮게도 정말 그렇게 되고 말았다. 모차르트의 제자 쥐스마이어는 미망인 콘스탄체에게 작곡료를 받아 주기 위해서 모차르트가 미완성으로 남긴 레퀴엠을 마무리해 1793년 1월에 초연했다. 모차르트에게 레퀴엠을 의뢰한 사람은 프란츠 폰 발제그 스투파흐(Franz von Walsegg Stuppach) 백작이었다. 죽은 아내를 위한다는 명목이었지만 실은 자신의 작품으로 발표할 생각이었다.

모차르트는 1791년 12월 5일 새벽 1시에 빈의 자기 집에서 속립선열로 죽었다. 요즘은 속립선열을 정확한 의학 증상으로 간주하지 않는다. 그저 열이 높게 끓고 피부에 좁쌀 같은 발진이 생긴 상황을 말하기 때문이다. 그렇다면 최고의 영예를 누리던 35세의 작곡가를 죽인 병은 무엇이었을까? 독살부터 자연사까지, 많은 사람들이 다양한 가설을 제시해 왔다. 최근에는 심기증이 있었던 모차르트가 안티모니 의약품을 자주 복용했기 때문이라는 설도 제기되었다. 게다가 죽기 직전에 복용한 해열제를 통해 아주 많은 양의 안티모니를 먹었다는 것이다.

모차르트의 죽음을 설명하기 위한 이론들은 실로 다양하다. 가장 최근에는 단순 식중독이었으리라는 가설도 나왔다. 시애틀 소재 워싱턴 대학교 퓨젓 사운드 의학 센터의 갠 허시먼(Gan V. Hirschmann) 박사가 2001년 《내과학 기록(Archives of Internal Medicine)》에 발표한 가설이다. 박사는 모차르트가 선모충증으로 죽었으리라고 생각한다. 기생충에 감염된 돼지고기를 제대로 익히지 않고 먹었을 때 걸리는 병이다. 실제로 모차르트는 폭찹을 좋아했고, 아프기 6주쯤 전에 아내에게 보내는 편지에서 돼지고기 요리를 먹었다는 이야기를 했다. 선모충증에 걸린 환자는 일반적으로 3주 내에 사망한다. 모차르트가 보인 붓기, 구토, 열, 발진 등은 모두 선모충증 증상과 부합한다.

1966년에 스위스의 의사 카를 바르(Carl Bar)는 모차르트가 어릴

때 앓았던 류머티즘 열병의 장기적 영향으로 죽었으리라고 주장했다. 류머티즘 열 치료에 동원된 방혈, 장 청소, 발한제 등의 처방이 죽음을 재촉했다는 것이다.

오스트레일리아의 의사 피터 데이비스(Peter J. Davies)는 1980년대에 모차르트의 질병과 죽음에 대한 논문을 여러 차례 발표했다. 그는 류머티즘 열병, 혈액 감염, 폐렴, 천연두, 간염, 연쇄상 구균 중 하나가 원인일 것이라고 했다. 또 모차르트가 최후로 치명적인 병에 걸린 것은 프리메이슨 집회소에서 특별 작곡한 칸타타를 연주했던 11월 18일이었다고 지적했다. 그때 신장과 방광이 감염되었다는 것이다.

모차르트가 머리에 입은 충격을 지적하는 가설도 있다. 모차르트는 사망 전해에 술에 취해 넘어져 머리를 다쳤다. 그때 머리가 부어올랐다는 것은 의사도 지적했던 바인데, 당시에 뇌에 생긴 응혈이 사망 원인이라는 주장이다. 잘츠부르크의 모차르트 박물관은 자신들이 소장하고 있는 두개골이 진짜 모차르트의 것이라고 주장하는데, 그것을 보면 확실히 충격으로 인해 부어오른 부분이 있다.

모차르트는 1791년 11월 20일에 몸에 이상을 느끼고 침대에 든 뒤 다시는 일어나지 못하고 15일 뒤에 죽음을 맞았다. 처음에는 토마스 프란츠 클로셋(Thomas Franz Closset) 박사가 진찰했다. 머리가 부었음을 확인한 것도 클로셋이었다. 환자의 생명이 위태로워지자 클로셋은 동료인 마티아스 폰 살라바(Matthias von Sallaba)에게 의견을 물었다. 12월 3일 토요일에 모차르트는 상태가 나아지는 듯했으나, 잠시 증세가 완화된 것이었을 뿐, 다음 날 질병은 더 무섭게 조여 왔다. 모차르트는 죽음이 다가오고 있음을 알았다. 일요일에 누이에게 말하기를 죽음이 문을 두드린다고 했다. 그날 저녁에 모차르트는 더욱 악화되었다. 호출을 받고 밤 11시에 달려온 클로셋이 들끓는 열을 다스리기 위해 차가운 습포제를 처방했지만 소용이 없었다. 위대한 작곡가는 2시간 뒤에 숨을 거두었다. 다음 날 두 의사는 사인을 속립선열로 판단했다. 공식 사망 신고서와 빈의 성 슈테판 성당 사망자 명부에도 그렇게 기록되었다.

모차르트는 다음 날 성 마르크 묘지에 묻혔다. 당시 빈의 법률은 시체를 관에 넣어 묻는 것을 금했다. 묘지가 포화 상태라 공간을 조금이라도 아끼기 위해서였다. 모차르트도 다른 시체들과 나란히 관이 없는 평범한 무덤에 묻혔다. 법이 이런 식의 매장을 규정한 이유는 사치스러운 장례식을 없애고 더불어 교회의 영향력을 줄이기 위해서였다. 무덤 옆에서 식을 거행하는 자체가 위법이었다. 또 여러 시체를 함께 묻으면 부패 속도를 높일 수 있었다. 모차르트가 빈민 묘지에 묻혔다느니, 매장 비용을 지역 유지들이 갹출해 치렀다느니 하는 소문이 있지만 사실이 아니다. 모차르트는 규정에 따라 적절히 매장되었고 장례비는 가족과 친구들이 냈다.[47] 1792년 4월에는 모차르트가 속했던 프리메이슨 지부에서 추도회가 열렸다.

모차르트가 죽고 며칠 지나지 않아 그가 독살되었을지 모른다

---

47 이 사실을 알려 준 베를린의 한스 그로스 교수에게 매우 감사한다. 역시 교수가 알려 준 바에 따르면 모차르트는 전혀 가난하지 않았다. 연봉이 오늘날의 3만 파운드(6000만 원)쯤 되었고 작품의 출판으로 거둔 수입이 오늘날의 15만 파운드(3억 원) 규모였다. 모차르트가 종종 궁핍한 사정에 처했던 것, 사후에 재산을 거의 남기지 못했던 것은 전적으로 그의 낭비벽, 음주벽, 도박벽 때문이었다.

는 소문이 돌기 시작했다. 사망 직후 시체가 무섭게 부풀어오른 것이 결정적인 증거라고 했다. 프라하의 잡지 《주간 음악(Musikalisches Wochenblatt)》에도 그런 내용의 글이 실렸다. 우연찮게도 모차르트가 마지막으로 작곡한 오페라 「황제 티투스의 자비」의 주인공인 로마 황제 티투스도 독살된 인물이었다.

1983년에 영국 브라이턴에서 국제 음악 페스티벌이 열렸을 때, 모차르트의 사인을 조사하는 위원회가 구성되었다. 그들의 결론은 독살이었다. 한편 독살자에 대해서는 다양한 설이 제기되었다. 우선 모차르트의 제자 프란츠 크사버 쥐스마이어(Franz Xaver Süssmayr)가 유력한 후보다. 쥐스마이어는 모차르트의 아내 콘스탄체와 내연 관계였다는 의심을 받는 데다, 모차르트의 아들 프란츠 크사버(Franz Xaver)의 생물학적 아버지일지도 모른다는 의심까지 받는다. 다른 후보는 법원 관료이자 프리메이슨 동지였던 프란츠 호프데멜(Franz Hofdemel)이다. 모차르트가 오페라 「마술 피리」에서 프리메이슨의 비밀을 누설한 전력이 있기 때문에 더 많은 말을 하지 못하도록 입을 막았다는 가설이다. 호프데멜이 모차르트의 사망 다음 날 자신의 목을 그어 자살했다는 점도 이 가설을 지지하는 의미심장한 사실이다. 당시 임신 5개월이던 호프데멜의 부인은 모차르트의 제자였는데, 두 사람이 연인 관계였다고 의심하는 사람도 있다. 그래서인지 호프데멜은 자살하기 전에 아내를 잔인하게 공격해 상처를 입혔다.

안토니오 살리에리(Antonio Salieri, 1750~1825년)도 빼놓을 수 없는 후보다. 빈 궁정 작곡가였던 살리에리는 젊은 경쟁자 모차르트를 질투했다고 알려져 있다. 그럴 만도 했다. 살리에리의 작품은 곧 모차르트의 작품에 밀려날 운명이었으니 말이다. 당시의 한 독일 신문에 따르면 모차르트의 「돈 조반니」 공연에서 살리에리는 큰 소리로 휘파람을 불면서 여봐란듯 도도하게 극장을 빠져나갔다고 한다. 하지만 반대의 증거들도 있다. 두 사내가 경쟁자치고는 원만한 관계를 유지했다는 것이다. 모차르트는 1791년 10월 13일의 「마술 피리」 공연에 살리에리와 그 아들 카를 토마스(Karl Thomas)를 초청했고, 그들은 초대에 응해 공연을 관람했다.

살리에리는 1823년 가을에 정신 분열을 일으켜 빈 종합 병원에 입원했고, 그곳에서 자신이 모차르트를 살해했다고 고백했다. 1824년 5월 23일, 베토벤의 교향곡 9번 연주를 관람하러 극장을 찾은 사람들에게 나눠진 전단지에 살리에리가 모차르트를 독살했다는 내용을 담은 시가 인쇄된 일도 있었다. 살리에리는 목을 그어 자살을 기도했으나 제때 발견되어 목숨을 건졌다. 그는 1년 뒤인 1825년 5월 7일에 죽었다. 당시 사람들은 살리에리의 고백을 진지하게 받아들였지만, 지금은 살리에리가 정말 모차르트를 독살했다고 믿는 사람이 거의 없다. 노인성 치매로 인한 허튼 소리였을 것이란 게 중평이다. 물론 살리에리의 고백이 진실이었을 가능성도 없지는 않다. 그는 고해 신부에게 범행을 토로했고, 주교에게도 편지를 써서 고백했다. 그 글을 본 사람들에 따르면 살리에리가 정신 나간 상태에서 실없이 말한 게 아니고, 진실되게 고해한 것이었다고 한다.

자, 누가 되었든 그렇다면 모차르트를 죽인 독약은 무엇이었을까? 많은 이들이 생각하듯 비소였을까? 그랬다면 아마 아쿠아 토파나의 형태로 주어졌을 것이다. 살리에리의 고향인 이탈리아에서 당시에 널

리 사용된 물질이었기 때문이다. 모차르트도 자신이 아쿠아 토파나에 중독된 게 아닌가 의심했다. 아프기 4주 전인 1791년 10월 20일에 아내에게 그렇게 말했다. 어쩌면 사고로 인한 수은 중독이었을 수도 있다. 1956년에 디터 케르너(Dieter Kerner)와 군터 두다(Gunter Duda)라는 두 독일 의사가 제기한 주장이다. 모차르트가 매독을 치료하기 위해 위험천만한 수은 약제를 복용했다는 것이다. 하지만 확률은 낮아 보인다. 모차르트는 수은 중독 증상을 나타내지 않았기 때문이다. 죽는 순간까지 작곡했다는 레퀴엠 악보를 봐도 수은 중독의 전형적인 특징인 가늘고 구불구불한 서체가 드러나지 않는다.

모차르트가 정말 금속 중독으로 죽었더라도 독살이 아니라 생활 방식이나 말년에 복용했던 약품들로 인한 사고였을 것 같다. 적어도 런던 왕립 무료 병원의 임상 약학자 이언 제임스(Ian James) 박사는 그렇게 생각한다. 그는 모차르트 사망 200주년이었던 지난 1991년에 이 이론을 제기했다. 모차르트가 앓기 시작했을 때 의사는 오늘날의 심한 우울증에 해당하는 멜랑콜리아라고 진단하고 안티모니 가루를 처방했다. 모차르트가 우울할 이유는 많았다. 도박에서 거금을 잃었고, 격무에 시달렸고, 그해 가을에 프라하에서 초연된「황제 티투스의 자비」는 비평가들에게 난도질당했다. (대중은 이 오페라를 좋아해서 제법 인기를 끌었지만 말이다.) 모차르트의 빚 명세를 보면 빈의 약제사들에게 상당한 외상을 졌음을 알 수 있다. 정확히 어떤 약들을 샀는지는 알 수 없지만, 당시에는 멜랑콜리아에 안티모니 약제를 처방하는 것이 일반적이었으므로 보나마나 안티모니도 포함되어 있었을 것이다. 정황상 모차르트는 확실히 우울증에 시달렸다. 또한 분명히 심기증 환자로서 다양한 약물들을 정기적으로 복용했다. 빈의 제약사들에게 빚진 약값이 오늘날의 2,000파운드(4000만 원)에 달할 정도였다.

이언 제임스는 모차르트가 안티모니 중독을 앓았다고 믿는다. 격렬한 구토, 손발 부어오름, 위 팽창 등 모차르트가 막판에 겪은 증상들이 꼭 그렇기 때문이다. 모차르트의 몸과 입에서는 불쾌한 냄새가 났다. 속립선열 현상도 안티모니 중독의 한 증세였을 수 있다. 속립선열에 걸리면 우선 사지가 뻣뻣해지고 근육이 약해진다고 했다. 높은 열이 나고 환자는 무척 우울해진다. 며칠 뒤에는 목과 가슴에 발진이 피고, 오톨도톨한 붉은 뾰루지들은 결국 노랗게 변해서 마치 성홍열처럼 보인다. 물론 의사들은 성홍열과 속립선열을 구분할 줄 알았다. 그런데 어떤 경우에는 안티모니 중독 환자도 이런 피부 부스럼 증상을 드러낸다. 속립선열은 보통 7일에서 14일가량 지속되며 늘 치명적인 것은 아니라고 했다.

제임스 박사는 빈 당국이 발행한 공식 약전에서 속립선열에 대한 기본 처방은 수은과 안티모니 약제를 함께 쓰는 것이었음을 확인했다. 안티모니는 해열제였고 수은은 설사제였다. 그래서 박사의 결론은 안티모니 중독이었다. 처음에는 우울증 치료제로 안티모니를 복용했는데, 나중에 속립선열 치료까지 받게 되면서 더욱 많이 섭취하게 되었다는 것이다. 피로, 신장 손상(그래서 얼굴과 손발이 붓는다.), 막판에 보였던 폐렴 같은 증상들, 농포성 발진 등이 모두 안티모니 중독 증상에 해당한다는 것이다. 모차르트가 정말 안티모니 중독의 희생자였을지도 모른다. 정말 그렇다면 작은 양이 모여 예기치 못하게 심각한 결과를 낳은 사례였던 셈이다.

설령 모차르트가 안티모니 독살의 희생자가 아니라 해도, 다른 희생자들이 있었다. 안티모니 살인은 위험이 큰 도박이었기에 시도한 사람이 많지는 않았다. 시도한 사람들은 대개 의료계 종사자들이었다. 가장 유명세를 떨쳤던 두 독살자도 모두 의사였다. 파머 박사(1855년)와 프리처드 박사(1865년)였다. 그들은 의사였기에 발각될 위험이 적었고, 타타르산안티모닐칼륨을 어느 정도 적용해야 자연사로 위장할 수 있는지 잘 알았다. 다음 장에 소개할 독살자 조지 채프먼도 의사는 아니지만 관련 공부를 했다.

성공적인 안티모니 독살자가 되려면 희생자가 충분한 양을 흡수할 때까지 자주 끈질기게 독을 먹일 필요가 있었다. 안티모니를 과량 섭취할 경우 드러나는 첫 증상은 위창자염이었으므로, 식중독이나 세균 감염과 착각하기 쉬웠다. 이 점은 비소와 비슷하다. 독살자는 이 특성을 십분 활용하고는 했다. 독살자는 희생자에게 여러 번 연달아 독약을 권해야 했고, 따라서 희생자는 증상이 생겼다가 다시 낫는 과정을 반복했다. 곧 희생자는 육체적으로 쇠약해져 탈진했다. 이때도 의사들은 안티모니 중독을 의심하지 못하기가 쉬웠다. 채프먼의 희생자들 중 하나는 심지어 결핵으로 인한 사망이라는 판정을 받았다. 그만큼 수척해졌기 때문이다.

윌리엄 파머 박사

윌리엄 파머(Dr. William Palmer, 1824~1856년)의 살인 계획이 밝혀진 뒤, 영국 의회는 파머 법이라 불리는 법안을 통과시켰다. 나를 수

취인으로 해 제삼자의 생명 보험을 드는 것을 금지하는 법이다. 물론 제삼자의 죽음이 나에게 경제적 손실을 가져오는 경우는 제외한다. 다시 말해 이제는 파머가 했던 것처럼 몰래 누군가의 생명 보험에 가입한 후 그를 독살해 보험금을 받는 범죄가 원천적으로 불가능하다. 파머는 여러 종류의 독약들을 사용했다는 점에서도 특이했다. 결국 그의 덜미를 잡은 것은 안티모니였다.

파머는 1824년 8월 6일에 태어났다. 그는 영국 미들랜드의 러글리라는 마을에 사는 아주 부유한 목재상의 아들이었다. 아들에게 번듯한 직업을 마련해 주려고 고민했던 파머의 아버지는 아들을 리버풀의 약제사에게 수습으로 보냈다. 그러나 파머는 1년쯤 뒤에 스승의 돈을 훔친 죄로 쫓겨났다. 그 사이 아버지가 죽었기 때문에 그는 70만 파운드의 유산을 물려받아 오늘날로 따지면 거의 몇백만 파운드(10억여 원)를 가진 부자가 되었다. 파머의 어머니는 동네 의사인 타일코트(Tylecote) 박사에게 아들을 보내 일을 가르치려 했으나 이번에도 오래가지 못했다. 파머는 성적 문란 행위를 이유로 해고당했다. 어머니는 다시 아들을 스태퍼드 병원에 학생으로 집어넣었지만, 파머가 27세의 배관공 조지 애블리(George Abley)와 브랜디 마시기 내기를 했다가 애블리가 알코올 중독으로 죽는 바람에 추문에 휩싸여 그만두어야 했다.

파머는 러글리로 돌아왔다. 하지만 어머니의 설득으로 다시 유명한 런던 세인트바솔로뮤 병원에 학생으로 갔다. 그는 2년 동안 문제를 일으키지 않고 착실히 생활해 학위를 얻었고, 1846년에 러글리로 돌아와 병원을 열었다. 그리고 애니 브룩스(Annie Brookes)라는 여성

에게 구애하기 시작했다. 전직 인도군 장교의 서자였던 애니는 부유한 아버지가 유언장에서 너그럽게 한몫 챙겨 준 덕에 상당한 재산을 물려받았다. 두 사람이 결혼하자 신탁에 보관되어 있던 돈은 파머의 소유가 되었다. 파머는 술 마시고 도박하는 데 그 돈을 거의 다 썼다. 방종한 생활에도 불구하고 파머에게는 친구가 꽤 있었다. 아내와 함께 정기적으로 교회에 나가 영성체를 받기도 했다. 한마디로 호감 가는 건달이었던 셈이다. 그는 이성들에게 인기가 있었고, 본인도 여성들에게 쉽게 끌리는 편이었다.

파머가 얼마나 많은 사람을 독살했는지는 아무도 모른다. 파머의 악행이 지나치게 부풀려졌다고 생각해 그를 두둔하는 사람들도 있지만, 어쨌든 파머가 스태퍼드셔 전역의 여러 애인들에게서 낳은 자신의 자식들 10명을 죽인 것은 확실하다. 그는 아이를 러글리의 자기 집으로 초대해 묵게 했는데, 그러면 반드시 그 아이는 아프기 시작해 결국 죽었다. 그가 무슨 독약을 썼는지 우리는 영원히 알 수 없을 것이다. 그는 동네 약국에서 다양한 독극물들을 구입해 보관했다. 그중에는 스트리키닌과 타타르산안티모닐칼륨도 있었다. 파머가 장모를 살해할 때 쓴 것이 바로 타타르산안티모닐칼륨이었다.

파머는 장인인 브룩스 대령이 장모에게 많은 유산을 남겼을 것이라고 믿었다. 또 장모가 죽으면 그 돈이 자기 부인 애니에게 돌아올 것이라고 믿었다. 까다로운 노파가 사라진다고 누구 하나 슬퍼할 것 같지도 않았다. 고양이들이 가득한 집에 혼자 사는 장모는 걸핏하면 만취하는 알코올 의존 환자였다. 1849년 1월 6일, 장모는 진을 너무 많이 마셔 의식을 잃은 채 발견되었고, 파머가 자기 집으로 모셔 온 지

12일 만에 50세의 나이로 죽었다. 짧은 투병 기간 중에 그녀는 안티모니 중독 증상들을 모조리 드러냈다. 사망 진단서에 서명한 사람은 동네 의사인 80세의 뱀퍼드(Bamford)였다. 파머는 이런 문제들이 생기면 늘 뱀퍼드에게 도움을 구했고, 뱀퍼드는 파머가 찔러주는 약소한 사례금에 만족했다. 그러나 파머가 유산을 노리고 장모를 살해한 도박은 실패였다. 브룩스 대령의 유언은 형평법 법원의 관리를 받았는데, 법원은 대령의 자산 대부분에 해당하는 주택 아홉 채를 적자인 아들에게 넘겨주라고 판결했다. 애니는 한 푼도 건지지 못했다.

파머는 다음으로 45세의 레너드 블래이든(Leonard Bladon)을 독살했다. 파머가 경마 때문에 수백 파운드의 빚을 진 상대였다. 블래이든은 얄궂게도 파머의 집에 머무르던 중 병에 걸려 1850년 5월 10일에 갑자기 죽었다. 외견상으로는 골반의 농양이 문제였다. 이때 파머의 빚 내역이 기록된 수첩도 함께 사라졌다. 이 작은 행운에도 불구하고 다른 마권업자들에게 진 파머의 빚은 수천 파운드 규모로 계속 불어났다. 이제 파머는 빚 갚는 것을 넘어 여윳돈까지 확보할 계획을 짜기 시작했다. 1854년 4월에 그는 프린스 오브 웨일스 보험 회사에서 아내에 대해 1만 3000파운드짜리(오늘날의 5억 원) 생명 보험을 들고, 760파운드의 보험금을 지불했다. 6개월 뒤에 그는 아내를 안티모니로 독살하고 보험금을 챙겼다.

아내 애니는 9월 18일에 리버풀의 세인트조지 홀에서 열린 공연에 갔다가 감기에 걸렸다. 러글리로 돌아온 그녀는 바로 침대에 들었지만 곧 토하기 시작했다. 연락을 받고 달려온 의사는 영국 콜레라라고 진단했고, 그녀가 9월 29일에 27세의 나이로 죽자 콜레라에 의한

사망이라고 진단서를 끊어 주었다. 그것이 자살이었다고 생각하는 사람들도 있다. 그녀가 다섯 아이를 낳았지만 그 중 넷이 죽은 것 때문에 우울증에 시달렸다는 것이다. 반면 그녀가 파머에게 독살당했고, 아이들의 죽음도 파머의 책임이라고 믿는 사람들도 있다. 파머와 애니의 아기 엘리자베스는 생후 10주였던 1851년 1월에 죽었고, 헨리는 엘리자베스가 죽은 지 정확히 1년 뒤에 4세로 죽었으며, 프랭크는 생후 4시간 만에, 존은 생후 4일 만에 죽었다. 모두 '경기'로 죽었다고 했다. (당시의 소문에 따르면 파머는 독을 탄 꿀을 손가락에 묻혀서 아기들에게 빨렸다.) 보험 회사는 애니의 죽음을 공식 조사할 것을 제안했으나, 끝까지 조사를 밀고 나가지는 않고 그냥 보험금을 내주었다. 그래도 파머의 재정 상황은 전혀 나아지지 않았다. 그는 무분별하게 도박을 계속했기 때문에 곧 다시 빚더미에 앉았다.

1만 3000파운드가 굴러 들어온 복이라면 8만 2000파운드는 훨씬 더 좋을 것이다. 파머는 형 월터의 목숨을 담보로 8만 2000파운드짜리 생명 보험을 들기로 했다. 하지만 그런 큰 보험을 들어주는 회사가 한 군데도 없었다. 겨우 1만 3000파운드짜리 보험을 들 수 있을 뿐이었다. 그나마도 파머의 빚쟁이 중 하나가 도와줘서 가능했다. 빚쟁이는 몸이 아픈 월터가 죽으면 자기에게도 이득이 될 것이라 생각한 것이었다. 월터는 알코올 중독자였기 때문에 정말 그렇게 될 확률이 높았다. 보험은 1855년 1월에 체결되었고, 그해 8월에 월터는 기다렸다는 듯이 죽었다. 보험 회사는 지불을 거부했고 파머는 격분했다. 하지만 파머는 보험 회사를 고소하기 전에 본인이 살인 혐의로 체포될 운명이었다.

파머가 다음으로 살해한 사람은 28세의 존 파슨스 쿡(John Parsons Cook)이었다. 쿡은 폴스타라는 경주마를 소유한 사내로서 1855년 11월 13일의 슈루즈버리 경마에서 2,000파운드를 땄다. 그 다음 주인 11월 19일 월요일에 쿡은 상금을 수령하자마자 밤부터 아프기 시작했다. 쿡은 새로 알게 된 친구인 파머와 함께 레이븐 호텔에 묵고 있었다. 호텔의 한 여자 손님이 파머가 휴게실에서 브랜디와 물컵을 들고 뭔가 섞는 것을 목격했다. 음료를 먹자마자 쿡이 엄청나게 토했던 것을 보면 그 무언가는 타타르산안티모닐칼륨이었다. 다음 날 쿡은 꽤 나았고, 파머의 러글리 집 맞은편에 있는 술집 겸 하숙 탈보 암스로 거처를 옮겼다. 그곳에서 파머는 쿡에게 커피를 한 잔 타주었고, 쿡은 또 아프기 시작했다. 다음 며칠 동안 파머는 친구를 돌본다는 명목으로 간간이 술집을 찾았다. 한번은 죽을 가져다 주었는데, 쿡뿐만 아니라 죽을 조금 나눠 먹은 하녀도 몹시 앓았다. 쿡은 하루 이틀 뒤에 죽었다. 아마 스트리키닌 중독이었을 것이다. 쿡이 가졌던 돈, 그리고 경마 거래와 외상 내역이 적힌 공책은 감쪽같이 사라졌다.

이때 쿡의 계부가 전면에 등장해 의혹을 제기함으로써 부검이 진행되었다. 파머는 쿡의 몸에서 스트리키닌이 검출되지 않자 기뻐했으나, 이제 사람들은 파머 주변의 죽음들을 수상히 여기게 되었으므로 파머의 아내와 장모의 시체를 발굴해 조사했고, 안티모니를 확인했다. 형 월터의 시체에서는 아무것도 검출되지 않았다. 아마 인체에 오래 남지 않는 스트리키닌으로 독살했기 때문일 것이다.

파머는 체포되었다. 파머에 대한 지역 주민들의 반감이 너무나 거세서 재판은 런던으로 옮겨 열렸다. 그래도 그의 목숨을 구할 수는 없었다. 배심원들은 유죄 평결을 내렸고, 파머는 스태퍼드로 후송되어 1856년 6월 14일 토요일 오전 8시에 3만 명의 군중 앞에서 교수형에 처해졌다. 파머는 실로 악명 높은 악당이었다. 런던에 있는 마담 튀소 밀랍 인형 박물관의 '공포의 방'에 이후 127년 동안 파머의 밀랍 인형이 전시되어 있었을 정도다.

에드워드 프리처드 박사

에드워드 윌리엄 프리처드(Edward William Pritchard, 1825~1865년)는 1825년에 햄프셔의 사우스시에서 영국 해군 선장의 아들로 태어났다. 그는 포츠머스의 두 외과 의사 밑에서 수습을 거친 뒤 1846년에 왕립 외과 의사 학회에 입회했고, 해군에서 보조 외과 의사 자리를 얻었다. 1860년에 그는 메리 제인 테일러(Mary Jane Taylor)와 사랑에 빠져 그해에 에든버러에서 결혼했다. 프리처드는 해군에서의 삶을 퍽 즐겼지만 아내는 그가 육지에 정착하길 바랐다. 그래서 부모를 설득해 남편에게 개업 자금을 마련해 주었다. 부부는 요크셔의 해양 휴양지 브리들링튼 근처의 작은 마을 헌먼비에 자리 잡았다. 프리처드는 지역 신문에 기고를 하면서 곧 마을의 유명인사가 되었다. 하지만 그는 분수에 맞지 않는 사치를 부려 빚을 졌고, 빚 청산을 위해 6년 만에 병원을 팔아야 했다.

그 후 프리처드는 어느 부유한 노인의 주치의가 되었다. 노인이 긴 해외여행을 다닐 때 동행하는 역할이었다. 그동안 프리처드의 부인은 부모와 함께 살았고, 다시 부모를 졸라 개업 자금을 타 냈다. 이번에 부부는 글래스고의 버클리 테라스 11번지에 병원을 열었다. 프리처드는 공개 강연을 하고, 프리메이슨에 가입하고, 글래스고 애서니엄 클럽의 단장 자리까지 오르면서 다시 유명인사가 되었다. 그러나 글래스고의 다른 의사들은 프리처드와의 교류를 꺼렸다. 프리처드가 여행담과 모험담을 강연하는 등 대중적 인기를 추구하는 것을 탐탁찮게 여겼기 때문이다. 프리처드는 한 강연에서 이렇게 허풍을 떨었다. "나는 북아라비아 사막에서 둥지에 담긴 독수리 새끼들을 잡아챘고, 북아메리카의 대초원에서 누비아 사자를 사냥했다." 당시 사람들은 순진해서 아라비아에서 독수리 둥지를 약탈하거나 수단에만 사는 누비아 사자를, 아니 종류야 어떻든 아무튼 사자를 아메리카 대륙에서 사냥하는 일이 가능하다고 믿었던 모양이다. 사람들은 프리처드의 지팡이에도 감동을 받았다. 지팡이에는 "가리발디 대장이 친구 윌리엄 에드워드 프리처드에게"라는 말이 새겨져 있었다. 프리처드가 위대한 이탈리아 지도자를 만난 적이 없다는 것은 물론 비밀이었다.

빅토리아 시대의 전문직 종사자 가정이 흔히 그랬듯 프리처드 부부도 입주 하녀를 두었는데, 매력적인 처녀 엘리자베스 맥건(Elizabeth McGirn)이었다. 그녀가 프리처드와 부정한 성관계를 맺었는지 아닌지는 확인할 길이 없다. 그녀는 1863년 5월 6일 밤에 이상한 정황으로 사망했다. 다락방의 자기 침대에 누운 채 불타 죽었던 것이다. 집 앞을 지나던 경찰관이 문을 두드려 다락방 창에서 불꽃과 연기가 보인다고 알려 주자 프리처드는 불이 난 것을 알고 다락방에 들어가 보았지만 엘리자베스를 깨울 수 없었다고 대답했다. 경찰 역시 불길에 밀려 방에 들어가지 못했고, 소방대를 불렀다. 소방관들은 불을 끈 뒤에 침대에 누운 엘리자베스를 발견했다. 몸이 반쯤 탄 상태였다. 불은 침대 머리맡 촛불에서 시작되었고, 불이 침구에 옮겨붙는 바람에 그녀는 연기에 질식해 일어나지 못한 것 같았다. 그녀가 사전에 약을 먹어 의식이 없었거나 임신한 몸이었을 가능성도 있다. 프리처드는 귀중한 보석들이 화마에 사라졌다면서 터무니없는 금액의 화재 배상금을 요청했지만, 다락방 파손에 대한 배상금만 받았다.

화재 후에 프리처드 가족은 로얄크레센트의 셋집으로 이사했다가 다시 소우셔홀 가의 주택으로 옮겼다. 장모가 보조해 준 400파운드에 1,600파운드의 융자금을 더해 집을 산 것이었다. 새로 들인 하녀 메리 매클레오드(Mary McLeod)도 곧 프리처드의 애인이 되었다. 어느 날 두 사람이 입 맞추는 장면을 프리처드 부인이 목격했으나, 프리처드는 순간의 충동이었을 뿐이라고 해명하면서 메리를 계속 집에 두도록 설득했다. 정작 메리에게는 부인이 곧 죽을 테니 그때 가서 결혼하자고 말해 둔 터였다. 1864년 11월 16일, 그는 동네 약국에서 타타르산안티모닐칼륨 1온스를 구입했다. 그리고 다음 3개월에 걸쳐 조금씩 아내에게 먹였다.

아내가 처음 구토를 시작하자 프리처드는 간에 냉기가 들어서 그렇다고 진단했다. 하지만 근본적인 원인이 있을지도 모른다는 암시를 빼놓지 않았다. 아내는 잠깐씩 건강이 회복되었으나 그리 오래 가지 못했고, 겨울 내내 나빠지기만 했다. 1865년 2월 1일 초저녁에 부인은 특히 심한 구토와 함께 위통을 느꼈고 다리에도 경련을 일으켰다. 프리처드는 놀라는 척 하면서 에든버러의 의사 코완(J. M. Cowan)을 불렀다. 의사는 당연히 안티모니 중독을 알아채지 못했고 배탈인 듯하다며 차가운 샴페인과 휴식이 최선이라고 처방했다. 또 장모에게 간호를 맡기라고 충고했다. 프리처드는 의사가 왕진한 날 타타르산안티모닐칼륨을 1온스 더 샀다. 코완의 처방이 소용없는 듯하자 프리처드 부인은 다른 의사를 불러 달라고 했고, 이번에는 근처에 사는 의사 게이드너가 불려 왔다. 의사는 계속된 구토, 위통, 근육 경련이 차가운 샴페인 때문이라고 하면서 자극이 될 만한 것은 절대 먹지 말라고 했다. 또 가벼운 식사와 휴식이 필요하다고 했다.

2월 10일에 프리처드의 장모인 테일러 부인이 딸을 간호하러 왔다. 그러나 이틀 뒤에 딸의 상태는 더욱 나빠졌다. 게다가 장모마저 똑같은 구토와 복통 증상에 감염되었기에, 3월 4일에 패터슨이라는 또 다른 의사가 왕진을 왔다. 프리처드는 장모가 술과 아편에 오래 찌들어 있었던 탓이라고 진단했지만 패터슨은 동의하지 않았다. 좌우간 의사가 보기에도 장모는 죽어 가고 있었다. 장모는 바로 다음 날 숨을 거두었다. 패터슨이 처방했던 약들을 나중에 분석했더니 거기에도 안티모니가 함유된 것이 있었다.

패터슨은 프리처드의 아내도 몹시 쇠약한 것을 보았다. 의사는 그녀가 안티모니 같은 자극성 독약에 중독된 게 아닌가 의심했지만 프리처드에게는 짐짓 아무 말도 하지 않았다. 프리처드는 패터슨에게 아내도 진찰해 달라고 부탁했지만, 속으로는 아내를 장모가 먼저 가 있는 저 세상으로 보내기로 결심한 뒤였다. 프리처드는 3월 15일에 아내에게 에그노그(날달걀, 설탕, 위스키를 섞은 음료)를 만들어 주었고, 그녀는 더 심하게 앓기 시작했다. 패터슨의 조치에도 불구하고 그녀는 1865년 3월 18일 새벽 1시에 사망했다. 만약 스코틀랜드 법체계의 수장인 지방 검사에게 익명의 제보가 날아들지 않았다면 그녀의 죽음은 자연사로 처리되었을 것이다. 아모르 유스티티아(정의를 사랑하는 자)라고 서명한 익명의 제보자가 테일러 부인과 프리처드 부인의 죽음에 의혹이 있다고 고발한 덕분에 경찰 수사가 시작되었다.

프리처드 부인의 시체를 부검한 경찰은 다량의 안티모니를 발견했고, 이어 발굴한 테일러 부인의 시체에서도 마찬가지였다. 프리처드는 살인 혐의로 재판정에 섰고, 교수형을 선고받았다. (그는 처형을 기다리는 동안 범행을 인정했다.) 10만 명이나 되는 인파가 사형을 구경하러 모였다. 프리처드는 깔끔하게 죽지 못했다. 교수형 집행인은 그의 생명을 확실히 마감시키기 위해 다리를 아래로 끌어당겼다. 프리처드는 표석 없는 무덤에 묻혔는데, 후일 글래스고 법원 건물을 새로 짓기 위해 땅을 파던 중 그 유해가 발굴되었다. 시신의 주인을 알 수 있었던 것은 프리처드가 처형 당시 신고 있었던 고무 달린 장화 때문이었다.

프리처드의 범행 동기는 명확하지 않다. 그가 은행에 빚을 지긴 했지만 당장 갚아야 하는 절박한 사정은 아니었다. 어쩌면 그는 정말로 메리 매클레오드를 사랑했던 것인지 모르겠다.

플로런스 브라보

타타르산안티모닐칼륨은 1876년에 발햄에서 30세의 변호사 찰스 브라보가 사망한 사건에서도 주인공이었다. 한 번에 다량의 안티모니를 복용해 사망한 희귀한 사례였다. 1856년에도 비슷한 사건이 있기는 했다. 맥멀렌 부인이라는 사람이 남편에게 타타르산안티모닐칼륨

'진정' 가루를 먹였는데, 겉으로는 금주제였다고 말했지만 실은 성욕 억제를 노렸을 가능성이 높다. 남편이 죽었기 때문에 그녀는 살인 유죄 선고를 받았다. 이제 소개할 브라보 사건도 이와 비슷한 동기에서 비롯했을 가능성이 있다.

찰스와 29세의 아내 플로런스(Florence Bravo, 1846~1878년)는 당시의 런던 남부 경계에 위치했던 발햄에 살았다. 베드퍼드힐로드에 있는 프라이어리라는 웅장한 주택이었다. 찰스는 결혼 5개월 만에 독을 먹고 죽었다. 그는 플로런스의 두 번째 남편이었다. 플로런스의 첫 남편은 영예로운 척탄병 부대에 속했던 알렉산더 리카르도(Alexander Ricardo) 대령이었다. 리카르도 대령은 1871년에 알코올 중독으로 죽으면서 당시 25세의 아내에게 4만 파운드(오늘날의 수십 억 원이다.)의 유산을 남겼다. 결혼 생활을 통해 역시 알코올에 깊이 의존하게 된 플로런스는 1870년에 몰번으로 물 치료를 받으러 갔고, 그곳에서 당시 62세이던 저명한 의사 제임스 맨비 걸리(James Manby Gully, 1808~1883년)에게 직접 치료를 받았다.

물 치료 요양소는 걸리가 1842년에 동업자 제임스 윌슨(James Wilson)과 함께 세운 것으로, 특히 신경병에 특효가 있다고 알려졌다. 플로런스는 그곳에 있는 동안 의사와 사랑에 빠졌고, 남편이 죽자 본격적으로 그의 애인이 되었다. 두 사람의 애정은 아주 강했다. 걸리가 플로런스의 발햄 집에서 걸어서 5분 거리로 이사 올 정도였다. 두 사람은 유럽 대륙에서 몇 차례 함께 주말을 보냈다. 플로런스가 걸리의 아이를 임신하자 그가 손수 낙태 시술을 해 주었다는 말도 있다. 그러나 걸리와의 관계 때문에 아버지로부터 배척당한 플로런스는 가족들에게 다시 받아들여지기 위해 찰스 브라보와 결혼하기로 했다. 찰스는 정부와의 사이에 아이를 하나 두고 있었으나 당시에는 그 정도가 도덕적으로 큰 흠이 아니었기에 여전히 괜찮은 신랑감이었다. 플로런스와 찰스는 서로의 애정 관계를 솔직히 밝혔다. 플로런스는 걸리와 다시 만나지 않겠다고 약속했고, 찰스는 정부를 버리겠다고 약속했다.

1875년 12월 3일에 거행된 결혼식은 켄싱턴플레이스의 브라보 가문과 버스콧파크의 캠벨 가문이라는[48] 두 부유한 집안을 맺어 주었다. 또 불순한 의도를 품은 남녀를 기묘한 부부 관계로 맺어 주었다. 여자는 사회에서 존경받는 지위를 얻기 위해, 남자는 여자의 돈을 노리고 결혼했다. 찰스는 전해에 약혼을 축하하는 친구에게 이렇게 말했다. "축하 따위는 집어치워. 나는 돈만 있으면 된다고!" 나중에 그의 죽음을 조사하는 과정에서 밝혀진 내용이었다. 두 사람은 곧 결혼을 후회했다. 찰스는 폭력을 휘둘렀고 플로런스와 "부자연스러운 행위"를 추구하려 했다. 항문 성교를 가리키는 것으로 보인다.

1876년 4월 18일 화요일 저녁, 찰스, 플로런스, 플로런스의 오랜 친구인 제인 콕스(Jane Cox) 부인이 함께 식사를 했다. 당시 43세의 콕스 부인은 리카르도 대령이 죽은 이래 줄곧 플로런스의 곁을 지키는 수행인으로 고용되어 있었다. 우연의 일치로 그녀는 수년 전에 자메이카에서 찰스 브라보의 아버지를 만난 일도 있었다. 그날 저녁, 플로런스는 알코올 함량이 높은 셰리주와 마르살라포도주를 마시고 인

---

48 플로런스의 원래 이름은 플로런스 캠벨이었다.

사불성으로 만취했다. 두 여인은 셰리주 한 병과 포도주 한 병을 다 비운 뒤 일찍 잠자리에 들었고, 찰스는 9시 15분에 다른 방의 침대에 누웠다. 플로런스가 얼마 전에 유산한 탓에 부부는 각방을 쓰고 있었다. 잠자리에 들기 전에 찰스는 머리맡 탁자에 늘 놓아두는 유리병에 담긴 물을 많이 마셨다. 그런데 이 물에는 타타르산안티모닐칼륨이 들어 있었고, 찰스는 며칠 뒤에 죽고 만다. '발햄 미스터리'라 불린 사건의 핵심은 누가 물병에 독을 탔는가 하는 점이었다. 아내 플로런스였을까? 플로런스에게 충성스러웠던 콕스 부인이었을까?

운명의 밤 9시 30분에 찰스는 구토를 시작하고 고통에 몸부림쳤다. 플로런스는 그의 비명에도 깨지 않았지만 콕스 부인이 소리를 듣고 달려갔다. 찰스는 창문 밖으로 몸을 내밀어 아래층 지붕 위에 토하고 있었다. (나중에 경찰이 그곳에서 구토물을 수거해 분석했다.) 콕스 부인은 하인을 시켜 즉시 의사를 불러오게 했다. 의사가 왔을 때 찰스는 이미 의식이 없었고 심장 박동도 거의 느껴지지 않을 정도였다. 이어 킹스칼리지 병원의 조지 존슨(George Johnson) 박사가 왔는데 이때 찰스는 다시 격렬하게 토하면서 피를 쏟고 있었다. 의사가 무엇을 먹었느냐고 묻자, 찰스는 그날 있었던 낙마 사고의 통증을 잊기 위해 아편제를 먹은 것밖에 없다고 대답했고, 실제로 침실에서 아편제 병이 발견되었다. 다음 이틀 동안 의사들은 환자의 상태가 악화되지 않도록 갖은 노력을 기울였으나, 결국 찰스는 4월 21일 금요일에 죽었다. 유리병의 물을 마신 지 55시간 만이었다.

추정에 따르면 찰스는 타타르산안티모닐칼륨을 20~40그레인 정도 먹은 듯하다. 1~2그램, 즉 작은 찻숟가락 한 스푼에 해당했다. 심

리 법정은 사려깊게도 부부의 집에서 열렸다. 콕스 부인은 배심원들에게 살인이 아니라 자살이라고 말했고, 배심원들은 타타르 구토제 중독으로 인한 사망이 분명하지만 정확한 경위는 불명이라고 평결했다. 법의학적 분석에 따르면 사인에는 의심의 여지가 없었다. 물병에는 물이 남아 있지 않았지만, 조사관들은 침실 창 밖 지붕의 토사물에 안티모니가 들어 있는 것을 확인했다. 그러나 검시 평결로는 사태를 진정시킬 수 없었다. 찰스의 부모는 평결에 만족하지 못했고, 다음 몇 주 동안 사람들 사이에 너무나 많은 소문과 의혹이 돌았기에, 수석 재판관은 검시 배심원들의 평결을 파기하고 새로운 심리를 지시했다. 7월 11일에 발햄의 베드퍼드 호텔에서 열린 새 심리는 사실상 플로런스를 남편 살해 혐의로 재판하는 장소였다.

가능성은 낮아 보이지만 찰스의 죽음이 정말 사고이거나 자살이었을 수도 있다. 나중에 밝혀진 바에 따르면 찰스는 플로런스의 알코올 중독을 고치기 위해 특허 의약품을 구입했는데, 바로 타타르 구토제였다. 한 봉지가 35밀리그램으로, 술에 타면 즉시 구토를 일으킬 양이었다. 나중에 생긴 말이지만 이런 식의 치료를 혐오 요법이라고 한다. 구토제를 탄 술을 몇 번 마시고 나면 몸은 알코올과 메스꺼움을 연관해 기억하게 되고, 나중에는 술 생각만 해도 메스꺼워진다. 하지만 플로런스에게는 혐오 요법도 소용없었다. 그녀는 결국 1878년에 알코올 중독으로 사망한다.

찰스가 마신 독이 금주 가루였다고 하자. 그렇다면 누군가 그날 밤에 최소한 30봉지 정도를 유리병에 풀었다는 게 된다. 그렇게 많은 봉지를 사용한다는 건 불가능해 보인다. 차라리 마구간에 있던 타타르 구토제가 사용되었을 가능성이 높다. 예전에 걸리 밑에서 일했던 마부 그리피스가 말들의 구충제용으로 보관해 둔 게 있었기 때문이다. 그리피스는 사건 당시에 켄트에 가 있었지만, 예전에 발햄에서 사람들과 술을 마시면서 뜬금없이 "브라보 씨는 몇 달 안에 죽을 것"이라고 말한 적이 있었다. 꼭 그가 아니라도 플로런스든 충성스러운 친구 콕스 부인이든 쉽게 마구간에서 타타르 구토제를 빼내 찰스의 침실 물병에 한 숟가락 섞을 수 있었을 것이다. 어쩌면 단지 그를 '진정시키기' 위해서 그랬을 수도 있다.

플로런스는 결혼 5개월 동안 두 차례 임신하고 모두 유산했다. 가장 최근은 찰스가 죽기 2주 전이었다. 자신의 처지에 우울해진 플로런스는 술에서 위안을 구했고, 모든 고통이 찰스와의 성급한 결혼에서 비롯했다고 생각했다. 그녀에게는 분명 살인 동기가 있었던 것 같다. 하지만 충실한 친구 콕스 부인이 그녀를 향한 사람들의 의혹을 거두려 노력했다. 첫 심리에서 콕스 부인은 찰스가 스스로 독을 마신 사실을 그녀에게 고백했다고 증언했다. "콕스 부인, 내가 독을 마셨소……. 플로런스에게는 말하지 마시오." 두 번째 심리에서 부인은 누락되었던 '……' 부분을 채웠다. 찰스가 진짜 한 말은 이렇다고 했다. "콕스 부인, 내가 독을 마셨소. 걸리 박사를 위해서. 플로런스에게는 말하지 마시오."

첫 심리에서 사인이 안티모니 중독이라는 것은 확인되었지만 그가 어떻게 그것을 섭취했는지에 대해서는 충분한 증거가 제공되지 못했다. 두 번째 심리에서야 배심원들은 걸리 박사까지 포함한 여러 증인들로부터 관련자들에 대한 이야기를 들었다. 그래도 배심원들은 확실

한 결론을 내리지 못했다. 그들은 자살이라는 콕스 부인의 주장을 무시하고 찰스가 "의도적으로 살해되었지만 어느 한 사람 또는 사람들의 죄를 입증할 증거가 부족하다"라는 평결을 내렸다. 법적으로 사건은 종결이었다. 하지만 1876년 여름 내내 신문들은 이른바 '발햄 미스터리'를 시시콜콜 다루며 독자들의 구미를 만족시켰다. 나아가 이후 100년 넘게 범죄 소설 작가들이 이 사건에 관심을 가졌다. 요즘도 관심을 보이는 사람들이 있다. 일단 상류 사회의 살인 사건은 매일 일어나는 일이 아닌 데다가 그날 밤에 벌어진 사건은 갖가지 이론이 가능할 만큼 의심스럽고 복잡한 부분이 많기 때문이다.

가장 그럴싸한 설명은 이런 식이다. 찰스는 말에서 떨어진 통증을 덜기 위해 아편제를 복용했다. 오후에 집으로 돌아올 때 그는 흐트러진 옷차림에 다리를 절었다. 몸이 불편하다 보니 그가 저녁에 술을 많이 마셨을 수도 있다. 찰스는 술을 마신 날에는 자기 전에 물을 많이 마시는 습관이 있었던 것 같다. 당시 사람들이 숙취 방지 요법으로 자주 쓰던 방법이었다.[49] 또 다른 가설은 그가 자기 전에 속을 비우려고 일부러 구토제를 먹었으나 실수로 약을 너무 많이 탔다는 것이다. 물론 이것은 그다지 현실적인 해석이 아니다. 그의 침실에서 타타르 구토제가 발견되지 않았다는 사실만 봐도 그렇다.

관련자들은 이후 어떻게 되었을까? 플로런스는 1878년에 32세의 나이로 사우스시에서 죽었다. 가족들에게 버림받은 처량한 신세였다.

---

49 술을 마시면 몸에서 수분이 빠져나간다. 숙취는 대부분 이 탈수 현상 때문에 생긴다. 자기 전에 물을 대접째 마시는 것은 꽤 괜찮은 방법이다. 물론 물 마시는 것을 잊을 정도로 취하면 소용이 없겠지만 말이다. 놀러 나가기 전에 침대 맡에 미리 물을 놓아 두면 잊을 염려가 없겠다.

콕스 부인은 심리 후 당장 해고되었다. 그녀는 자메이카로 돌아간 뒤 상당한 유산을 상속받아 몇 년을 더 살았다. 걸리 박사는 사회에서 완전히 추방되었고, 심령술에 심취한 채 9년을 더 살았다.

대통령의 죽음

총알은 납으로 만든다. 한 번에 제작되는 분량을 배치라고 부르는데, 한 배치에 약 5만 개씩 만들어진다. 총알의 재료인 납에는 구리나 은 같은 다른 금속들이 조금 섞여 있다. 납의 강도를 높이기 위해 안티모니도 조금 첨가하는데, 그 양은 배치마다 조금씩 다르다. 0.4퍼센트 정도로 낮을 수도 있고 특별히 단단한 총알이 필요할 때는 4퍼센트까지 높일 수도 있다. 안티모니 함량은 총알마다 조금씩 다르다. 완벽하게 균질한 합금이란 존재하지 않기 때문이다. 그러나 총알들 사이의 편차가 그다지 크지는 않다. 그래서 중성자 방사화 분석법을 쓰면 총알이 어느 배치에서 온 것인지 알아낼 수 있다. 아주 작은 총알 조각으로도 가능하다. 이 기법은 범죄 조사에 널리 사용되어 왔다. 현장에서 발견된 총알이 용의자가 갖고 있는 총알들과 같은 배치에서 나온 것인지 확인할 수 있기 때문이다. 용의자가 총을 버렸더라도 총알끼리 일치하면 되는 것이다. (총알이 특정 총기에서 발사된 것인지 확인하는 방법도 있다. 총알이 총기에서 발사될 때 총기마다 독특한 자국이 남기 때문이다.)

존 피츠제럴드 케네디(John Fitzgerald Kennedy) 대통령은 1963년 11월 22일에 텍사스 주 댈러스에서 암살되었다. 용의자 리 하비 오스왈드

(Lee Harvey Oswald)가 직후에 체포되었지만 함께 구금되었던 잭 루비 (Jack Ruby)에 의해 살해되었기에 재판에 회부되지는 못했다. 암살 현장에서 수거한 총알 파편들에 대한 분석 결과는 오랫동안 기밀 사항이었는데, 지금 와서 보면 분석이 아주 대충 이뤄졌던 것 같다. 오스왈드의 오른손과 오른쪽 뺨을 석고 모형으로 뜬 것이 있는데, 그곳에도 미세한 총알 파편들이 담겨 있을지 몰라서 오크리지 국립 연구소가 중성자 방사화 분석을 해 보았다. 시료를 부주의하게 다루어서 그랬는지 쓸 만한 결과는 나오지 않았다.

대통령의 리무진, 대통령의 몸, 현장에서 부상을 입은 존 코널리(John Connally) 텍사스 주지사의 몸에서 나온 총알 파편들을 FBI 실험실에서 전통 기법으로 분석한 결과, 모든 파편이 같은 회사의 제품이었다. 당시에 공개된 내용은 그뿐이었다. 그러나 이제 우리는 같은 시료들이 FBI의 법의학자 존 갤러거(John F. Gallagher)에게도 보내졌다는 사실을 알고 있다. 그가 1964년 5월에 수행했던 중성자 방사화 분석 결과는 오랜 법정 싸움 끝에 1975년에야 일반에 공개되었다. 공개 요청을 한 것은 캔자스 의대의 빈센트 긴(Vicent Guinn) 교수와 존 니콜스(John Nichols) 박사였다. 긴은 총알 분석 분야의 전문가였는데, FBI 보고서를 읽고 의문을 갖게 되었다. 안티모니 함량 편차가 너무 컸고, 자신이 보았던 어떤 총알의 결과와도 다른 것 같았기 때문이다. 교수는 다시 한번 증거물들에 대해 중성자 방사화 기법을 쓰게 해 달라고 요청했다. 그 사이 몇 년 동안 중성자 방사화 기법이 훨씬 더 정교하게 발전했기 때문이다.

1977년에 교수는 암살에 관한 미 하원 특별 조사 위원회의 허가를 얻어냈다. 실험은 긴이 옮겨가 있던 어바인의 캘리포니아 대학교 원자로를 이용해 수행되었다. 분석 결과, 총알들의 안티모니 함량은 극히 낮았다. 다시 말해 무척 부드러운 총알들이었다. 왜 현장의 총알이 그렇게 조각조각 부서졌는지 설명해 주는 증거였다. 대통령의 머리에서 수거한 파편들의 안티모니 함량은 621피피엠이있고(고작 0.0621퍼센트인 것이다.), 리무진에서 수거한 파편들은 602피피엠과 642피피엠이었다. 주지사의 손목에서 수거한 파편은 797피피엠이었고, 주지사를 뉘었던 들것에서 채취되었으나 아마도 그의 허벅지 상처에서 나온 것으로 보이는 파편은 883피피엠을 기록했다(0.00883퍼센트). 어느 정도 편차가 있지만 하나의 배치에서 나왔다고 판단할 만한 범위다.

긴은 오스왈드가 리무진을 향해 단 두 발을 발사했다고 결론내렸다. 한 발은 대통령과 주지사에게 상처를 입힌 뒤 주지사의 다리에 박혔고, 다른 한 발은 대통령의 목숨을 앗은 뒤 조각난 채로 두개골에 박혔다. 세간에는 제2의 총잡이가 있었다는 소문이 돌았지만, 안티모니 분석 결과를 볼 때 그것은 사실이 아니다.

11 가명의 살인마

세베린 클로소프스키(Severin Klosowski)는 1865년 12월 14일 아침, 당시 러시아에 점령된 상태였던 폴란드의 콜로 근처 나고르나크라는 마을에서 태어났다. 그는 38년 뒤인 1903년 4월 7일 아침에 런던에서 조지 채프먼이라는 이름으로 죽었다. 아내 세 명을 독살한 죄로 교수형을 당한 것이었다. 그는 여성들에게 안티모니를 먹여 오래 고통을 겪게 한 뒤 자연사로 위장했다. 그가 저지른 살인들의 특이한 점이라면 수많은 증인을 끌어들였다는 것이다.

세베린 클로소프스키

세베린 클로소프스키는 30세의 안토니오 클로소프스키(Antonio Klosowski)와 29세의 에밀리(Emilie) 사이에서 태어났다. 안토니오는 목수였고 부부는 로마 가톨릭 신자였다. 클로소프스키는 7세 되던 1873년 10월 17일에 초등학교에 입학해 7년을 다녔고 1880년 6월 13일에 좋은 성적으로 졸업했다. 그해 12월 1일, 클로소프스키는 바르샤바에서 90킬로미터 남쪽의 즈볼렌으로 가서 이발사 겸 외과 의사인 모쉬코 라파포트(Moshko Rappaport)를 돕기 시작했다. 독일어로 펠트셔라는 직업, 즉 이발사면서 간단한 수술도 처리하는 의사가 되기 위해서였다. 이 자격을 얻으면 간단한 수술을 직접 할 수 있었고, 정식 외과 의사가 수술을 할 때 옆에서 보조할 수도 있었다.

1885년 여름에 19세의 클로소프스키는 고용주와 동네 의사로부터 받은 훌륭한 추천서를 들고 바르샤바로 갔다. 외과 의사 공부를 할 계획이었다. 그는 학비를 벌기 위해 프라가라는 교외 지역에서 어느 이발사 겸 외과 의사의 조수로 취직했고, 10월에는 근처의 아기 예수 병원에 개설된 3개월짜리 성형외과 과정에 등록했다. 1886년 1월에는 모쉬코프스키(Moshkovski)라는 의사의 조수로 고용되어 그해 11월 15일까지 일했다. 12월에 성년이 된 그는 여권을 받을 수 있었다. 그리고 임페리얼 칼리지에서 하급 외과 의사 학위를 위한 입학 시험을 치렀다.[50]

1887년 2월에 클로소프스키는 바르샤바 보조 외과 의사 협회에 한 달치 학비를 냈지만 오래지 않아 대학을 중퇴했다. 그해와 1888년

---

50 대학에 등록하려면 출생 증명서, 교육 증명서, 펠트셔로서의 직업 훈련 증명서, 추천서를 제출해야 했다. 클로소프스키는 1902년에 체포될 때까지 이 서류들을 갖고 있었다. 우리가 그의 청년 시절에 대해 알 수 있는 것도 그 서류들 덕분이다. 그가 프라가에서 무라노프르카야 가 16번지에 살았다는 것까지 알 수 있다.

초반에는 그의 행적이 묘연하다. 아마 그때부터 애인과 동거를 시작한 듯하다. 아이를 하나 낳고, 두 번째 아이가 태어날 참이라 공부를 계속할 수 없었던 것 같다. 어쨌든 그는 런던으로 이민을 왔다. 두 아이를 낳은 여성도 클로소프스키를 따라왔으나 그가 책임지기를 거부하자 폴란드로 돌아갔다.

클로소프스키가 갖고 있었던 『질병과 불편에 대한 500가지 처방』이라는 폴란드 어 책을 보면 안쪽에 '베스널그린, 크랜브룩 가 54번지'라는 주소가 적혀 있다. 그것을 볼 때 클로소프스키는 런던에 온 직후 한동안 그곳에서 살았던 것 같다. 5개월 뒤, 그는 포플러의 웨스트인디아독로드에서 미장원을 하는 아브라함 라딘(Abraham Radin)의 조수로 들어갔다. 그는 라딘 부인에게 폴란드 어 서류를 보여 주며 의학 교육을 받았다고 말했고, 라딘의 어린 아들이 아플 때 간호를 돕기도 했다. 그 다음 직장은 화이트채플하이 가 89번지에 있는 화이트하트라는 선술집 지하의 이발소였다. 1888년 가을에 그가 그곳에서 일하는 것을 본 증인이 둘 있다. 이발 도구 행상을 했던 폴란드 인 볼프 레비손(Wolf Levisohn)이 그중 하나인데 그는 클로소프스키를 루드비히 자고프스키(Ludwig Zagowski)라는 이름으로 알고 있었다. 클로소프스키가 런던에서 사용한 가명들 중 하나였다.

지하 이발소에서 클로소프스키를 봤던 것을 기억하는 두 번째 인물은 잭더리퍼 추적을 맡았던 것으로 유명한 애벌린(Abberline) 경위였다. 1888년 가을에 런던 동부 화이트채플 일대에서는 매춘부들이 잔인하게 난도질당하는 연쇄 살인 사건이 벌어졌다. 연쇄 살인범 잭더리퍼가 죽인 사람 수에 대해서는 논란의 여지가 있지만 그해 가을

에 여성 6명이 살해당한 것만은 분명했다. 최초의 살인은 클로소프스키가 일했던 가게에서 엎어지면 코 닿을 거리인 조지야드 건물 층계참에서 벌어졌다. 희생자인 35세의 마사 터너(Martha Turner)는 법정 공휴일이었던 1888년 8월 6일 월요일 다음 날 새벽에 두 자루의 칼로 39군데나 난자당해 죽었다. 클로소프스키가 그 악명 높은 살인마였을 가능성은 거의 없는 듯하지만 의심해 볼 근거는 있었다. 실제로 잭더리퍼 추적이 시작되자마자 그가 용의자 물망에 올랐는데, 주된 근거는 애벌린 경위가 개인적으로 그를 지목했다는 것이었다. 어쨌든 그 사건은 안티모니 독살자로서의 클로소프스키 이야기와는 관계가 없다.

클로소프스키가 그 이발소 사업을 물려받았을 가능성도 있다. 좌우간 1889년 6월이면 그는 선창 근처 케이블 가에 자기 소유의 이발소를 개업한 상태였다. 이때는 본명을 사용했고, 한결 사교적인 사람이 되어 있었다. 그는 클러컨웰의 세인트존 광장에서 열린 폴란드 인 모임에서 루시 바데르스키(Lucy Baderski)를 만났다. 루시는 독일 점령 폴란드 지역 출신 여성이었다. 클로소프스키는 별 어려움 없이 루시와 교제하기 시작했고, 그해 8월의 공휴일에 루시는 자신의 남자 형제에게 결혼했다고 말하고서 가게 위층의 아파트로 들어갔다. 사실 클로소프스키와 루시가 진짜로 결혼한 것은 루시가 임신한 뒤인 10월 23일이었다. 루시와 아기가 여행을 할 만큼 건강해지자, 일가는 1890년 5월에 미국으로 떠났다. 그리고 뉴저지에서 이발소를 열었다.

가게는 성공했지만 결혼 생활은 그렇지 못했다. 루시와 클로소프스키 사이의 다툼은 폭력으로 번졌다. 다음 해 2월, 참을 만큼 참았다고 생각한 루시는 임신 6개월의 무거운 몸을 끌고 아들과 함께 거친 겨울 바다를 건너 런던으로 돌아왔다. 루시는 스카버러 가에 있는 언니 메리의 집에 짐을 풀었고, 1891년 5월 12일에 딸을 낳았다.

  2주 뒤에 클로소프스키도 런던으로 돌아왔고, 두 사람은 화해했다. 그들은 언니 메리에게 다른 집을 찾아 나가라고 하고서 다시 가족끼리 살았지만, 화해는 오래가지 못했다. 두 사람은 완전히 헤어지기로 했다. 아이는 엄마가 키울 것이었다. 둘은 다시는 함께 살지 않았지만, 그렇다고 이혼하지도 않았다.

  1891년 5월부터 1893년 가을까지 클로소프스키의 행적에 관해서는 알려진 바가 없다. 어쩌면 그는 미국으로 돌아갔을지도 모른다. 체포 당시 압수된 소지품에 있던 한 종이쪽에 "1893년에 혼자 미국에서 돌아왔음.", "보증금 100파운드, 미국에서 올 때 1,000파운드가 있었음."이라는 말이 적혀 있었기 때문이다. 뒤의 문장이 무슨 뜻인지는 알기 힘들다. 1,000파운드라면 당시 노동자의 평균 연봉 10년치에 해당하는 거금이었다.

  런던으로 돌아온 클로소프스키는 토트넘의 웨스트그린로드 5번지에 있는 하딘의 미장원에 조수로 취직했다. 그가 애니 채프먼(Annie Chapman)을 만난 것도 토트넘에서 살던 때였다. 그는 애니에게 가정부가 되어 달라고 했고, 그녀는 1893년 11월에 그와 함께 살기 시작했다. 두 사람은 결혼을 하지 않았음에도 부부 행세를 했지만, 관계는 오래가지 않았고 그녀는 곧 그를 떠났다. 그런데 1월 말쯤 애니는 클로소프스키에게 그의 아이를 임신했음을 알렸다. 클로소프스키는 자기 아이라는 것을 믿지 않았고 아무런 책임도 지지 못하겠다고 했

84 세상을 바꾼 독약 한 방울 2

다. 그의 태도에 화가 난 애니는 변호사를 찾아갔지만, 법적 아내가 아니므로 어떠한 요구도 할 수 없다는 이야기만 들었다. 애니가 클로소프스키를 마지막으로 본 것은 2월이었다. 그는 자전거로 애니를 집까지 태워 주며 자신은 곧 동네를 떠날 것이라고 했다. 애니는 전혀 몰랐지만 클로소프스키가 그녀에게서 훔친 것이 한 가지 있었다. 그녀의 성이었다. 클로소프스키는 이후 조지 채프먼이라는 가명을 사용했기 때문이다. 그가 그 이름으로 악명을 떨치게 되었으니 우리도 이제부터는 그렇게 부르겠다. 클로소프스키는 이후 본명에는 대답도 하지 않았고, 사형대로 가면서도 자기 이름은 조지 채프먼이라고 우겼다.

토트넘을 떠난 뒤에 채프먼은 이스트엔드로 돌아온 듯하다. 쇼디치에서 일했을 가능성이 있다. 그러다가 리튼스톤의 처치레인 7번지에 있는 벤첼의 미장원에 취직했다. 이 직장을 잡을 때도 조지 채프먼이라는 이름을 썼다. 어쩌면 그는 이 이름이 훌륭한 연막이라고 생각했을지 모른다. 애니가 아기를 낳은 뒤 아버지의 의무를 다하라며 자기를 찾아 나서더라도, 설마 채프먼이라는 이름을 찾아보겠느냐고 생각할 수 있다. 그는 어려서 고아가 된 미국인 행세를 하기도 했다. 늘 말쑥하게 차려입고 다녔고 신사처럼 행동하길 즐겼다. 그러나 여성에 대한 태도는 신사와는 거리가 멀었다. 잘 생긴 외모와 점잖은 태도를 갖췄기에 쉽게 여성들을 유혹해 동거했으나, 루시와 이혼하지 않았기 때문에 다시 결혼할 수는 없었다. 채프먼은 여성과의 관계를 끝낼 때 좋게 이별하거나 그냥 버리고 떠나는 길을 취하지 않았다. 그는 여성들을 천천히 독살했다.

메리 스핑크 살인 사건

채프먼은 리튼스톤에서 39세의 메리 이사벨라 스핑크(Mary Isabella Spink)를 만났다. 그녀는 철도 짐꾼의 아내였지만 별거 중이었다. 아이가 둘 있었는데 큰 아이 샤드라크는 남편이 데려갔고, 별거 후에 태어난 윌리엄만 직접 키웠다. 메리와 채프먼이 만났을 때 윌리엄은 5세였다. 메리는 자신이 살고 있는 포리스트로드의 하숙집에 가구가 완비된 방이 하나 세 나왔다고 알려 주었고, 채프먼은 방을 구경한 뒤 그곳에 살기로 했다.

오래지 않아 두 사람의 관계는 깊어졌다. 어느 날 하숙집 여주인은 그들이 계단에서 입맞추는 광경을 목격했다. 여주인이 채프먼에게 자신의 집에서 그런 '추태'는 용납할 수 없다고 똑 부러지게 밝히자 채프먼은 곧 메리와 결혼할 것이라고 대답했다. 1895년 10월 27일 일요일에 두 사람은 제일 좋은 외출복을 입고 아침 일찍 집을 나섰고, 오전 10시쯤 돌아와서는 런던 시 로마 가톨릭 교회에서 결혼식을 올렸다고 말했다. 말하나마나지만 사실 결혼식 같은 건 없었다.

메리도 결점이 있는 여성이었다. 그녀는 술을 많이 마셨다. 첫 결혼이 실패한 것도 그 때문이었다. 게다가 아이까지 딸려 있었다. 하지만 모든 단점을 상쇄할 한 가지 장점이 있었다. 돌아가신 할아버지로부터 600파운드를 물려받은 것이었다. 남편과 살면서 얼마간 축내기는 했지만 아직도 500파운드가 남아 있었고, 그녀는 새 사업에 이 돈을 투자할 마음이 있었다. 그해 5월에 그들은 남부 해안의 헤이스팅스라는 휴양 마을로 이사한 뒤, 변호사를 찾아가 신탁에 맡겨진 메리의 유

산을 인출해 달라고 요청했다. 이발소를 내겠다면서 말이다. 그들은 조지 가에 195파운드짜리 가게가 나온 것을 봐 두었고, 신탁의 돈으로 그것을 구입하고 싶어 했다. 변호사가 흔쾌히 동의한 덕분에 그들은 1895년 6월 11일에 집을 샀다. 처음에는 장사가 영 실망스러웠다. 하지만 채프먼이 재치를 발휘해 가게에 피아노를 설치했고, 기다리는 손님들에게 메리가 음악을 들려주면서 점차 나아졌다.

가족은 헤이스팅스에 착실히 정착하는 듯했다. 장사가 번창하자 모스키토라는 이름의 작은 보트와 항해복까지 살 수 있었다. 그들은 일요일이면 함께 배를 타고는 했고, 어느 날엔가는 보트가 뒤집혀 어부들에게 구출된 일도 있었다. 채프먼은 또 여가 시간에는 열성적인 사진가이자 자전거 애호가였다. 한편 메리는 다시 술을 들이붓기 시작했고 늘 취해 있었다. 메리가 아이를 제대로 돌보지 않아 어린 윌리엄은 꼬챙이처럼 마르고 허약했다. 그래도 그녀에게는 아직 300파운드가 있었다.

이발소의 단골손님 중에는 하이 가에서 약국을 운영하는 윌리엄 데이비슨(William Davidson)이 있었다. 1897년 4월 3일에 채프먼은 2펜스를 내고 그에게서 타타르산안티모닐칼륨 1온스를 구입했다. 우리가 정확한 날짜를 아는 까닭은 채프먼이 독약 장부에 서명을 했고 구입 사유까지 기재했기 때문이다. 글자를 알아보기는 힘들었지만 전혀 문제가 되지 않았다. 구매자가 약제사와 개인적으로 아는 사이였으니까 말이다.

채프먼의 번득이는 눈은 이미 새로운 개척지를 찾아 헤매고 있었다. 그는 새 사업을 하고 싶었고, 새 동반자를 얻고 싶었다. 한동안 그는 하녀인 앨리스 펜폴드(Alice Penfold)에게 추파를 던지면서 술집을 할까 하니 함께 이사하자고 꾀었다. 두 사람은 근처 마을인 세인트레너즈온시로 가서 세가 나온 가게를 살펴보기도 했다. 소득은 없었다. 바닷가에 사는 데 질린 채프먼은 런던의 활기를 느끼고 싶었고, 결국 런던 핀즈베리의 바솔로뮤 광장에 있는 프린스오브웨일스 주점을 인수하기로 결정했다. 이번에도 변호사들이 메리의 신탁 예금을 인출해 주었다. 사실상 예금이 해지되면서 1897년 8월 31일에 250파운드의 돈이 메리에게 들어왔다. 메리는 돈을 헤이스팅스의 로이즈 은행에 입금했고, 1주일 뒤에 찾아서 채프먼에게 주었다. 일가는 런던으로 떠났고 돈은 런던의 은행에 있는 채프먼의 계좌에 넣었다.

메리는 그해 5월과 8월에 살짝 몸이 안 좋았다. 하지만 프린스오브웨일스에 도착했을 무렵에는 전과는 비교가 안되게 상태가 나빠져 있었다. 그녀는 걸핏하면 폭음을 일삼았는데, 한번은 만취한 그녀를 채프먼이 가게에서 내쫓았을 정도였다. 채프먼의 입장에서 이제 메리는 도움은커녕 부담스러운 짐이었다. 그는 안티모니로 메리를 독살하기로 했다. 별거는 생각할 수 없었는데, 그녀가 준 돈은 빌려 준 것이었기 때문이다. 그녀가 죽는 수밖에 없었다.

채프먼이 메리에게 독을 먹이기 시작한 것은 11월경이었던 듯하다. 12월 12일이면 이미 그녀의 상태가 몹시 나빠져 술집 단골이던 마사 더블데이(Martha Doubleday)가 밤중에 간호하러 왔기 때문이다. 낮에는 제인 멈포드(Jane Mumford)라는 여성이 메리를 간호했다.

크리스마스 2주 전, 마사는 채프먼에게 의사를 부르는 게 좋겠다고 말했다. 근처에 사는 의사 로저스가 왕진을 왔다. 의사는 결핵으

로 진단하고 약을 잔뜩 처방했지만 당연히 아무 소용이 없었다. 메리는 입에 넣는 것은 무엇이든 토했다. 간호하던 마사는 채프먼이 메리에게 브랜디를 먹일 때면 특히 증상이 심해진다는 사실을 눈치챘다. 브랜디는 배탈에 흔히 쓰인 민간요법이었고, 채프먼은 최고급 브랜디 한 병을 메리의 머리맡에 두고는 간병인들에게 오직 메리를 위한 술이라고 엄하게 일렀다. 아내에 대한 염려가 진심임을 과시하는 동시에 메리만 독을 마시게 하기 위해서였다.

크리스마스가 가까웠을 무렵 메리는 더욱 쇠약해졌다. 메리는 구토는 물론 끊임없이 설사를 했고, 엄청난 갈증에 시달렸다. 토사물은 담즙이 섞여 초록색이었고 격렬한 위통도 따랐다. 시간제 간병인으로 메리를 돌보러 온 엘리자베스 웨이마크(Elizabeth Waymark)의 눈에도 환자의 상태는 끔찍했다. 채프먼은 진전 섬망증, 즉 알코올 중독이라고 설명했지만, 결핵이라는 의사의 진단이 갈수록 옳은 듯 보였다. 메리는 분마성 소진, 즉 급격히 쇠약해지는 신체 상태에 있었다. 병세에는 차도가 없었고 죽음이 가까워 오며 자궁에서도 피가 흘렀다. 크리스마스 아침, 메리는 몹시 괴롭게 구토를 하고는 오후 1시에 죽었다.

간호사들의 증언에 따르면 아내에 대한 채프먼의 태도는 이중적이었다. 한편으로 채프먼은 마사를 내보내고 환자에게 손수 약을 먹였고, 억지로라도 브랜디를 먹이려 했다. 메리가 약이나 브랜디를 먹은 뒤마다 구토를 했던 걸 보면 둘 모두에 독이 들어 있었을 것이다. 메리가 죽은 날 채프먼은 눈물을 조금 흘렸다. 그러나 곧 아래층으로 내려가 평소처럼 가게를 열어 간병인들을 놀라게 했다. 메리는 1897년 12월 30일 목요일에 리튼스톤의 세인트패트릭 묘지에서 느릅나무 관에 담겨 5.5미터 깊이의 무덤에 묻혔다. 슬퍼하는 이 없는 외로운 죽음은 아니었다. 프린스오브웨일스 술집의 단골들이 관을 따랐고, 정기적으로 술집에서 만나 휘스트 카드놀이를 했던 동네 휘스트 모임 사람들이 돈을 모아 화환도 보냈다.

메리의 시체는 5년 동안 조용히 묻혀 있었다. 그동안 7개의 관이 메리의 관 위에 쌓였다. 1902년 12월에 사람들이 무덤을 열었을 때, 위에 놓인 관들에서 대단한 악취가 뿜어져 나왔다. 하지만 막상 메리의 관을 열자 시체가 거의 손상되지 않았기에 사람들은 깜짝 놀랐다. 간병인 웨이마크 부인이 메리의 얼굴을 알아볼 수 있을 정도였고 두 눈도 완전했다. 부검 결과 비장, 신장, 방광, 심장, 폐는 상한 데가 없었다. 사인은 화학 물질로 인한 급성 위염이었고, 그 물질이란 다름 아닌 안티모니였다. 안티모니가 무덤의 흙에서 스며들었을 리는 없다. 흙에서는 안티모니가 검출되지 않았기 때문이다.

시체가 안티모니로 포화되었기 때문에 강한 탈수 현상이 일어나서 놀랍도록 깨끗하게 보전된 것이었다. 장기들을 검사한 결과, 신장의 안티모니 농도는 4밀리그램, 위는 2밀리그램, 장은 27밀리그램, 간은 57밀리그램이었다. 간의 수치를 보면 그녀는 죽기 바로 전에 다량의 안티모니를 섭취했다. 검사한 장기들을 모두 합하면 총 90밀리그램의 안티모니가 있었다.

메리를 제거하는 데 성공한 채프먼은 메리의 아들 윌리엄도 처리해야 했다. 그는 7세 소년을 맡을 생각이 전혀 없었다. 1898년 1월 30일에 그는 윌리엄을 바나도 고아원으로 데려갔다. 고아원은 아이를 받길 주저하며 소년에게 살아 있는 친척이 없는지 확인해야 한다고 말

했다. 채프먼은 리튼스톤에 사는 메리의 가족들 주소라며 몇몇 주소들을 주워섬겼는데, 후에 확인해 보니 다 거짓이었다. 고아원은 윌리엄을 받아 주지 않았다. 채프먼이 다음 해까지 윌리엄을 치우려고 더이상 시도하지 않은 것을 보면 윌리엄이 술집에서 잔일을 곧잘 거들었던 것 같다. 메리가 죽은 지 15개월이 되는 1899년 5월 20일에 채프먼은 마침내 소년을 쇼디치 구빈원에 넣었고 다시는 만나지 않았다.

베시 테일러 살인 사건

메리 스핑크가 죽고 몇 주가 지났을 무렵, 채프먼은 술집 종업원을 구하는 광고를 냈고, 지원자들 중에서 32세의 베시 테일러(Bessie Taylor)를 선택했다. 베시는 체셔 출신으로 농부 겸 가축 중개인의 딸이었다. 독립적인 처녀였던 그녀는 성인이 된 21세에 집을 떠나 런던으로 온 뒤 10년 동안 이곳저곳의 식당에서 일했다. 사진을 보면 베시는 살집이 있는 편이었지만, 어쨌든 채프먼의 마음을 끈 것이 분명했다. 그들은 일을 같이 하는 것을 넘어 침대도 같이 쓰게 되었고 바깥세상에서는 부부인 양 행동했다. 채프먼은 베시에게 한 차례 결혼한 바 있으며 종교 때문에 이혼할 수 없다고 고백했던 것 같다. 좌우간 베시는 세인트바솔로뮤 광장으로 이사를 왔고 주변 사람들에게 결혼을 알렸다. 언제 결혼을 선언했는지는 알려져 있지 않지만, 1898년 7월 18일에 베시의 아버지가 결혼 선물로 50파운드짜리 수표를 보내 온 것을 보면 그 무렵일 것이다. 이 돈은 채프먼이 메리로부터 '물려받은' 250파운드와 함께 그의 은행 잔고에 쌓였다.

그해 여름, 채프먼과 베시는 짬이 나면 함께 자전거를 탔다. 동네의 경찰 자전거 모임에 가입했고, 자전거를 타고 멀리 비숍스스토포드까지 나가기도 했다. 1898년 8월에 그가 그곳에 있는 그레이프스라는 선술집을 사기로 했기 때문이다. 그는 은행에서 돈을 모두 찾아 369파운드 넘게 마련해서는 하트퍼드셔와 에식스 경계에 있는 그 시골 마을로 이사했다. 사업은 시작부터 전망이 불투명했다. 설상가상 베시는 이에 문제가 생겼고, 입안에 생긴 농양 때문에 병원에서 수술을 받았다. 그게 1898년 크리스마스 직전의 일이었다. 이때 베시의 오랜 친구인 엘리자베스 페인터(Elizabeth Painter)가 크리스마스 휴가차 2주 동안 채프먼 부부에게 놀러 와 있었다. 베시와 채프먼의 사이는 악화일로였고, 엘리자베스는 여러 차례 둘의 싸움을 목격했다. 한번은 채프먼이 베시를 총으로 위협하기도 했다.

시골의 삶은 채프먼의 취향이 아니었다. 1899년 새해가 되자마자 그는 그레이프스를 팔고 런던으로 돌아왔다. 5월에는 서더크의 유니온 가에 있는 모뉴먼트라는 술집을 샀다. 한동안 베시와의 관계도 나아졌다. 상당히 인상적인 여성이었던 베시는 술집 주변 동네에서 인기인이었다. 그녀는 유니온 가 바로 옆 페퍼 가의 올할로우스 교회에 다녔고, 교회의 자선 단체에 아낌없이 기부했다. 자전거도 계속 탔다. 그녀의 부모가 술집을 방문해 묵고 간 적도 여러 차례였다. 그녀의 어머니가 특히 사위를 좋아해 딸에게 남편을 잘 골랐다고 칭찬하고는 했다. 그해와 이듬해에는 이처럼 좋은 나날이 이어졌다.

베시가 타타르산안티모닐칼륨의 희생자가 된 것은 1900년 12월이었다. 크리스마스 2주 전에 그녀는 몸이 아프고 변비가 심하다며 앓

아누웠고, 술집 단골인 마사 스티븐스(Martha Stevens)의 조언에 따라 약 1킬로미터 밖 뉴켄트로드의 스토커 의사에게 진료를 받았다. 의사의 처방이 무엇이었는지 몰라도 당연히 소용이 없었고, 그녀는 계속 구토를 했다. 크리스마스 10일 전쯤, 채프먼은 간호사가 직업인 마사에게 베시를 돌봐 달라고 부탁했다. 마사는 처음에는 낮에만 베시를 간병했으나 환자의 상태가 나빠지면서 밤중에도 붙어 있었다.

런던에 살던 베시의 남자 형제 윌리엄은 누이를 보러 왔다가 누이가 제 나이인 34세보다 훨씬 더 늙어 보이고 몹시 초췌해진 것을 발견했다. 베시는 극심한 복통을 호소했고 윌리엄이 있는 동안에도 내내 고통을 감추지 못했다. 그해 12월에 친구 엘리자베스도 베스를 보러 와서 그녀가 쇠약해진 것을 목격했다. 이때 채프먼은 엘리자베스에게 간간이 수작을 걸었다. 언젠가는 갑자기 엘리자베스에게 키스를 하기도 했다.

1901년 1월 1일 화요일, 베시의 상태가 악화되자 스토커가 왕진을 왔다. 이후 의사는 6주 뒤인 2월 13일 수요일에 베시가 죽을 때까지 매일 술집을 방문했다. (빅토리아 여왕이 1월 22일 화요일에 사망했다.) 의사는 그녀가 정기적인 구토, 설사, 복통을 겪는 것을 확인했다. 며칠 나아졌다가도 반드시 재발했다.

1월에 스토커는 베시의 병명을 알아내기 위해서 다른 전문가들의 도움을 구했다. 부인과 전문의인 선덜랜드가 베시를 진찰하고 자궁의 이상을 의심했다. 하지만 검사 결과 그게 아니라는 게 밝혀지자 이번에는 근처에 사는 의사 소프가 나섰고, 심신증이라고 결론내렸다. 프로이트의 정신 분석학이 등장하기 전이었으니 정확히 말해 '히스테리'라고 불렀겠지만 말이다. 베시의 증상이 내과적 질환 때문이 아님을 지적한 점에서는 소프가 옳았다. 그래도 그녀의 증상은 그냥 넘기기에는 너무 심각했기에, 마지막으로 의사 코터가 불려 왔다. 코터는 베시가 위암이나 장암을 앓는지도 모른다고 생각했고, 토사물 시료를 임상 연구 협회에 보내 검사해 보았다. 암 조직은 발견되지 않았다. 2월 초에는 베시의 어머니가 왔다. 어머니가 딸의 식사를 도맡아 준비하기 시작하자 베시는 서서히 회복했고, 2월 10일 일요일에는 일어나 앉을 정도가 되었다. 의사 스토커가 방문했을 때는 피아노를 치고 있었다.

채프먼은 메리 스핑크를 죽일 때처럼 간단히 베시를 죽일 수 없음을 깨달았다. 장모가 경계의 눈길을 거두지 않으니 전처럼 소량의 안티모니를 자주 먹일 수 없었다. 그는 다량을 한번에 먹일 수밖에 없다고 결론내린 듯하다. 2월 12일 화요일 저녁에 실제로 그렇게 했기 때문이다. 베시는 그날 밤 새벽 1시 30분에 죽었다. 의사가 미처 손을 쓸 틈이 없었다. 의사는 사망 진단서에 장 폐색, 구토, 탈진으로 인한 사망이라고 썼다. 베시는 고향 체셔의 림 교회 묘지에 묻혔다. 채프먼이 돈이 없다고 하는 바람에 베시의 형제 윌리엄이 장례비를 댔다.

베시의 시체는 21개월 동안 고요히 묻혀 있었다. 충분히 분해되고 남을 시간이었다. 하지만 1902년 11월 22일에 사람들이 무덤에서 시체를 파 보니 곰팡이가 한 겹 슨 것 외에는 썩는 냄새도 없고 아주 상태가 좋았다. 시체를 해부해 보니 장기들은 질병의 흔적 없이 깨끗했다. 독살에 걸맞게 위염 증상이 조금 있을 뿐이었다. 장의 내벽에는 노란색 황화안티모니가 덮여 있었다. 최후의 독약이 관장제 형태로

주입되었을지도 모른다는 것을 드러내는 증거였다. 단백질이 분해될 때 생기는 황화수소가 안티모니와 반응하면 황화안티모니가 만들어질 수 있다.

분석 결과 위에는 8밀리그램, 신장에는 20밀리그램, 간에는 107밀리그램, 장에는 548밀리그램의 안티모니가 있었다. 장의 수치는 안티모니 독살 희생자의 몸에서 검출된 양 중 최고 기록이다. 모두 합쳐 693밀리그램이었다. 무덤 주변의 흙도 검사했으나 안티모니는 없었다. 모든 증거는 베시가 사망 전날인 화요일 저녁에 엄청난 양의 안티모니를 한번에 섭취했음을 말해 주었다.

모드 마시 살인 사건

채프먼은 새 종업원이 필요했다. 1901년 8월에 그는 18세 모드 마시(Maud Marsh)의 구직 광고를 신문에서 보았다. 채프먼이 연락을 했고, 며칠 뒤에 모드가 어머니와 함께 면접을 보러 왔다. 마시 부인이 그에게 어떤 처지냐고 묻자 채프먼은 아내를 잃은 홀아비라고 대답했고, 모드에게 이 집에서 지내겠느냐고 물었다. 마시 부인은 건물에 다른 입주자들이 있는지 궁금해 했다. 채프먼이 위층의 몇몇 방들에 다른 가족이 세 들어 있다고 말하자 부인은 안심했고, 모드는 어머니의 동의 아래 일을 하기로 했다. 모드는 15세에 가정부 일을 시작해 두 집안을 거친 뒤 직종을 바꿔 크로이든의 술집에서 여급으로 일하던 차였다. 그곳에서 실직하자 비슷한 자리를 구하는 광고를 내 결국 모뉴먼트에 오게 된 것이었다.

채프먼은 대번에 모드에게 마음을 빼앗겼다. 위층의 세입자들을 쫓아낼 시간을 벌려고 모드의 출근 날짜를 늦추기까지 했다. 그래서 모드가 첫 출근을 했을 때 건물에 기거하는 사람은 모드와 채프먼 둘 뿐이었다. 처음부터 채프먼은 그녀에 대한 호감을 숨기지 않았다. 정황을 보건대 모드도 싫지 않았던 듯하나 어머니의 충고에 따라 어느 정도 거리를 두려 애썼다. 하지만 그가 청혼을 하자 그녀는 재깍 받아들였고, 둘은 약혼한 사이가 되었다. 채프먼에게 약혼이란 결혼 같은 거추장스러운 의식을 또 다시 치르지 않고도 모드의 몸을 마음대로 즐길 수 있음을 뜻했지만, 모드에게 약혼은 결혼식 뒤로 잠자리를 미뤄야 한다는 것을 뜻할 뿐이었다.

9월 중순에 모드는 절박한 내용의 편지를 집에 보냈다. "조지는 자기가 원하는 대로 해 주지 않으면 내게 35파운드를 쥐어 집으로 쫓아보낼 거라고 해요……. 하지만 저는 약혼한 상태잖아요……. 그가 결혼해 주지 않으면 저는 서약을 깨뜨리는 게 되고요, 그렇죠?" 그녀의 엄마는 즉각 답장을 써서 돌아오라고 했지만, 곧 모든 게 다시 좋아졌으며 두 사람이 일요일에 자전거를 타고 크로이든을 방문해 부모님을 뵐 것이라는 딸의 편지가 날아들었다. 두 사람은 정말 모드의 가족을 방문했다. 채프먼은 자신의 마음이 속되지 않았음을 증명하기 위해 모드의 부모에게 유언장 초고를 보여 주었다. 자신이 죽으면 모드가 400파운드를 물려받으리라는 내용이었다.

10월 13일 일요일, 모드와 채프먼은 말쑥하게 차려입고 모드의 여동생에게 술집을 맡긴 뒤 비숍스게이트 가의 로마 가톨릭 교회에 결혼식을 올리러 갔다. 그들은 오후 1시에 돌아와 이제 채프먼 부부가

되었다고 선언했다. 모드의 어머니가 당장 달려왔다. 갑작스러운 소식에 당황한 어머니는 딸에게 혼인 증명서를 보여 달라고 했지만, 모드는 채프먼이 서류를 보관했을 거라고 말했고, 어머니는 더 이상 캐묻지 않았다. 어머니는 그들의 결혼을 인정하고 함께 식사를 했다. 어머니의 마음에 남았던 걱정은 다음 몇 주에 걸쳐 서서히 사라졌다. 딸의 편지를 보면 행복한 것이 분명했기 때문이다. 시간이 흐르면서 마시 가족은 모두 채프먼을 받아들였고 모뉴먼트에 자주 방문했다. 때때로 모드의 아버지가 술집 일을 도울 정도였다.

채프먼은 그동안 손쉽게 한몫 챙길 궁리를 하고 있었다. 그는 술집에 보험을 든 뒤 불을 지르기로 결심했다. 임대 계약 기간이 끝나가던 차라 다른 적당한 일자리를 구할 시간도 없었다. 그러나 그가 방화임이 뻔히 드러나게 일을 저지르는 바람에 보험 회사가 지불을 거부했다. 그가 지하실에 불을 지르기 전에 건물 내의 가구와 귀중품을 모두 치웠던 것이다. 《모닝 애드버타이저(Morning Advertiser)》가 몹시 힐난하는 어조로 이 사건을 보도하자 채프먼은 사과를 요청하며 신문을 고소했다. 그러나 경찰이 사건을 조사하기 시작하자 채프먼은 슬며시 고소를 취하했고, 더 이상 어떤 공식적인 조치 없이 사태가 마무리되었다.

크리스마스 직전에 채프먼은 버러의 하이 가 213번지에 있는 크라운이라는 더 좋은 술집을 임대했다. 근처 가이 병원의 의대생들이 즐겨 찾는 커다란 술집이었다. 당구장도 있었다. 채프먼은 드디어 성공 하나 보다 하고 느꼈던 것 같다. 그런데 덜컥 모드가 임신을 했고, 4월에 채프먼은 모드를 설득해 낙태를 시켰다. 페놀 소독제(당시에는 석탄산이라고 불렀다.)를 묽게 한 용액을 직접 모드의 자궁에 주사했다.

이 무렵 채프먼은 다른 일로 한번 더 신문에 올랐다. 다만 이번에는 범죄자가 아니라 피해자 신분이었다. 남녀 신용 사기단에게 당한 사건이었다. 앨프리드 클라크(Alfred Clark)라는 외판원과 마틸다 길모어(Matilda Gilmor)라는 여성이 사실상 휴지 조각에 불과한 칼레도니아 금광 회사의 주식을 사람들에게 팔려고 했다. 채프먼의 술집에 들어설 때 그들은 아직 한 명도 구매자를 확보하지 못한 터였다. 마틸다와 안면이 있었던 채프먼은 곧 두 사람과의 대화에 빠져들었고, 그들의 말에 혹해서 주식 700파운드어치를 사기로 하고 일단 7파운드를 담보로 치렀다. 채프먼은 잔금을 치를 요량으로 은행에서 돈을 인출했는데, 현명하게도 돈을 건네주기 전에 칼레도니아 금광 회사에 대해 뒷조사를 해 보고는 주식이 쓰레기임을 알게 되었다.

채프먼은 경찰에 사기꾼들을 고발했다. 그러면서 종이쪽에 불과한 주식에 700파운드를 이미 지불했다고 거짓말했다. 사기꾼들은 채프먼에게 주식을 넘겨주러 왔다가 체포되었고 1902년 6월에 뉴잉턴 법정에 출두했다. 채프먼은 검사 측 증인으로 증인석에 섰고 모드가 그의 증언을 지지했다. 클라크의 변호인은 채프먼의 주장을 반박하려 애썼지만 실패했고, 배심원들은 클라크에게 유죄를 평결했다. 판사는 3년 형을 선고했고, 마틸다는 방면되었다. 채프먼은 은행에서 인출한 어음의 일련번호 몇 개를 경찰에 알려 주었는데, 경찰이 1902년에 그를 체포하고 보니 그 어음 일부가 아직 술집에 보관되어 있었다. 클라크는 그해 12월에 특별 사면되었다.

모드는 채프먼이 법정에서 위증을 하는 동안 '남편'을 지지했지

98 세상을 바꾼 독약 한 방울 2

만, 빗나간 충절도 소용없었다. 1902년 6월에 새 종업원이 온 뒤로 이미 그녀의 위치는 흔들리고 있었다. 새 종업원인 플로런스 레이너(Florence Rayner)는 한동안 낮에 술집을 드나들던 단골이었는데, 어느 날 모드가 그녀에게 1주당 5실링에 숙박과 식사 제공 조건으로 일해 보지 않겠느냐고 제안했다. 플로런스가 그러기로 한 덕에 모드는 점심에는 일손을 놓고 가사를 돌보거나 요리를 할 수 있었고, 술집이 잠시 문을 닫는 오후에 채프먼과 제대로 된 식사를 즐겼다. 채프먼은 2주 만에 플로런스와 몹시 친한 사이가 되었다. 도둑처럼 입술을 훔치는 것 이상으로 관계가 발전하지는 않았지만 말이다.

모드가 사태를 파악하자 당연히 싸움이 붙었다. 모드가 집을 나가겠다고 으름장 놓자 채프먼은 일단 나가면 다시는 돌아올 수 없을 거라고 응수했다. 안타깝게도 그녀는 남는 쪽을 택했다. 다툰 직후에 모드는 메스꺼움과 설사 증세를 보이며 드러누웠는데, 물론 그 전에 플로런스를 해고했다.

모드는 동반자를 갈아치우려는 채프먼의 시도에 훼방을 놓음으로써 사실상 자신의 운명을 결정한 셈이었다. 7월 중순부터 채프먼은 모드에게 타타르산안티모닐칼륨을 먹이기 시작했다. 몇 차례 구토와 설사, 아니면 변비 증상을 번갈아 겪은 뒤, 모드는 언니의 조언에 따라 병원을 찾았다. 채프먼의 이전 두 여성들과 달리 모드는 가족과 유대가 깊었다. 특히 언니 앨리스와 어머니와 친했다. 가족의 관심이 결국 채프먼의 몰락을 불러올 것이었다. 모드의 목숨은 구하지 못했지만 말이다. 7월에 앨리스가 개입한 덕에 모드는 숨 돌릴 틈을 벌었다. 채프먼은 의사들이 무슨 짓을 할지 모른다면서 병원에 가는 것을 말렸지만 앨리스는 누군가에게 상태를 보여야 한다고 끈질기게 주장했고, 채프먼을 달랠 겸 우선 술집 바로 옆 골목의 의사에게 가보겠다고 했다. 막상 진료실에 찾아갔을 때 의사가 자리에 없자 앨리스는 기어이 동생을 가이 병원으로 끌고 갔고, 의사를 만나고 오라고 두었다.

모드는 어찌나 아팠던지 병원 대기실에서 기절했다. 하지만 그녀를 진찰한 의사는 입원을 시켜야 할 정도의 이상을 발견하지 못했고, 모드를 집으로 보냈다. 채프먼은 그녀가 돌아오자마자 다시 독약을 먹였다. 그 바람에 모드는 곧장 병원으로 되돌아갔고, 이번에는 상태의 심각성을 인정받아 4주간 입원했다. 입원 첫날 모드의 증상은 고열, 빠른 맥박, 설사, 구토, 엄청나게 극심한 간헐적 복통이었다. 2주 동안은 차도가 없었으나 8월 10일 무렵에는 눈에 띄게 나아졌다. 열이 떨어지기 시작했고, 10일 뒤에는 퇴원해도 좋다는 허락을 받았다. 모드를 담당했던 의사 타깃은 복막염이라고 보았다.

집으로 돌아온 모드는 1개월가량 건강하게 지냈다. 모드의 일과는 정오에 술집 일을 거든 뒤 혼자 늦은 점심을 먹는 것이었다. 그러던 10월 7일 목요일, 모드는 오후 늦게 채프먼과 다른 두 종업원들이 먹다 남긴 감자 요리를 먹고는 갑자기 아프기 시작해 자리에 누웠다. 다음 날 들른 언니 루이자는 모드가 구토와 설사를 앓는 것을 보았다. 바야흐로 모드에 대한 채프먼의 막바지 공격이 시작된 것이었다. 다음 2주에 걸친 모드의 상황은 다른 희생자들의 상황에 비해 무척 상세하게 기록되어 있다. 술집에서 벌어졌던 일을 보면 우리는 채프먼이 어떻게 독약을 사용했는지 알 수 있다. 그는 안티모니를 쓰면 추적을 피할 수 있다는 것을 잘 알았다. 이 무렵 어느 손님에게 자신이 "요

만큼만 독을 쓰면 (엄지와 둘째손가락으로 한 자밤을 쥐어 보이는 시늉을 하며) 의사 50명이 들러붙어도 알아내지 못할 것"이라고 자랑하기도 했다. 두 번이나 완전 범죄를 해 낸 것, 심지어 두 번째에는 전문가가 셋이나 포함된 의사 넷을 보기 좋게 속인 것 때문에 그는 안티모니야 말로 완벽한 독약이라고 확신했을 것이다.

   그 주 내내 모드는 차도가 없었다. 금요일에 채프먼은 스토커 박사의 진료소를 찾아가 구토와 설사를 멎게 할 약을 처방해 달라고 했다. 이때 채프먼은 스토커에게 두 사람이 진짜 결혼한 사이가 아니라고 털어놓았다. 스토커는 백악, 비스무트, 아편이 섞인 위약을 주며 가벼운 식사를 권했다. 의사는 다음 날인 10월 11일 토요일에 왕진을 왔고, 모드의 상태가 심각함을 알아차렸다. 모드는 스토커에게 이번에도 복막염인지 물었고, 아니라는 답을 듣고 안도했다. 다음 날인 일요일에 모드는 한결 나아졌고, 점심으로 돼지고기, 감자, 채소, 빵, 진저 맥주를 먹었다. 채프먼은 차 마실 시간까지 기다려 다시 공격했다. 오후 5시 30분, 모드는 심하게 토하기 시작했다. 채프먼은 저녁 식사 중에 샴페인을 한 병 따서 모드에게 권했지만 언니 루이자가 맛이 이상하다고 하자 변기에 몽땅 부어 버렸다.

   10월 13일 월요일은 모드와 채프먼의 '결혼' 1주년 기념일이었다. 하지만 축하를 할 상황이 아니었다. 그날 이후 모드의 상태는 급속히 나빠졌다. 구토와 설사가 계속되었고 다시 한번 복통과 다리 경련이 일어났다. 수요일쯤에는 음식을 전혀 넘길 수 없었기에, 의사는 항문으로 음식을 먹이라고 지시했다. 채프먼은 단골손님인 툰 부인에게 모드를 간호하고 먹여 줄 수 없겠느냐고 물었다. 항문으로 음식을 먹여야 한다는 이야기에 툰 부인이 거절했고, 다른 사람들도 마찬가지로 내키지 않아 하자 채프먼은 손수 해야 했다. 그러나 결국 툰 부인이 저녁에 술집 문을 닫을 때까지 모드를 간호하고 새벽 1시에 자기 집으로 돌아가기로 했다.

툰 부인은 모드가 엄청난 갈증을 느끼지만 어떤 음료를 마셔도 해갈하지 못하는 상황임을 깨달았다. 무엇을 마셔도 대부분 토해 버렸다. 항문 주입도 별반 낫지 않았다. 역시 바로 배출되고 말았다. 모드는 약 때문에 더 아프다고 하면서 먹기를 거부했다. 채프먼은 모드의 수발을 전적으로 책임지면서 몇 분 이상 그녀의 시야에서 벗어나지 않았다. 그는 반드시 제 손으로만 모드를 먹이려 들었다. 토요일 저녁에 딸을 만나러 온 모드의 아버지는 사위의 태도에 의혹을 느꼈고, 월요일까지도 차도가 없으면 다른 의사를 부르겠다고 했다. 모드는 1주일 전과 마찬가지로 이번에도 토요일쯤에는 회복의 기미를 보였다. 아마 주말에는 채프먼이 술집 일로 바빠 독살에 신경을 쓰지 못한 탓이었을 것이다.

일요일에 모드는 점심으로 토끼고기를 먹을 정도로 기력을 회복했지만, 그날 늦게 증상이 재발하자 그 식사가 원인이라고 생각했다. 요리를 나눠 먹은 종업원도 아프기 시작했다. 마시 가족은 당번을 세워 모드를 간호하기로 했고, 우선 월요일 오전에 어머니가 왔다. 딸은 몹시 아파했고 극심한 갈증과 아랫배 통증을 호소했다. 모드는 채프먼이 준비한 브랜디와 탄산수를 마실 때마다 모조리 토했다. 귀한 3년산 마르텔 브랜디도 소용없었다.

의사는 모드가 한층 쇠약해진 것을 보고 어머니를 한켠으로 불렀

다. 의사는 모드가 죽어 가고 있다고 솔직하게 말한 뒤, 사망 증명서에 그녀의 이름을 어떻게 쓸까 의논했는데, 아마 이때 모드와 채프먼이 정식 부부가 아니라는 이야기를 한 듯하다. 다음 날인 10월 21일 화요일 오전 9시에 모드의 아버지는 자신의 주치의인 그라펠을 찾아가 함께 딸을 보러 가자고 했다. 이들은 오후 3시 30분에 술집에 도착했다. 정오에 한 차례 방문했던 스토커도 다시 왔고, 두 의사는 함께 병자를 진찰했다. 그라펠이 보니 모드는 맥박이 몹시 빨랐지만 심박은 약하지 않았다. 피부는 황달기로 누르께했고, 숨이 얕았다. 모드는 거의 혼수상태였다. 의사들은 식중독일지 모른다는 데에 동의하고 저녁에 다시 만나기로 했다.

오후 늦게 모드는 낫는 듯했다. 일을 마치고 딸을 보러 온 아버지의 눈에도 딸이 한결 기운차고 쾌활해 보였다. 아버지는 사위에게 간신히 고비를 넘긴 것 같다고 말했는데, 채프먼은 불길하게도 이렇게 대답했다. "모드는 다시는 일어나지 못할 겁니다."

모드는 그 이상 좋아지지 않았다. 어머니가 곁에서 밤을 샜고 간병인은 새벽 1시에 떠났다. 채프먼은 브랜디가 잔뜩 든 큰 컵을 모드의 머리맡에 두었다. 밤새 음료를 찾을까 봐서였다. 모드는 잠시 눈을 붙였다가 새벽 3시에 깼고, 이때 어머니는 딸에게 탄산수를 탄 브랜디를 좀 먹였다. 모드는 다 토했다. 새벽 5시, 이틀간 딸을 간호하느라 지친 마시 부인은 자신도 기력을 충전할 필요가 있다고 생각하고 브랜디에 얼음과 물을 타서 조금 마셨다. 몇 분 만에 그녀 역시 토하기 시작했고, 다음 2시간 동안 화장실을 여섯 번이나 들락거렸다.

모드의 어머니는 머릿속에서 사태를 이어 붙인 끝에 브랜디가 원인이라고 결론내렸다. 툰 부인에게도 맛을 보게 했더니 혀를 태울 듯 강한 맛이 난다고 했다. 그러나 두 여인이 조치를 취할 틈이 없었다. 툰 부인이 도착하자마자 모드가 발작을 일으켰기 때문이다. 모드의 한쪽 팔은 짙은 붉은색으로 물들었고 입술은 어두운 회색이 되었다. 자궁에서 배설물이 쏟아지기 시작했다. 빠르게 죽어 가던 모드는 정오경에 간신히 의식을 되찾았는데, 죽음이 목전임을 알고 있었다. 그녀는 채프먼과 두 여인에게 "저는 떠나요."라고 말했고, 채프먼은 "어디로?"라고 대답했다. 모드는 마지막 숨을 몰아쉰 뒤 채프먼에게 안녕을 고했다. 오후 12시 30분이었다. 채프먼은 감정에 사로잡혀 눈물을 터뜨렸으나, 곧 자제력을 그러모았고, 30분 뒤에 평소대로 술집 문을 열었다. 오후 3시에 방문한 스토커는 모드가 죽은 것을 보고도 사망 진단서 발급을 거부했고, 개인적으로 부검을 하기 바란다고 말했다. 모드의 어머니가 전날 미리 부검 의향을 밝혔던 것이다.

채프먼의 체포와 재판

오후에 마시 부인은 남편에게 전보를 쳤고, 그는 4시에 받은 전보를 즉시 그라펠에게 보여 주었다. 의사는 반드시 진짜 사인을 알아내겠다며 아버지를 안심시켰다. 의사는 비소 중독이 아닌가 한다는 의심을 그날 스토커에게 전보로 알려 둔 터였고, 그에 따라 스토커는 부검 중에 모드의 간, 직장, 위 일부를 잘라 임상 연구 협회의 보드머 박사에게 분석을 맡겼다. 부검으로는 직접적인 사인을 알 수 없었다. 간, 신장, 폐, 난소가 모두 건강해 보였다. 부검은 개인적으로 이루

어진 것이라 어떻게 보면 변칙적인 조사라고 할 수 있었지만, 다른 두 의사들이 증인으로 참관한 가운데 절차에 맞게 적절히 수행되었다.

10월 24일 금요일에 보드머는 모드의 유해를 검사했다. 특별히 찾는 것이 있다면 비소였다. 그가 정말 미량의 비소를 확인하고 스토커에게 알리자, 스토커는 즉각 경찰에게 신고하고 검시관에게도 편지로 자초지종을 알렸다. 이것은 사실 조금 성급한 조치였다. 분석을 계속한 결과 위에서 훨씬 많은 양의 안티모니가 검출되었는데, 스토커가 비소를 찾아봐 달라고 했기 때문에 보드머 박사가 이 사실을 알리지 않았던 것이다. (보드머 박사는 모드가 안티모니를 약으로 섭취했으리라 짐작했다.)

그동안 집에 있던 채프먼은 거추장스러운 동반자를 해치우는 완벽한 수법이 마침내 실패 위기에 놓였음을 깨달았다. 그는 발뺌 준비를 했다. 툰 부인에게 간호비를 지불하면서 지난 주의 사건들에 대해서 입을 다물라고 경고했다. 병실에서 옷가지, 수건, 침구를 모두 꺼내 태웠다. 토사물이 묻은 그 물건들은 모드 어머니의 요청으로 툰 부인이 특별히 한켠에 모아 둔 것이었다. 채프먼은 남은 타타르산안티모닐칼륨도 없애 버렸다. 그래서 집을 수색한 법의학자들은 스토커가 처방한 약물에 든 안티모니 외에는 독을 찾지 못했다. 하지만 다행스럽게도 채프먼은 수년 전에 헤이스팅스의 약국에서 샀던 원래의 독약 병에 붙어 있던 이름표를 보관하고 있었다.

10월 25일 토요일은 에드워드 7세의 즉위식을 맞아 런던 남부에 왕의 행차가 있는 날이었다. 행렬이 지나는 길에 있는 가게들이 다 그랬듯 채프먼도 국기로 가게를 치장했고, 행렬이 잘 보이는 명당을 위해 기꺼이 웃돈을 지불한 관중들이 술집을 가득 메웠다. 하지만 채프먼은 이 과외 수입의 즐거움을 누리지 못할 운명이었다. 정오 직전에 두 형사가 술집에 들이닥쳐 모드 마시 살해 혐의로 채프먼을 체포했다. 형사들은 가택을 수색하고 채프먼의 서류, 은행권과 1파운드짜리 금화로 있는 268파운드, 장전된 리볼버 총 한 자루를 압수했다. 이후 지금 우리가 보기에는 이상하게 여겨지는 긴 법적 처리 과정이 이어졌다. 스토커가 검시관과 경찰 양쪽에 고발을 했기 때문에 모드의 죽음에 대해 두 단체가 별개로 조사를 진행하게 된 것이었다. 경찰은 즉각 행동에 들어갔다. 토요일에 채프먼을 체포하고 월요일에 즉결 재판소에 그를 출두시켜 보석을 엄금했다. 검시관도 바쁘게 활동했다. 장례식이 벌어진 날, 경찰의 첫 의견 청취가 끝난 뒤 바로 검시관 심리를 열었다. 그러나 부검과 유해 분석을 한 번 더 실시한 뒤에 다시 심리를 열기로 했다. 이번에 분석을 맡은 스티븐슨 박사도 비소와 안티모니를 발견했고, 정상을 능가하는 엄청난 양의 안티모니야말로 사인이라고 결론내렸다. 박사의 분석 결과 위에는 21밀리그램, 장에는 390밀리그램, 간에는 46밀리그램, 신장에는 9밀리그램, 뇌에는 11밀리그램의 안티모니가 들어 있었다. 모두 합쳐 477밀리그램의 안티모니가 검출되었다.

다음 2개월 동안 검시관 법정은 네 차례에 걸쳐 검시 증거들을 청취했다. 모드 마시의 죽음뿐만 아니라 메리 스핑크와 베시 테일러의 죽음에 대해서도 다루었다. 그들의 유해는 11월 말에 발굴되었다. 1902년 12월 18일 목요일에 검시 배심원들은 채프먼에게 살인 유죄 평결을 내렸고, 그는 중앙 형사 법원으로 넘겨져 재판을 기다리게 되

었다. 재판 결론이야 뻔했다. 3월 16일 월요일에 열린 재판에서 검사 측은 3일 동안 증거를 제출했다. 첫날에는 조지 채프먼의 정체가 폴란드 인 세베린 클로소프스키임을 밝혔고, 둘째 날에는 모드 마시 살인 사건을, 셋째 날에는 메리 스핑크와 베시 테일러 살인의 법의학 증거들을 다루었다. 나흘째가 재판의 마지막 날이었다.

담당 판사 그랜섬은 채프먼을 강하게 비난하는 요지의 약술을 했다. 그러면서 희생자들을 진찰한 의사들이 진작 독살을 파악하지 못한 것도 따끔하게 지적했다. 배심원들은 10분 만에 유죄 평결을 내렸다. 채프먼은 1903년 4월 7일에 처형되었는데 죽는 순간까지도 자신이 세베린 클로소프스키라는 사실을 인정하지 않았다. 진짜 부인 루시가 완즈워스 교도소에 자주 방문해 그를 만나려 했지만, 그녀를 만나는 것도 한사코 거부했다.

12 납의 제국

납 원소에 대한 더 전문적인 정보에 대해서는 용어 설명을 참고하라.

납은 유용하고, 놀랍고, 변덕스럽고, 위험하다. 그것도 치명적이다.

납은 유용하다. 과거 세대들은 문명화된 삶의 필수 재료로서 납을 활용했다. 파이프, 백랍 그릇, 도기, 페인트, 물약까지 만들었다. 납으로 장난감 병정들을 주조했고, 포트와인을 보존했고, 희끗희끗해진 머리카락을 가렸고, 교회 지붕을 덮었고, 화장품을 만들었고, 통조림을 만들어 음식을 보관했다.

납은 놀랍다. 1859년, 에든버러 대학교의 리온 플레이페어(Lyon Playfair) 교수는 후에 에드워드 7세가 되는 당시 18세의 왕세자에게 화학 실험실을 구경시켜 주던 중, 녹인 납 단지 앞에 섰다. 플레이페어는 깜짝 놀랄 만한 시범을 선보였다. 조수의 손가락에 녹인 납을 부었던 것이다. 왕세자는 청년의 손에 상처가 하나도 생기지 않는 것을 보고 놀라워했다. 왕세자는 직접 실험해 보기 원했다. 묽은 암모니아 용액으로 헹군 왕세자의 손가락 위에 교수가 납을 부었으나 손은 전혀 데지 않았다.[51] 1950년대에도 입을 딱 벌린 관중들 앞에서 종종 이 시범이 펼쳐졌다. 핵심은 손을 잘 적시는 것이다. 그러면 납 금속이 피부 표면의 물기에 닿는 순간 즉시 얇은 수증기 막이 형성되어 납이 작은 방울이 되어 튕겨 나가 피부는 안전하다.

납은 변덕스럽다. 셰익스피어의 희곡 「베니스의 상인」에서 아리따운 포시아와 결혼하려는 구혼자들은 금 상자, 은 상자, 납 상자 가운데 하나를 고른다. 그녀의 초상이 담긴 상자를 고르는 자가 그녀를 차지하는 것이다. 물론 올바른 선택은 납 상자인데, 거기에는 사뭇 기묘하고 불길한 문구가 적혀 있다. "나를 선택하는 자, 그가 가진 모든 것을 내놓아야 하리라." 구혼자 바사리오는 납 상자를 고르면서 이렇게 말한다.

> 하지만 그대, 그대 초라한 납이여,
> 약속은 고사하고 도리어 위협하는 듯한 납이여,
> 그대의 평범함이 어느 화려함보다 나의 마음을 움직이니,
> 나는 이렇게 선택하노라, 부디 즐거운 결과가 있기를!
>
> (「베니스의 상인」, 3막 2장)

여기서 알 수 있는 사실은 셰익스피어가 납의 어둡고 위험한 면에

---

51 암모니아는 기름기를 완전히 제거하고 손을 빈틈없이 적시기 위해 사용했다.

대해 알고 있었다는 점이다. 그러나 사람들이 그 점을 잘 알았다 해도 이후 몇백 년 동안 납이 금은을 제치고 경제적으로 가장 중요한 금속이 되는 것을 막을 정도는 아니었다. 다만 대가는 치러야 했다. 납의 해로운 영향에 노출된 수백만 명이 목숨을 잃었다.

납은 위험하다. 1세기를 살았던 로마의 건축가이자 기술자 마르쿠스 비트루비우스(Marcus Vitruvius)는 납 제련소의 노동자들은 늘 안색이 창백하다는 사실을 눈치챘다. 그리스 의사 히포크라테스는 납 광부인 환자가 극심한 배앓이를 겪은 사례를 소개했다. 두 사람 모두 원인이 납이라고는 짐작하지 못했다. 과거에 납 중독 환자를 진찰했던 대부분의 의사들이 그랬다. 하지만 예외적으로 납의 독성을 간파한 의사들이 몇 있었다. 파리 자선 병원의 탕크렐 데 플랑슈(Tanquerel des Planches)가 그런 경우였다. 그는 1839년에 직업적 납 중독에 관한 종합 보고서를 발표했다. 덕분에 의료계에서는 납의 위험을 깨닫고 납 중독을 잘 진단할 수 있게 되었지만, 일상에서 납이 널리 쓰이며 만인을 중독시키는 상황에는 큰 변화가 없었다. 세상에서 납의 위협이 사라진 것은 그로부터 150년이 더 지나서였다.

납은 치명적이다. 총알의 납만 그런 것도 아니다. 1940년대에 미국과 영국에서 가난한 집 아이들이 납에 중독되는 사고들이 있었다. 아이들이 버려진 납 전지 외장재를 연료 삼아 태운 것이 화근이었다. 영국 요크셔의 로더럼 근처 캔크라는 마을에서는 한 고철상이 폐전지를 1자루당 1실링에 파는 바람에 25명의 아이들이 입원했고, 그중 2명이 죽었다. 납이 사용되는 곳마다 건강이 나빠지는 사람이 생겨났고, 심하게 노출되면 죽는 경우도 있었다. 납이 위대한 제국들의 지배

자들을 쓰러뜨리는 데 기여했다는 이론도 있다. 로마 제국의 상류 계층은 납 때문에 생명이 위험할 정도로 쇠약해졌고, 대영 제국의 통치자들도 적잖은 영향을 받았으리라는 가설이다.

인체에 대한 납의 영향

갑작스럽게 많은 납을 섭취하면 인체는 구토와 설사라는 일반적인 경로를 통해 독을 배출하려고 한다. 하지만 조금씩 자주 가해진 납은 인체로 파고들어 어느 정도 흡수된다. 1일 섭취량이 적을 경우에는 납의 유해성을 몇 년이나 깨닫지 못하고 지나는 수도 있다. 납에 대한 노출 정도를 측정하는 가장 좋은 방법은 혈액 검사다. 노출 정도에 따라 겉으로 드러나는 증상이 다르고, 방해를 받는 신진대사 과정도 다르다. 표 12.1에 납에 대한 노출 정도, 증상, 근본 원인을 간략히 소개했다.

납에 대한 사람들의 반응은 체질에 따라 다르다. 노동자들을 대상으로 납 중독을 검사했을 때, 어떤 사람은 혈중 납 농도가 혈액 100밀리리터당 150마이크로그램 이상이면서도 아무 증상 없이 멀쩡했다. 반면 어떤 사람은 그 절반의 농도로도 급성 중독 증상을 드러냈다. 하지만 어느 경우든 100밀리리터당 80마이크로그램 이상이면 해독제 치료를 받아야 한다고 본다. 가끔은 엄청나게 높은 혈중 납 농도가 보고된 예도 있다. 2001년에는 오스트레일리아 애들레이드의 한 시크 교도 여성이 낳은 아기가 아기들 가운데 최고의 납 농도를 기록했다. 산모가 인도에서 공수해 복용하던 허브 약제들에 납 화합물이

표 12.1 납에 대한 노출 정도, 증상, 근본 원인

혈중 납 농도*	드러날 수 있는 증상들	원인
10	없음	
40	두통, 소화 불량, 변비, 초조함, 집중력 부족	ALA** 과다
80	위와 같은 증상들이 정도가 좀 더 심하고, 더불어 우울증, 배앓이, 빈혈, 에너지 고갈	ALA** 및 기타 대사 산물의 과다
100	위의 증상들에 더해 불면, 손발 저림, 잇몸에 푸른 줄***, 남성 불임, 여성 유산	말초 신경계 약화와 중추 신경계 손상
150	위의 증상들에 더해 경련, 마비, 시력 상실, 망상, 의식 불명	뇌가 부어(납 뇌병증, 즉 연뇌증) 영구적 손상이 일어남

* 100밀리리터당 마이크로그램. 이 단위를 피피엠 단위로 바꾸려면 100으로 나누면 된다. 따라서 100밀리리터당 10마이크로그램이라면 0.1피피엠이다.
** 아미노레불린 산. 본문을 보라.
*** 구강 위생이 나쁠 경우에도 이런 증상이 생긴다.

9퍼센트나 함유되어 있었던 것이다. 아기의 혈중 납 농도는 100밀리리터당 250마이크로그램 가까이 되었고, 심각한 중독 증상들이 죄다 드러났다. 의사들은 해독제로 아기의 목숨을 건졌고, 3개월 뒤에 농도는 100밀리리터당 35마이크로그램으로 떨어져 생명을 위협하는 수준은 면했다. 이처럼 납은 산모의 혈액을 통해 태아로까지 침투하므로 아주 해롭다.

1900년대에는 혈중 납 농도에 일종의 '문턱' 수준이 있다는 것이 정설이었다. 그 아래로는 겉으로 드러나는 증상이 없다는 생각이었다. 당시에 최고로 유명한 납 전문가는 화학자 로버트 키호(Robert Kehoe)였다. 키호는 학교에서 연구하다 나중에 에틸가솔린 사의 의료 감독이 된 사람으로, 그가 제시한 문턱값은 100밀리리터당 80마이크로그램이었다. 사람들은 1960년대 중반까지 이 수치를 의심 없이 받아들였지만 이제 우리는 이것이 너무 높다는 것을 알고 있다. 기준은 이후 여러 차례에 걸쳐 낮춰졌다. 1960년대에는 100밀리리터당 70마이크로그램, 1970년대에는 60마이크로그램, 1975년에는 30마이크로그램이 되었다가 1990년에 최종적으로 15마이크로그램이 되었다.

물론 보통 사람들의 혈액에는 이처럼 납이 많지 않다. 1970년대에 미국인의 혈중 납 농도는 평균적으로 100밀리리터당 15마이크로그램이었고, 1980년대에는 10마이크로그램으로 줄었으며, 1990년대에는 이보다도 낮아졌다. 아이들의 경우에는 1980년대와 1990년대에 농도 하락이 두드러졌다. 평균 농도가 100밀리리터당 13마이크로그램이었던 것이 3마이크로그램까지 떨어졌다. 한때 거의 모든 미국 아이들이 10마이크로그램을 넘었지만, 1990년대 초반에는 그처럼 높은 아이는 10명당 1명꼴로 줄었다. 하지만 2000년이 되어서도 2세 미만 아이 20명 중 1명 정도는 100밀리리터당 10마이크로그램 이상의 혈중 납 농도를 보였다. 대개 시내 저소득층 거주 지역에 사는 아프리카계 가정의 아이들이다.

납은 세 가지 주요 신체 기능을 무너뜨린다. 혈액 형성, 신경계 활동, 신장 기능이다. 혈액 형성이 방해를 받으면 아미노레불린산(ALA)과 코프로포피리노겐이라는 두 전구물질이 몸에 쌓여 중독 증상을 일으킨다. 납은 아미노레불린산이 헤모글로빈의 헴 그룹으로 변환되는 과정에서 꼭 필요한 효소들을 방해한다. 알다시피 헤모글로빈은 혈액에서 제일 중요한 요소다. 그 결과 아미노레불린산이 몸속에 쌓이고, 이것이 위에 영향을 주어 극심한 배앓이를 일으킨다. 또 장을 마비시켜 만성 변비를 일으키고, 근육과 신경 섬유에 영향을 미쳐 사지 저림과 기력 부족을 가져온다. 가장 심각한 영향은 뇌에 대한 것이다. 혈관 벽이 약화되어 피가 새어 나오면 뇌가 압력을 받고, 그 틈을 타 아미노레불린산이 뇌로 침투한다. 그로 인한 승상은 가벼운 두통, 우울증, 약한 발작을 동반한 수면 방해 등 다양한데, 심한 경우 환각, 불면, 발작, 시력 상실, 의식 불명으로 이어진다. 뇌가 부어오르는 현상은 이른바 연뇌증 또는 납 뇌병증이라고 불리며, 영구 손상을 일으키기 때문에 특히 아이들에게 가장 무서운 증상이다.

납은 또 신경계를 공격한다. 사지로 신호를 전달하는 신경계의 기능을 방해하고, 뇌를 공격해 세로토닌과 도파민이라는 두 신경 전달 물질의 활동을 방해한다. 세로토닌은 인체의 수면 패턴을 통제하는 물질이므로 이 때문에 불면이 일어나고, 도파민의 부족은 우울과 소극성을 가져온다. 납 때문에 파괴된 신경 세포의 자리는 아교 세포들이 대신 메우는데, 이들은 신경 세포와 똑같이 기능하지는 못한다. 신장도 손상을 입는다. 신장은 혈액에서 납을 추출해 단백질과 결합시킴으로써 소변을 통해 몸 밖으로 내보내려 하는데, 배출 속도가 몹시 느리기 때문에 그동안 이 중요한 기관의 활동이 타격을 받는다.

인체는 얼마나 많은 양의 납을 견딜 수 있는가?

요즘 일반적인 성인이 몸에 지닌 납의 양은 100밀리그램 정도다. 다음 세대에는 50밀리그램쯤으로 줄 가능성이 높고, 그 후 세대에는

10밀리그램까지 낮아질지도 모른다. 인체의 납은 대부분 골격에 담겨 있다. 골격은 30피피엠까지 납을 함유할 수 있다. 옛날 사람들이 접했던 납이 고스란히 그들의 뼈에 남아 있으므로, 오래된 뼈를 분석하면 그들이 얼마나 납에 노출되었는지 알 수 있다. 사망 연대가 정확히 알려진 유골이라면 그것을 통해 당시의 환경 조건을 파악할 수 있는 것이다. 20세기 말에 죽은 아이들의 유골 속 납 농도는 2피피엠 아래였고, 어른의 경우는 대개 5피피엠 정도였다. 폴란드의 교회 납골당에서 발견된 유골들을 분석한 결과는 특히 중요하다. 건조한 조건에서 보관된 유골들이라 주변으로부터 추가로 납을 흡수하지 않았기 때문이다. 어떤 유골은 농도가 100피피엠이 넘었다. 중세에는 약 30피피엠이던 것이 이후 서서히 증가했고, 1700년대에는 평균 50피피엠으로, 1800년대에는 60피피엠으로 높아졌다. 당시의 환경이 납에 심하게 오염되었음을 보여 주는 증거다.

요즘 사람들은 어디에서 납을 흡수할까? 대부분은 먹을거리에서 오지만 호흡을 통해 흡수하는 양도 조금 있다. 평균 식단으로는 매일 200마이크로그램 이상의 납을 섭취하게 되는데, 그중 10마이크로그램이 혈액으로 들어간다. 폐에서 흡수되는 양이 5마이크로그램 정도 되므로(사는 곳에 따라 차이는 있다.) 1일 흡수량은 15마이크로그램 정도라고 볼 수 있다. 인체는 이 정도의 양은 쉽게 제거한다.

고맙게도 음식의 납 중에서 혈관으로 흡수되는 것은 몇 퍼센트에 불과하다. 반면 먼지로 들이마신 납은 절반가량이 곧장 흡수된다. 1995년에 이 사실을 밝힌 것은 조지프 그라지아노(Joseph Graziano)가 이끈 뉴욕 컬럼비아 대학교의 연구진이었다. 6명의 자원자가 오래된 납 광산의 토양에서 채취한 흙 시료를 먹었다. 납 농도가 3,000피피엠도 오염된 흙이었다. 동위 원소인 납 206과 납 207의(용어 설명을 참고하라.) 비율이 정상보다 낮은 시료였으므로, 혈관의 동위 원소 비율 변화를 측정하면 얼마나 많은 양이 흡수되는지 알 수 있었다. 속이 빈 상태에서 시료를 먹은 경우 섭취한 납의 25퍼센트가 흡수되었다. 아침을 든든히 먹고 시료를 먹은 경우에는 3퍼센트만 흡수되었다.

폐로 들어갔든 장으로 들어갔든, 일단 혈관으로 들어간 15마이크로그램의 납 중 5마이크로그램은 신장을 통해 소변으로 배출되고, 나머지 10마이크로그램은 불용성 인산납이 되어 골격에 쌓인다. 뼈는 칼슘을 인산칼슘화해 저장하듯 납도 쌓아 둔다. 해가 갈수록 골격에 담긴 납의 양이 많아져서, 40세쯤 되면 농도는 100밀리그램을 넘는다. 하지만 그보다 더 나이가 들면 뼈에서 칼슘이 녹아 나오듯 납도 서서히 빠져나온다. 그래서 뼈가 약해진다. 이보다 훨씬 많은 양의 납을 골격에 갖고 있던 이전 세대들은 인생 후반기에도 약하지만 지속적인 납 중독 증상을 겪었을 것이다.

모든 식물에는 소량이나마 납이 함유되어 있으므로 납은 우리의 먹이 사슬에 쉽게 들어온다. 사탕옥수수의 납 함유량은 0.02피피엠(생체 내)이고, 과일에는 거의 없다고 봐도 좋을 정도여서 가령 토마토는 0.002피피엠, 사과는 0.001피피엠이다. 식물의 납 함유량은 토양에 달려 있다. 납 가공 공장 근처에서 키운 양상추는 3피피엠을 기록하기도 했다. 하지만 이런 식물을 아주 많이 먹어도 중독될 가능성은 거의 없다. 식수도 납 파이프로 공급되는 것이 아닌 한 그다지 높은 농도를 보이지 않는다. 설령 납 파이프를 통과한 물이라도 센물,

즉 칼슘과 마그네슘 염이 많이 녹아 있는 물이라면 파이프에서 납을 녹여 내지 않는다. 세계 보건 기구는 1995년에 식수의 납 농도 기준치를 0.05피피엠에서 0.01피피엠으로 낮추면서 2010년까지 모든 국가가 이 수치를 달성하도록 노력할 것을 권장했다. 미국 환경 보호국의 안전 기준은 0.015피피엠인데, 한 조사 결과에 따르면 워싱턴 D. C.의 6,000가구 중 4,000가구 이상이 기준을 넘었다고 한다. 어떤 집의 물은 48피피엠이나 되었다.

납은 물에서 납 이온(Pb^{2+})으로 존재한다. 식품에서는 불용성 형태로 있기 쉬운데, 다만 과일산 같은 용해성 분자들과 접촉해 녹음으로써 납을 내놓을 수 있다. 납 이온의 전하량은 칼슘 이온과 같다. 하지만 납이 훨씬 덩치가 크기 때문에 장 내벽의 세포 사이 연접부로 끼어들어 이온 채널을 통해 혈관에 침투할 수 있는 확률은 낮다. 그럼에도 불구하고 침투에 성공하는 이온이 전혀 없지는 않다.

납과 제국의 몰락

고대 그리스의 시인이자 의사였던 니칸데르(Nicander)는 환각과 마비를 포함한 납 중독 증상들을 묘사하고 강한 설사제를 치료책으로 제시했다. 그래도 납이 고대 사람들을 마구잡이로 중독시키는 것을 막을 수는 없었다. 무엇보다도 납과 부작용 사이의 연관 관계를 확실히 수립하지 못한 터였다. 반면 편익은 더없이 명백했다. 납을 많이 쓰는 사회일수록 시민들의 삶의 수준이 높았으니 말이다. 납은 무척 유용한 금속이다. 광석에서 뽑아내기 쉽고, 비교적 낮은 온도에서 녹으므로 땜질 재료로 완벽하다. 가공이 쉽고 망치로 펴서 편평하게 만들 수 있어 파이프, 냄비, 지붕, 수조 등을 만들기에 좋았고, 공기 중의 산소나 물에 의해 손상되지 않았다.

납의 채굴 역사는 6,000년이 넘는다. 고대 이집트 인들도 납을 알았다. 납으로 작은 입상들을 주조하는가 하면 납 안료도 사용했다. 기원전 2000년에서 1000년 사이의 묘지들에서 납 광석으로 만든 화장품이 발굴된 예가 있다. 검은 방연광(갈레나, 황화납), 흰 백연광(세루사이트, 탄산납), 흰 수염소연광(로리오나이트, 염화납), 갈색 각연광(포스게나이트, 탄산염화납 혼합물) 등이었다.

이집트 인들은 페니키아 상인들로부터 납을 살 수 있었을 것이다. 페니키아 인들은 기원전 2000년경부터 에스파냐에서 납을 캤다. 하지만 대규모로 채굴을 시작한 것은 고대 그리스 사람들이었다. 우연찮게도 은을 파던 중에 납을 발견한 것이다. 기원전 650년에서 350년 사이에 아테네 인들은 라우리온의 거대 매장지에서 납을 캤다. 라우리온 광산의 총 은 채굴량은 7,000톤에 달했고, 납은 200만 톤 이상이었다.

라우리온의 은은 아테네의 경제를 뒷받침하는 힘이었다. 기원전 4세기에 광산의 매장량이 바닥을 드러낸 뒤 아테네는 쇠락하고 만다. 이때쯤에는 탄갱의 수가 2,000개가 넘었고 갱도의 길이가 150킬로미터가 넘었다. 수백 년 뒤에 로마 인들도 이곳에 남은 납을 사용했다. 로마 인들은 납과 납 화합물의 사용처를 점점 넓혔고, 건축가, 배관공, 화가, 요리사, 도기공, 금속공, 동전 제조가, 치과 의사, 양조가, 장의사 등이 납을 이용했다. (로마 시대에는 명사를 묻을 때 납으로 만든 관을 사

용하는 풍습이 있었다.)⁵²

고대인들은 납을 신이 내린 선물이라고 생각했다. 이집트 인들은 오시리스 신과 연결지어 생각했고, 그리스 인들은 크로노스와, 로마 인들은 사투르누스(Saturn) 신과 관련지었다. 이따금 납 중독을 새터니즘(saturnism)이라고 부르는 것도 그 때문이다. 사실 납은 지옥에서 온 금속이라 보는 편이 옳다. 로마 제국의 수수께끼 중 하나는 통치 계급의 출산율이 놀랍도록 낮았다는 점인데, 이것은 납을 많이 섭취한 것과 관계가 있었다. 통치 계급의 운명이 제국의 운명을 어느 정도 결정짓는다고 한다면, 역사상 가장 위대했던 제국이 납 때문에 멸망했다고 해도 크게 장난스러운 말은 아닐 것이다. 귀족들만 생식력이 떨어진 것은 아니었다. 풍부한 식량 공급, 높은 위생 관념, 과학, 기술, 의학의 발전 등 인구 증가에 기여해 마땅한 사회적 장점들이 있었음에도 불구하고 제국의 인구는 5000만 명에서 안정세를 유지했다.

납이 문제였다는 가설을 몇몇 학자들이 제시한 이래 많은 연구가 이루어졌고, 이제 우리는 로마 시민들의 뼈를 분석한 결과를 통해 정말 납이 그들의 건강을 해쳤다는 사실을 알고 있다. 납이 로마 제국의 쇠망을 가져왔다는 이론을 처음 제시한 사람은 캘리포니아 주 샌타모니카의 길필런(S. C. Gilfillan)이었다. 그는 1965년에 《직업 의학 저널(Journal of Occupational Medicine)》에 기고한 논문에서 이 가설을 제기했다. 캐나다 국립 수질 연구소의 제롬 은리아구(Jerome Nriagu)도 길필런의 주장을 지지했다. 은리아구는 《뉴잉글랜드 의학 저널(New

---

52 고대 로마 인들은 납으로 이를 때웠다.

England Journal of Medicine》(308호, 660쪽, 1983년)에 실린 글에서 보통의 로마 귀족은 매일 250마이크로그램의 납을 섭취한 반면 시민은 35마이크로그램을, 노예는 15마이크로그램을 섭취했다고 추정했다. 시민과 노예가 먹은 납은 대부분 포도주에 들어 있었던 것이다. 은리아구는 로마 황제들의 육체적 불편과 괴상한 행동도 과다한 납 섭취가 원인이었으리라 보았다. 실제로 많은 황제들이 통풍을 겪었다. 41년에서 54년까지 다스린 클라우디우스 황제는 재발성 복통 등 전형적인 납 중독 증상들을 드러냈다. 은리아구는 주장을 확장한 내용을 『납 그리고 고대의 납 중독(*Lead and Lead Poisoning in Antiquity*)』이라는 책으로 발표했다. 1983년에 출간된 이 책은 학술서이면서도 대중적 논쟁의 소지를 많이 담고 있다.

납은 로마 인들의 가정을 갖가지 경로로 오염시켰다. 로마 인들은 안에 납을 댄 수로를 통해 운반된 물을 납 파이프로 끌어와서, 납 항아리에 저장하고, 백랍 그릇으로 마셨다. 집안의 벽과 목재 표면에는 납이 함유된 페인트를 칠했다. 식단에서도 눈에 띄는 것이 하나 있었다. 사파라는 이름의 감미료였다. 유명한 로마 작가 대(大)플리니우스(Pliny, 23~79년)가 기록한 사파 제조법을 보면 반드시 납 냄비로 만들어야 한다고 적혀 있다.

로마의 요리사들이 달콤한 디저트에 사용할 수 있는 감미료는 꿀과 사파 두 가지뿐이었다.[53] 사파는 남은 포도주나 이미 시큼해진 포

---

53 로마 시대에는 설탕이 없었다. 사탕수수는 원래 폴리네시아에만 서식하던 식물로 800년 무렵부터 서유럽으로 전해지기 시작했다.

도주를 납 냄비에서 졸여 만들었다. 그렇게 하면 달콤한 시럽이 만들어졌는데, 이제 우리는 그것이 아세트산납 때문임을 알고 있다. 납은 냄비에서 왔고, 아세트산은 시큼한 포도주에서 왔다. 포도주의 효소와 공기가 알코올을 아세트산으로 바꾸어 놓는 것이다. 시럽 결정은 꼭 요즘의 설탕 같은 모양과 맛이었고, 후에는 납당이라고 불렸다. 전해지는 사파 제조법을 현대에 재현해 분석했더니 시럽의 납 함유량은 약 1,000피피엠(0.1퍼센트)이었다. 사파 한 숟가락이면 약간의 중독 증상을 드러내기에 충분한 양의 납을 먹게 되는 셈이었다. 그런데도 로마 시대의 대중 요리책『아피시우스의 요리책(*Apician Cookbook*)』을 보면 450개 요리법 가운데 85개가 사파를 재료로 썼다. 사파는 포도주 제조에도 사용되었다.

포도주에 사파를 쓴 것은 오래 보존하기 위해서였다. 특히 그리스 포도주에 많이 쓰였는데, 그리스 포도주는 로마 인들에게 인기가 좋았지만 불임, 유산, 변비, 두통, 불면을 일으킨다고 정평이 나 있었다. 사파를 탔다면 충분히 가능한 현상들이다. 로마의 매춘부들은 사파를 몇 숟가락씩 먹었다고 했다. 피임제로 작용할 뿐만 아니라 매력적인 창백한 안색을 만들어 주고(빈혈 때문이다.) 낙태를 일으킨다고 알려져 있었기 때문이다.

로마 인들은 그리스, 에스파냐, 영국, 사르데냐에서 납을 채취했다. 제국의 전성기에는 영국의 매장지가 최대 공급원이었고 연간 생산량은 10만 톤이 넘었다. (로마 인들은 제국 시절을 통틀어 2000만 톤 이상의 납을 캐고 사용했던 것으로 추산된다.) 원래 로마 인들은 납 채굴과 정련을 민간에 맡겼으나 나중에는 너무나 중요한 사업이 되었기에 모두 국유화했다. 로마 인들도 납 채굴에 따르는 위험을 모르지 않았다. 그래서 작업은 주로 노예들이 했고, 제국 전성기에는 에스파냐의 광산들에서만 4만여 명의 노예들이 일했다.

서로마 제국의 붕괴는 유럽의 경제 발전을 1,000년 가까이 가로막았다. 로마 쇠망의 원인은 복합적이었다. 기후 변화, 흑사병, 경제 쇠락, 종교 분쟁, 권력 정치의 부패, 외부 압박 등의 원인이 있었고 250년부터는 이 모든 요소들이 한데 작용했다. 날씨가 추워지자 북쪽 사람들이 남쪽으로 이주하며 침략해 들어왔다. 흑사병이 제국 전역에 횡행했다. 내적으로 군사적, 종교적 분쟁이 들끓었다. 납은 로마의 내리막길을 부추긴 여러 요인들 중 다만 작은 하나의 요인이었다고 해야 옳을 것이다. 그런데 1,500년 뒤 대영 제국의 쇠락에도 납이 영향을 미쳤을까?

500년에서 1000년까지의 암흑 시대도 끝나고 유럽의 사정은 서서히 나아졌다. 기후가 온난해진 탓이 컸다. 그와 함께 농업과 경제가 되살아났고, 납도 다시 등장했다. 이제 납은 오래된 사용처들에 모두 다시 적용되었을 뿐더러 새로운 사용처도 갖게 되었다. 12세기에 발명된 납 유약 칠한 도기가 그것이다. 사람들은 더욱 뛰어난 품질의 식기류와 조리 도구를 갖게 되었으나, 음식은 위험한 수준으로 오염되었다. 나아가 15세기에는 납 물감과 납 활자가 등장했고, 16세기부터는 납 총알이 최고의 무기로 각광받기 시작했다.

대영 제국이 득세할 무렵 지배층 시민들의 납 노출 정도는 로마 귀족에 필적하는 수준이었다. 영국인들은 일상의 여러 면에서 납에 의존했다. 포도주 보존 등 로마 인들이 알았던 각종 사용법들을 계승함

표 12.2 로마 제국과 대영 제국의 납 사용

	로마 제국(1~400년)	대영 제국(1700~1960년)
식수	납으로 안을 댄 수도교 납 저수조	납 파이프 납 저수조
식기류	백랍 그릇	백랍 그릇 납 유약 칠한 도기 납유리 디캔터와 포도주 잔
조리도구	납으로 안을 댄 조리 용기 납땜	
음식	납을 첨가한 포도주 납 감미료, 사파	납을 첨가한 포도주 통조림의 납땜
페인트	백연 붉은 납	백연 붉은 납 크로뮴옐로(크로뮴산납)
의학적 용도	납이 함유된 고약	납이 함유된 고약 납이 함유된 의약품들
화장품	검은 산화납 아이라이너	아세트산납 모발 염색약
건물	납 지붕 납땜	납 지붕 납땜

은 물론이고, 납 유약 도기로 음식을 오염시켰고, 납유리와 백랍 그릇으로 음료를 오염시켰다. 납이 들어간 의약품을 복용했고, 납 화합물이 함유된 머리 염색약과 화장품을 썼다. 납땜된 통조림의 음식을 먹었고 백연이 주성분인 갖가지 페인트로 물건을 칠했다. 납으로 덮인 지붕에서 물을 받아 마시니 식수에도 납이 들었고, 술집 지하실에서 납 파이프로 끌어올린 술을 마시니 맥주에도 납이 들었다. 이처럼 영국인들이 먹는 것마다 납이 들어 있었다. 두 제국의 사정을 비교해 보면 존경받는 시민들이 얼마나 납에 노출되어 있었는지 알 수 있다.

사람들은 납으로 댄 지붕에서 빗물을 받아 납으로 된 용기에 저장했다가 마셨으므로, 식수에는 상당한 양의 납이 녹아 있었다. 빗물은 약간 산성이라 납을 녹인다. 1리터당 1밀리그램까지 녹일 수 있다. 납 파이프로 운반되는 단물이 파이프에 상당 시간 머무른 경우에도 이 정도의 농도가 발생하므로, 그런 물을 공급받은 사람들도 납 중독을 겪었다.

로마 제국과 대영 제국의 운명이 통치자들의 손에 달려 있었고, 통치자들의 뇌가 납에 오염되었다면, 납이 제국들의 몰락에 작으나마 한 요인이었던 것이 분명하다. 그런데 납은 로마 인들의 생식력에는 영향을 미쳤던 듯하나 영국인들에게는 영향을 미치지 않았다. 1700년대와 1800년대에 영국의 인구 증가는 걱정스러울 만큼 대단했다. 경제학자 토머스 맬서스(Thomas Malthus, 1766~1834년) 같은 당대의 지도적 사상가들은 식량 공급이 따라잡지 못하는 수준이 되기 전에 산아 제한 조치를 취하자고 역설했을 정도다.

대영 제국의 수수께끼는 과학자, 선원, 발명가, 기술자 등이 눈부신 활력을 발휘해 제국의 부를 창조했음에도 불구하고 1900년대 초반에 제국이 분해되어 오늘날처럼 50개 국가들과 그 보호령들이 느슨하게 연합된 영연방으로 대체되었다는 점이다. 로마 제국 때와 마찬가지로 납에 푹 젖은 대영 제국의 통치 계층에게 일말의 책임이 있었다 할 것이다. 20세기 들어 대영 제국의 쇠락은 그야말로 급속했다. 역사학자들은 언제까지나 그 원인을 궁금해할 것이다. 물론 납이 범인이었다고 할 수는 없다. 하지만 미래에 혹시라도 몇몇 역사학자들이 대영 제국 내부에서 숨겨진 요인을 찾다가 결국에는 납이 이유였다는 가설을 세울지도 모르는 일이다.

납빛 하늘 아래

우리는 매 숨결마다 체내의 납 부담을 늘려가고 있다. 선사 시대부터 그랬다. 비록 오늘날은 크게 우려할 만한 문제가 아니지만, 도시 공기 중 납 먼지량이 많았던 한 세대 전만 해도 분명 중요한 골칫거리였다. 사람들은 납 먼지가 발원지 근처에 가라앉을 것이라고 생각했다. 납 화합물들은 무겁기 때문이다. 실제로 대부분은 그러했지만, 아닌 것도 있었다. 어떤 먼지는 수천 킬로미터를 날아갔다. 1960년대에 그린란드를 조사하던 지질학자들이 밝혀낸 사실이다. 일본 무로란 공대의 무로즈미 마사요와 미국 캘리포니아 공대의 차이화 차우, 클레어 패터슨이 1969년에 《지구 화학 및 우주 화학 회보(Geochemica et Cosmochimica Acta)》(33호, 1247쪽)에 논문을 실어 대기 중으로 방출되는 납의 양이 엄청나다는 사실을 전 세계에 경고했다. 막대한 규모로 사용되는 휘발유의 납 첨가제가 주요 공급원이었다. 그들은 선사 시대 지구 환경의 납 농도를 알고 싶었으므로, 그린란드와 남극의 만년설 밑 깊은 곳에서 빙핵을 채취해 분석했다. 그렇게 알아낸 선사 시대의 납 배경 농도는 화산이나 바다의 물보라, 모래 폭풍, 흙먼지 등의 자연 공급원에서 온 것일 터였다. 최근에 쌓인 눈에서는 그보다 훨씬 많은 양의 납이 검출되었다.

몇 차례의 빙하기 때 쌓인 눈 층에는 납이 아주 조금 들어 있었다. 평균적으로 0.5피피티(1조당 0.5그램)였다. 로마 시대에는 그 수치가 2피피티까지 올랐다가 제국이 쇠락할 즈음에 떨어졌다. 중세가 되자 수치가 다시 높아졌다. 그러나 납 채굴과 정련이 본격적으로 가속된 것은 산업 혁명을 맞아서였다. 1750년에서 1940년 사이의 눈 속 납 농도는 10피피티에서 80피피티까지 뛰어올랐다. 다음 25년 동안은 200피피티 이상으로 증가했고, 1970년대 말에 300피피티라는 최고점에 도달했다. 그 뒤로는 수치가 떨어졌다. 가연 휘발유 사용이 단계적으로 폐지되었고 산업 매연이 통제되었기 때문이다. 그래도 요즘 내리는 눈의 납 농도는 1800년대보다 높다.

클레어 캐머런 패터슨(Clair Cameron Patterson, 1922~1995년)은 지구의 나이가 45억 년이라는 사실을 입증한 사람으로 주로 기억된다. 그것은 미량의 납을 분석하는 기법을 개발하고 그것으로 납 동위 원소를 측정함으로써 이룬 성과였다. 납 광물들은 저마다 동위 원소 조성이 다르다. 따라서 환경 속 납의 동위 원소 조성을 측정하면 공급원을 알아낼 수 있다. 납 동위 원소 지질 화학이라는 이런 기법을 전면에 등장시킨 것이 바로 패터슨이었다. 패터슨은 납이 인체와 환경을 얼마나 오염시키고 있는지 보여 주었다. 그의 연구 결과 때문에 결국 가연 휘발유가 사라졌고, 그의 관찰 내용을 바탕으로 페인트나 통조림 깡통의 납땜 같은 다른 오염원들에서도 납을 제거하는 조치가 취해졌다. 패터슨은 페루에서 발견된 1,600년 전 유골을 검사함으로써 자연적인 인체 내 납 농도는 우리가 안전하다고 생각했던 수준보다 한참 낮다는 것을 밝혀냈다. 납 산업계가 패터슨의 신용에 흠을 내려고 부단히 노력했음에도 불구하고 그는 1987년에 미국 국립 과학원의 회원으로 선출되었다. 소행성 하나와 남극 대륙 퀸모드 산맥

의 봉우리 하나에 이름이 붙여지는 영예도 누렸다.

패터슨의 계산에 따르면 선사 시대 성인의 체내 납 함유량은 2밀리그램에 불과했을 것이다. 한편 1960년대의 미국 성인은 200밀리그램쯤 되었다. 패터슨은 납이 인간의 뇌에 미친 영향이 인류 역사의 궤적에까지 영향을 주었을 수도 있다고 생각했다.

지구에는 대기 중의 납을 기록해 두는 환경 기록 보관소라 할 만한 곳이 몇 군데 있다. 극지방의 얼음, 빙하, 토탄지, 호수나 바다 밑 침전물, 나무 등이다. 물론 지역적 오염원에 물든 곳도 간간이 있겠지만 말이다. 여러 곳의 기록을 참고한 결과에 따르면 납의 자연적 배경 농도는 연간 9,000톤에서 2만 4000톤쯤 된다. 극지방이나 그린란드의 얼음, 스위스 고산 지대의 빙하처럼 외부 영향이 전무한 곳의 만년설이 가장 믿을 만한 기록을 보관하고 있다. 그런 눈 속의 납 동위 원소 비율(납 206과 납 207의 비)을 측정하면 특정 시대에 납 농도가 증가한 경우 어느 곳에서 온 납인지도 알 수 있다. 물론 꼭 얼음이 아니라도 이런 기록을 얻을 곳은 많다. 윌리엄 쇼틱은 스위스 산맥의 토탄지 속 납을 분석함으로써 1만 4500년 전까지 거슬러 올라가는 대기 중 납 현황표를 작성했다. 쇼틱에 따르면 유럽에서는 기원전 4000년경에 농업이 시작되었다. 삼림이 개벌되고 땅이 경작된 여파가 납 농도에서 확인되기 때문이다. 기원전 1000년 무렵에도 동위 원소의 비율이 변했는데, 아마 페니키아 인들에 의해 대규모 납 채굴이 시작되었기 때문일 것이다. 납 206에 대한 납 207의 상대 농도가 높아진 것을 보면 알 수 있다. 19세기에는 이 비율이 더 높아졌다. 납 207 함량이 더 높은 오스트레일리아의 납 광석 채굴이 시작되었기 때문이다.

인간 활동으로 인해 대기 중 납 농도가 높아지기 시작한 것은 무려 6,000년 전이었다. 납 채굴이 아주 중요한 대기 중 납 공급원으로 자리 잡은 것은 기원전 700년 무렵에 은화가 통용되기 시작하면서부터였다. 당시에는 은 채굴의 부산물로 연간 1만 톤의 납이 생산되었다. 로마 인들이 납을 더욱 널리 쓰기 시작하면서 생산량은 연간 10만 톤으로 치솟았다가, 5세기에 로마 제국이 멸망하면서 급격히 줄었다. 그 뒤에는 채굴량이 상대적으로 낮은 수준으로 유지되다가 중세 들어 독일 인들과 신대륙에 진출한 에스파냐 인들이 은과 함께 캐내기 시작하며 부쩍 높아졌다. 물론 극적인 증가는 산업 혁명기에 왔다. 20세기 초에는 연간 납 생산량이 100만 톤에 달했고, 납이 휘발유에 첨가되면서부터는 무려 400만 톤으로 높아졌다. 이때는 연간 생산량의 절반 이상을 가연 휘발유가 소모했다. 대부분의 나라들이 가연 휘발유를 금지한 지금도 납 생산량은 꾸준히 늘어 현재는 연간 600만 톤을 넘어선다.

납 때문에 미친 세상

모든 납 화합물들이 무거운 고체인 것은 아니다. 액체도 있고, 조금이나마 휘발성을 띠는 것도 있다. 1854년에 독일에서 발견된 화합물이 좋은 예다. 납 원자에 에틸기(CH_3CH_2) 4개가 붙은 화합물로서 이름은 테트라에틸납(TEL)이다. 에틸기 때문에 이 화합물의 끓는점은 금속으로서는 상당히 낮은 202도다. 금속치고는 확실히 낮지만 이 화합물의 증기를 마시면 위험하다는 것을 생각할 때 증기화를 걱정할 필요가 없을 정도로는 높다. 첫 발견 이후 50여 년 동안 사람들은 이 화합물에 거의 관심을 기울이지 않았는데, 자동차가 등장하고 '노킹' 문제가 생기면서 상황이 바뀌었다. 노킹이란 내연 기관이 비정상 연소를 할 때, 즉 일반적으로 너무 일찍 점화되어 연소실의 연료가 완전히 타지 못할 때 생기는 소리다. 사람들은 1912년부터 노킹 방지용 첨가제를 찾아 나섰다. 자동차의 인기가 높아지고 정유사들이 고급 휘발유에 대한 수요를 맞추려 노력하면서 문제 해결이 갈수록 급해졌다. 노킹 문제를 풀어 주는 첨가제라면 정유사들에게도 수지가 맞을 것이었다. 원유에서 훨씬 많은 양을 추출할 수 있는 저급 연료를 엔진이 사용할 수 있을 테니까 말이다.

연구자들은 온갖 종류의 화학 물질들을 시도해 보았다. 드디어 구원자로 떠오른 것이 테트라에틸납이었다. 휘발유 1갤런에 테트라에틸납을 몇 밀리리터만 첨가하면 엔진 압축비를 2배로 높여도 노킹 현상이 발생하지 않았다. 듀폰 사는 델라웨어 주 윌밍턴의 공장에서 테트라에틸납을 생산하기 시작했고, 1923년 2월 2일에 데이턴의 주유소에서 판매를 시작했다. 운전자들은 주유소 직원들이 테트라에틸납을 섞어 준 휘발유를 구입할 수 있었다. 가연 휘발유의 판매고는 서서히 높아지기 시작했다.

대중이 테트라에틸납의 제조와 사용에 따르는 위험을 인지하게 된 것은 1924년 10월 24일의 일이었다. 첨가제를 다루던 어니스트 윌거스(Ernest Oelgers)가 극심한 환각과 정신 착란을 보여 입원한 지 하루만에 사망했던 것이다. 다른 노동자들도 이상한 증상들을 보이고 있었다. 테트라에틸납 제조 공장들에서는 속속 심각한 납 중독과 사망 사례들이 보고되기 시작했다. 듀폰 공장에서만 최소 50명이 죽었다. 테트라에틸납의 큰 문제는 피부를 통해 흡수된다는 점이었다.[54] 테트라에틸납 위기는 1924년이 지나면서 더욱 악화되었고, 신문에는 갈수록 많은 사망 사고들이 보도됐다. 스탠더드 오일 사에서 테트라에틸납을 다루던 노동자 49명 중 5명이 죽고 35명이 입원했다. 주유소 종업원들의 건강을 검사해 보았더니 역시 혈중 납 농도가 높았다.

문제를 해결하기 위해 제조사들은 테트라에틸납을 다루는 노동자들의 노출 정도를 줄이기 위한 작업 지침들을 마련했다. 이제 주유소 직원들이 직접 휘발유에 테트라에틸납을 섞는 대신 정유소에서 휘발유를 출고하기 전에 미리 유조차에 섞어 보냈다. 1926년에 미국 보건국장 험 커밍스(Hum Cummings)는 테트라에틸납 조사 위원회를 소집했고, 에틸 사가 제안한 1갤런당 5밀리리터의 최대 농도 기준 대신 1갤런당 3밀리리터의 기준을 수립했다. 강제 규정은 아니었지만 제조사들은 이 권고 기준을 따랐다.

에틸 사는 이후 60년 동안 약 700만 톤의 테트라에틸납을 제조하며 1985년까지도 테트라에틸납을 변호하는 입장을 취했다. 대안이 없다는 것이었다. 하지만 테트라에틸납이 도입된 탓에 고효율 엔진이나 석유 정련 기술 개발이 늦어진 것은 분명한 사실이다.

미국 밖에서 가장 큰 테트라에틸납 제조사는 영국의 옥텔이었다. 옥텔 역시 테트라에틸납이 필수 불가결한 원료라고 주장했다. 필수 불

---

54 미국 육군성이 테트라에틸납 증기의 독성에 착안해 화학 무기로 실험했다는 사실이 나중에 알려졌다.

가결하다는 건 사실이었다. 옥텔 사는 1938년에 영국 정부가 제1차 세계 대전을 준비하며 세운 회사였다. 테트라에틸납의 안정적인 공급이 정부 차원에서도 너무나 중요했기 때문이다. 테트라에틸납이 없었다면 영국은 본토 항공전, 이른바 영국 전투에서 이길 수 없었을 것이다. 영국 공군의 스핏파이어 전투기들에 장착된 롤스로이스 사의 멀린 엔진에 테트라에틸납을 첨가한 연료가 필요했으니 말이다. 옥텔 사는 대안을 찾기 위해 거의 1,000가지 화합물들을 시험해 보았으나, 테트라에틸납을 대신할 만한 것을 찾지 못했다고 했다. 단 에틸기 대신 메틸기(CH_3) 4개를 달고 있어 화학적으로 테트라에틸납과 비슷한 테트라메틸납(TML)은 대체품이 될 만했다. 가연 휘발유가 연소될 때 테트라에틸납이나 테트라메틸납은 무기 납 화합물로 변환되어 배기가스에 포함된 먼지 입자로 날아간다. 무거운 입자들은 근처에 가라앉겠지만 가벼운 입자들은 바람을 타고 멀리 날아간다. 앞서 말했듯 일부는 극지방의 눈까지 날아가 쌓이기도 한다.

테트라에틸납이 도입된 뒤에도 도시 공기의 납 오염도는 크게 변하지 않았다. 대기를 더럽히던 석탄 연소 매연의 양이 때마침 줄어들었기 때문이다. 1940년대와 1950년대의 도시 주민들을 검사한 결과 혈중 납 농도가 안전 기준인 100밀리리터당 80마이크로그램을 넘는 사람은 없었다. 1960년대에 기준이 60마이크로그램으로 낮춰진 뒤에야 기준을 넘은 사례가 생겼을 뿐이다. (검사 대상자 2,300명 중 11명) 시골 주민들의 혈액에도 납은 있었으나 양은 훨씬 적었다.

1994년에는 또 다른 납 공급원이 밝혀졌다. 벨기에 앤트워프 대학교의 리샤르드 로빈스키(Richard Lobinski)가 포도주 제조사의 저장고에서 발견한 사실이었다. 로빈스키는 프랑스 론 지역의 A7 고속도로와 A9 고속도로 교차점에 있는 포도밭에서 생산된 샤토뇌프 뒤 파프 포도주들을 조사하다가 1950년대 이후 포도주의 납 함량이 증가한다는 것을 알게 되었다. 최고의 빈티지(포도가 풍작인 해에 정평 있는 양조원에서 양질의 포도로 만든 고급 포도주 — 옮긴이) 중 하나인 1978년산이 최고였다. 최근 빈티지들에 비하면 몇 배나 높았다. 조사 결과는 휘발유 첨가물의 종류 변화도 그대로 반영했다. 테트라에틸납 함량은 1960년대부터 줄곧 낮아진 반면 테트라에틸납을 대체한 테트라메틸납의 함량은 줄곧 높아졌다. 1978년에는 테트라에틸납과 테트라메틸납을 합친 농도가 0.5피피비로서 최고를 기록했다. 연구자들은 1978년산 포도주를 자주 마실 경우 가벼운 납 중독을 겪을 수 있다고 결론내렸다. 하지만 최고의 빈티지인만큼 무척 비싼 술이므로 그런 사례는 없을 것이다. 1980년 이래 샤토뇌프 뒤 파프의 납 농도는 뚝 떨어졌고 1990년 중반에는 예전의 10분의 1 수준이 되었다.

2004년 2월에 뉴욕 컬럼비아 대학교의 정신과 전문의 에즈라 수서(Ezra Susser)는 미국 과학 진흥 협회 연례 모임에서 휘발유와 페인트의 납이 정신 분열증 환자의 4분의 1을 설명해 줄지 모른다고 보고했다. 수서는 1959년에서 1966년 사이에 임신했던 여성들에게 연락을 취해 혈액 시료를 채취, 분석했다. 그 결과 자궁에서 납에 많이 노출되었던 아이들의 정신 분열증 발병 확률이 그렇지 않은 아이들보다 2배 높았다.

가연 휘발유가 지구 환경에 위협을 준다는 데에 모든 과학자들이 동의하는 것은 아니다. 바르샤바 방사선 방지 중앙 연구소의 즈비그니에프 야보로프스키(Zbigniew Jaworowski)는 테트라에틸납과 테트라메틸납의 위험이 크게 과장되었다고 주장한다. 그는 1994년에 《21세기(21st Century)》에 기고한 「가연 휘발유를 위한 부고 논문」이라는 긴 글에서 패터슨의 연구가 잘못 해석되었다고 주장했다. 그는 가연 휘발유의 사용이 급속히 증가하던 1966년과 1971년 사이에 일부 지역의 눈 속 납 농도가 도리어 떨어졌다는 상반된 자료를 제시했다. 또 그린란드 만년설의 납 농도는 배기가스보다는 화산 분출 현황과 더 잘 연동된다고 주장했다. 납을 위한 추도사를 맺으면서 야보로프스키는 체내 납 농도 감소는 납이 일상 환경으로부터 제거되어 일어난 일이지, 가연 휘발유가 금지되어 일어난 일이 아니라고 말했다.

그림 그리는 사내들, 모델이 된 여인들, 물감 먹는 아이들

백연은 특별한 재료다. 눈부시게 하얗고 적은 양으로도 넓은 면적에 잘 발린다. 백연은 수천 년 동안 중요한 물감 재료였다. 사람들은 백연으로 벽을 칠했고, 화가들은 백연 물감을 칭송했고, 백연을 걸친 여인들은 칭송을 받았다. 정도의 차이는 있지만 결국 이들 모두 납의 유해한 영향을 받게 되었는데, 놀랍게도 가장 큰 영향을 받은 것은 백연을 필요로 하지도 않는 아기와 어린아이였다. 아이들은 간혹 치명적인 정도로 납에 중독되었으나, 사람들은 뒤늦게서야 그 위협을 인지했다. 납 없는 안전한 가정 환경을 만들려는 노력은 최근 20년에야 비로소 이루어졌다.

로마 시대에 최고의 백연 제조지는 로도스 섬이었다. 사람들은 식초 단지 위에 얇은 납 조각들을 걸쳐 두는 방식으로 백연을 만들었다. 몇 달이 지나면 납 표면에 흰 막이 생겼다. 그것을 긁어 가루로 빻은 뒤 꾹꾹 뭉쳐 햇볕에 말리면 그게 백연이었다. 수백 년 동안 이런 제조 기법이 사용되다가 1600년대에 네덜란드 인들이 생산량을 극대화하는 방법을 개발했다. 식초 단지 주변에 납을 쌓은 뒤 가장자리를 분뇨로 둘러싸는 것이었다. 그것들 전체를 빈틈없이 봉한 방에 넣고 90일 동안 내버려 두면 납 조각 대부분이 백연으로 변했다.

이 화학 과정은 두 단계로 진행되었다. 첫 단계는 식초의 아세트산이 납 표면과 반응해 아세트산납이 되는 것이다. 다음으로 아세트산납이 공기 중의 산소, 물, 이산화탄소와 반응해 백연이 형성된다. 백연은 탄산납과 수산화납이 2대 1의 비율로 섞인 혼합물로서 화학식은 $2PbCO_3 \cdot Pb(OH)_2$이다. 네덜란드 기법의 생산량이 높았던 까닭은 분뇨가 분해되는 과정에서 열과 암모니아와 이산화탄소가 생겨나 납의 화학 반응 속도를 높여 주기 때문이다.

백연은 1700년대와 1800년대에 화장품으로도 널리 쓰였다. 흰 피부가 아름답다고 여겨지던 때였다. 미국에서는 특히 청춘의 홍조라는 이름의 화장품 사용자들이 납 중독으로 죽는 일이 있었다. 백연 화장품의 역사는 사실 고대까지 거슬러 올라간다. 고대 유럽과 극동 사람들이 모두 사용했고, 특히 일본의 전통극 배우나 게이샤들에게 백연 분장은 필수였다.

모든 문명의 화가들이 백연을 유일무이하고 완벽한 흰 물감으로 칭송했다. 백연의 밝음과 깊이를 따를 물감은 달리 없었다. 석회화한 뼛가루, 굴 껍질, 진주, 평범한 백악 등 다른 재료로 만든 물감들도 있었지만 어느 것도 백연과는 비교가 되지 않았다. 1900년대 초에 등장한 황산바륨은 백연만큼 희기는 했다. 하지만 화폭에 덮이는 힘이 부족했고 비쌌다.

혹시 유명 화가들이 납에 중독되지는 않았을까? 1713년에 의사 베르나르디노 라마치니(Bernardino Ramazzini)는 코레조(Correggio)와 라파엘로(Raphael)가 납 중독의 희생자일 것이라고 추측했다. 고야(Goya) 역시 영향을 받았던 것 같고, 붓을 핥는 버릇이 있었던 반 고흐(Van Gogh)도 마찬가지였을 것이다. 고흐의 비정상적 행동과 정신이상은 납 중독 증상과 일치하는 데가 있다. 고흐에게 영향을 미친 것이 흰 백연 물감만은 아니었을 것이다. 다른 물감들에도 납이 들어 있었다. 가령 크로뮴옐로는 크로뮴산납($PbCrO_4$)이었고, 붉은 납은 산화납(Pb_3O_4)이었다. 두 물감은 1900년대까지도 널리 쓰였다. (고대 로마 인들은 벽을 붉은 납 페인트로 칠하기를 무척 좋아했다.) 중세의 화가들은 더 색조가 풍부한 크로뮴옐로가 등장하기까지 주석산 노랑($PbSnO_4$)을 사용했다.

백연을 쓰는 화가들의 골칫거리는 석탄을 때는 집이나 교회에 그림을 걸어둘 경우 흰색이 변색된다는 점이었다. 매연 속의 황이 백연과 반응해 검은 황화납을 형성했다. (황산바륨 물감은 이런 현상이 없었다.) 고대의 필사본들을 보면 이것을 확인할 수 있다. 원래 옅은 분홍색으로 칠했던 사람 얼굴들이 지금은 새까맣다.

백연의 위험은 뒤늦게야 천천히 알려졌다. 하지만 1800년대에도 페인트공들에게 직업적 납 중독이 있다는 사실은 잘 알려져 있었다. 이른바 화가의 배앓이라는 증상은 실외에서 일하는 사람들보다 실내에서 일하는 사람들 사이에서 흔하다고 했다. 백연을 다루는 사람들, 특히 여성들이 직면하는 위험은 아주 컸다. 극작가 조지 버나드 쇼가 「워런 부인의 직업」에서 그런 여성들의 처지를 탄원한 대목이 있다. 남우세스럽지만 돈을 잘 버는 포주라는 직업을 가진 워런 부인이 "존경 받을 만한" 직종에 종사하는 여성들의 이점이 무엇인지 묻는다.

> 그녀들이 점잖은 직업을 통해 얻는 게 무엇이지요? 제가 말씀 드리죠. 한 아가씨는 고작 주급 9실링을 벌려고 매일 12시간을 백연 공장에서 일하다가 납 중독으로 죽었답디다. 손이 조금 마비되는 정도겠거니 했지만 웬걸, 죽고 만 거죠. 그러니 점잖은 게 무슨 소용인가요?

몇몇 나라들이 산업 위생 기준을 강화하는 법을 제정하기 시작했다. 1800년대에 독일은 고용주들에게 일꾼들의 납 노출을 줄이거나 아니면 피해를 확실히 배상하라고 시키는 법을 만들었다. 영국은 1895년의 공장 및 작업장 법을 통해 직업적 납 중독을 당국에 보고하게 했다. 1900년에 1,058건이었던 백연 제조공들의 중독 건수는 1910년에 576건으로 줄었다. 프랑스는 우선 실내에서 백연 페인트 사용을 금지했고 1909년에는 모든 곳에서 사용을 금했다. 1994년에 유럽 연합은 모든 백연 제품 판매를 금지했다. 하지만 몇 가지 전문 분야는 예외였다. 예를 들어 영국의 경우 1등급으로 지정된 건축물의 목재 외장에는 백연 페인트를 쓸 수 있다. 이런 건물들은 처음 건축될 당시에 사용된 재료들을 그대로 사용해야 하기 때문이다.

백연은 1920년대까지도 전체 납 생산의 3분의 1을 차지했으나 그

뒤에는 백연만큼 밝으면서 독성이 없는 이산화타이타늄과 경쟁하는 처지가 되었다. 그러나 납은 조용히 물러나지 않았다. 페인트공들은 여전히 납 페인트를 선호했는데, 닳는 속도가 느린 것은 물론이고 닳는 면이 평평해서 나중에 덧칠하기가 좋기 때문이라고 했다.

아이들은 특히 납에 민감하다. 하지만 대규모로 중독이 발생하는 일은 거의 없기 때문에 보통은 제대로 된 진단이 이루어지지 못했다. 간혹 무시할 수 없는 사건이 터지기도 했다. 1900년대 초에 오스트레일리아 퀸즐랜드에서 벌어진 어린아이 납 중독 사건이 좋은 예다. 아이들이 햇볕을 받아 바싹 마른 베란다에서 떨어진 납 페인트 조각을 주워 먹은 게 문제였다. 어린아이의 납 중독 증상은 대개 구토와 설사로 시작하지만 심각해지면 중추 신경계에 이상이 생겨 학습 능력 장애가 일어난다. 아이에게 평생 짐이 되는 문제일 수 있다.

1930년대 말에 납 중독이 어린이 행동 장애의 원인일지 모른다는 의견이 제기되었다. 보스턴 어린이 병원에서 일하던 소아 신경학자 랜돌프 바이어스(Randolph Byers)와 심리학자 엘리자베스 로드(Elizabeth Lord)의 주장이었다. 그들은 납 중독 소아 환자 128명의 성장 과정을 1943년까지 추적했는데, 안타깝게도 그해에 로드는 백혈병으로 사망했다. 같은 해에 발표된 논문을 보면 납이 아이들에게 미치는 악영향이 얼마나 심각한지 잘 알 수 있다.

납을 함유한 파우더를 어머니가 사용할 경우 아이에게 수막염이 생길 수 있다는 발견도 1930년에 이루어졌다. 파우더의 납이 수백 년 동안 아이들을 해치고 심지어 죽이기까지 했으리라는 주장이었다. 볼티모어 시 보건 당국의 기록을 보면 납 중독 사례는 1936년에 83건이었던 것이(32명이 어린이였다.) 이후 꾸준히 증가해 1950년에는 493건으로 최고를 기록했다(253명이 어린이였고 9명이 죽었다.). 볼티모어만 집계한 것이 이 정도라면 미국 전역의 희생자 수는 어마어마할 것이었다.

1971년 1월에 닉슨 대통령은 납 페인트 중독 방지법 제정을 수용하고 납 페인트 근절 사업에 3000만 달러를 쓰기로 했다. 덕분에 수천 건의 청소년 납 중독과 수백 건의 어린이 사망 사고를 미연에 방지할 수 있었다. 1975년에 100만 명 이상의 어린이들이, 1980년대 초에는 400만 명 이상의 어린이들이 이 사업 덕분에 납으로부터 보호되었다. 정부는 위험에 처한 아이들 25만 명을 파악했고 11만 2000가구에서 납 페인트나 회반죽을 벗겨냈다. 후에 통과된 수정법은 페인트 속 납 농도 기준을 1퍼센트에서 0.5퍼센트로, 나중에는 0.06퍼센트로 줄였다. 납 페인트를 먹고 죽은 아이의 사례가 마지막으로 보고된 것은 1990년에 위스콘신에서였다. 아이가 먹은 페인트 조각의 납 농도는 30퍼센트였다.

낡은 건물을 재단장할 때 우선 페인트칠된 목재 표면을 사포로 갈아 맨 나뭇결을 드러내게 하는데, 이때 나오는 먼지를 들이마시면 위험할 수 있다. 이런 사실을 잘 모르는 사람들이 많았다. 재미있게도 오래된 역사적 건축물에서 사는 상류층이 주로 영향을 받았다. 아버지 조지 부시(George H. W. Bush) 대통령이 집권했던 1990년대 초에 백악관을 재단장할 때 이런 납 먼지가 생겨 부시 일가가 키우던 개 밀리가 납 중독으로 거의 죽을 뻔했다.

요즘은 아이들이 납 중독의 유령에 시달릴 일이 없다. 하지만 어떤 문화권에서는 백연만큼 위험한 검은 납을 여전히 사용한다. 중동에서 널리 쓰이는 전통 화장먹은 방연광(황화납, PbS) 가루인데, 여인들의 눈 화장에 쓰일 뿐만 아니라 아이들에게도 쓰인다. 검은 납을 가열해 증기를 쐬면 진정 효과가 있다고 믿기 때문이다. 화장먹을 쓰는 산모들의 조산율이 높은 것도 약한 납 중독 때문이라는데, 그럼에도 이 유독 화합물은 계속 사용되고 있다.

현대의 납 사용과 오용

1900년대에는 잎사귀를 먹어 치우는 곤충들에 대한 해충제로 비소산납이 쓰였다. 물론 사람이나 동물의 먹거리가 될 작물에는 허락되지 않았다. 한때는 담뱃잎에 뿌리는 것은 안전하다고 믿어 널리 썼는데, 그 결과 흡연자들의 체내 납 농도가 비흡연자들보다 높아졌다. 지금은 이런 곳에 납이 쓰이지 않으니 흡연자들은 적어도 납이나 비소에 노출될까 봐 두려워하지는 않아도 되겠다.

오늘날 채굴되고 재활용되고 사용되는 납의 양은 과거 어느 때보다 많다. 2003년의 생산량은 650만 톤 정도였고 그중 60퍼센트가 재활용된 것이었다. 자동차의 인기와 납 생산량은 1900년대 내내 보조를 맞추며 높아졌다. 납 생산량이 거듭 늘어난 것은 여러 분야에서 활용되기 때문이다. 납 언더코트(방수 등의 밑칠용 도료 ─ 옮긴이), 납 성분이 든 타이어, 납 전지, 가연 휘발유 등이다. 이중 가연 휘발유는 거의 사용이 중단된 상태지만 자동차 회사와 납 생산자의 밀월은 끝나지 않았다. 자동차 배터리에 들어가는 납은 미국 내 총 납 소비량의 4분의 3 이상을 차지한다. 납 전지에서 음극은 해면 조직 형태의 납이고, 양극은 납 합금으로 된 금속 격자에 산화납 반죽을 채운 것이다. 모두 재활용할 수 있다.

한편 텔레비전이나 컴퓨터 모니터의 음극선관에 쓰이는 납 유리는 재활용이 안된다. 약 1킬로그램 이상이 포함되어 있는데 말이다. 하지만 재생은 안된다 해도 환경에 위협을 주지는 않는다. 매립지에 그냥 폐기되어도 괜찮다. 납 유리의 납은 유리에 단단히 결합되어 있어서 지하수와 접촉해도 녹아나지 않는다.

요즘도 광산에서는 납 광물을 캔 뒤 거기에 함유된 은을 제거하는 작업을 한다. (1톤당 약 1.2킬로그램까지 들어 있다.) 우선 녹인 납에 아연을 더한 뒤 천천히 식히면 은과 아연이 결합해 납 위에 별도의 층으로 뜬다. 이 층을 분리해 은을 수거한다. 뒤에 남은 납을 진공에서 가열하면 잉여의 아연도 모조리 날아가고 99.99퍼센트의 순수한 납이 얻어진다.

그밖에도 피복, 케이블, 땜질, 납 크리스탈 유리 제품, 탄약, 베어링, 역기의 중량 부품이나 골프채의 균형 부속 같은 스포츠 용품 등에 납이 사용된다. PVC를 제조할 때 안정제로 첨가되기도 하나 유럽 연합은 2015년부터 이런 식의 사용을 금할 계획이다. 납은 소리와 진동을 거의 전달하지 않으므로 소음 차단용 합성 벽재나 타일에 사용된다. 건축에서는 또 지붕이나 스테인드글라스에 여전히 사용된다. 납은 공업 지대나 해안 환경에서도 수백 년 동안 보호력이 지속되고, 주위의 석재나 벽돌에 변색을 일으키지 않는다는 장점이 있다. 도시나 산업 지역의 경우 수백 년이 지나면 납 표면에서 보호력을 발휘하는

산화납이 천천히 탄산납으로 변했다가 결국 황산납이 된다. 하지만 이 화합물들은 모두 불용성이라서 철에 스는 녹과 달리 떨어져 내리지 않는다. 덕분에 보호 효과가 확실하다.

사람에게는 해롭지 않지만 야생 동물에게 해로워서 금지된 용도도 있다. 납 산탄이 아직 널리 사용되는 것은 유감스러운 일이지만, 낚시용 납추는 이제 과거의 유물이 되었다. 특히 백조가 서식하는 국가에서는 말이다. 옛날에는 백조가 진흙을 뒤집으며 먹이를 찾다가 어부들이 강이나 호수 바닥에 빠뜨린 납추를 삼키고는 했다. 추를 삼킨 백조는 몇 달에 걸쳐 서서히 쇠약해지다가 납 중독으로 죽었다.

재미난 사실은 한 가지 형태의 납 중독이 막을 내리자 다른 집단 사람들에게 피해를 입히는 새로운 경로가 등장했다는 점이다. 1994년에 헝가리에서는 업자들이 고춧가루로 만든 향신료인 파프리카에 색을 더하기 위해 붉은 납을 씀으로써 납 중독 사고가 발생했다. 18명이 체포되었다. 피해 규모는 짐작하기 어렵다. 헝가리 사람들은 파프리카를 굴라시, 소시지, 살라미 등 온갖 음식에 뿌려 먹기 때문이다. 죽는 사람이 등장하기 전에 속임수가 발각된 게 그나마 다행이었다. 음식에 납을 뿌린 이 기법을 새롭다고 봐야 할지, 고대의 납 첨가 관행을 재발견한 것이라고 봐야 할지 헷갈릴 따름이다.

납은 여전히 유용한 금속이다. 하지만 소수의 제품에 한해서 그렇다. 그런 제품들에서도 납이 밖으로 빠져나와서는 절대 안 된다. 인체에 들어오면 위험하기 때문이다. 이 장 첫머리에서 나는 「베니스의 상인」을 언급하며 납 상자에 새겨진 문장을 소개했다. "나를 선택하는 자, 그가 가진 모든 것을 내놓아야 하리라." 참으로 선견지명 있는 문장이다. 이제 독자 여러분도 이 말에 동의하리라. 우리의 몸, 사회, 환경을 납에 노출시킨다는 건 우리가 가진 모든 것을 위태롭게 하는 일이다. 우리가 이미 교훈을 습득했다는 사실이 고마울 뿐이다.

13 조지 왕의 광기

통풍은 고대 로마와 대영 제국 상류층 남성들 사이에서 흔했던 질병이다. 수많은 사람들이 통풍으로 거동에 불편을 겪었다. 두 사회 모두 기름진 음식과 술을 너무 많이 먹는 것이 그 원인이라고 생각했는데, 아마 그 짐작이 옳을 것이다. 로마의 작가들인 세네카, 베르길리우스, 유베날리스, 오비디우스 등은 통풍 환자를 조롱했고, 런던의 만화가들도 그랬다. 대중은 지나친 탐닉에 대한 정당한 심판이라고 생각했다. 의사들은 통풍의 고통이 얼마나 심한지 잘 알았고, 뼈의 관절 사이에 형성된 뾰족한 요산 결정들이 원인이라는 사실도 알았다. 하지만 요산 결정은 왜 생기는 걸까?

통풍의 희생자 중에는 미국 건국의 아버지 중 하나인 벤저민 프랭클린, 영국 수상 윌리엄 피트, 시인 앨프리드 로드 테니슨, 생물학자 찰스 다윈, 감리교의 창시자 존 웨슬리 등이 있었다. 알렉산드로스 대왕, 쿠빌라이 칸, 크리스토퍼 콜럼버스, 마르틴 루터, 존 밀턴, 아이작 뉴턴도 통풍으로 괴로워했다는 설이 있다. 20세기 과학자들은 통풍 환자 중 3분의 1이 높은 혈중 납 농도를 보인다는 사실을 발견했다. 이제 와서 보면 과거 세대들은 포트와인을 애호한 입맛 때문에 납에 노출되었던 것 같다. 포트와인은 대개 납으로 오염되어 있었고, 납 유리 디캔터에 보관했기 때문이다.

1700년대에 영국은 여러 차례 프랑스와 전쟁을 치르느라 포도주와 브랜디를 프랑스로부터 수입해 올 수 없게 되었다. 그러자 영국인들은 최고로 충실한 우방인 포르투갈 포도주를 마시기 시작했다. 물론 프랑스에서 여전히 상당한 양이 밀수입되었지만 말이다. 포르투갈 포도주, 즉 포트와인이나 마데이라 포도주는 납을 함유하고 있었다. 1820년대에는 정말 인기가 좋아서 연간 2000만 리터의 포트와인이 수입되었다. 당시의 포도주를 조사해 보았더니 납 농도가 1피피엠이 넘었다. 심각한 중독을 일으킬 수준은 아니지만 영향이 있을 만은 하다. 포도주의 납은 장에 자극을 주었을 것이다. 그래서 식사 뒤 포트와인 한 잔은 다음 날 변을 잘 보게 하는 효과가 있다고 정평이 났던 것이다.

음료의 납이 정말 통풍을 일으키는지에 대해서는 아직도 논란이 있다. 납이 갑자기 관절 사이에 요산 결정을 만들어 낼 이유가 없어 보이기 때문이다. 하지만 사실이 그렇다. 미세하지만 가시처럼 날카로운 요산 조각들이 관절을 움직일 때마다 강한 고통을 일으키는데, 이 결정은 주로 밤에 형성된다. 이른바 납 통풍으로 알려진 이 질병에 특별히 많이 노출된 집단이 둘 있었다. 하나는 1800년대에 포트와인을

마셨던 사람들이고, 다른 하나는 1900년대에 미국 남동부 주에서 밀조 위스키를 마셨던 사람들이다. 미국 인들은 자동차 라디에이터를 응축기로 사용해 알코올을 증류했는데, 그때 라디에이터 납땜의 납이 술에 녹아 들었다.

시대를 불문하고 남자가 여자보다 통풍에 걸리기 쉬웠다. 혈중 요산 농도가 여자보다 높기 때문이다. 여성의 혈중 요산 농도는 평균 100밀리리터당 4.3밀리그램인 반면 보통의 남성은 100밀리터당 5.6밀리그램이다. 요산은 DNA의 필수 구성 요소인 퓨린이 분해되었을 때 생기는 최종 대사 산물이다. 다른 동물들은 요산을 용해도가 더 높은 다른 화합물로 변환시킨 뒤 배출하지만, 사람에게는 그런 일을 하는 효소가 없기 때문에 용해도가 높지 않은 요산 자체로 배출해야 한다. 요산이 너무 많으면 혈액에서 결정으로 뭉친다. 납은 신장의 요산 배출 능력을 저해하는 듯하다. 그래서 혈중 요산 농도가 증가하다가 어느 수준을 넘어서면 갑자기 결정이 생성되는 것 같다. (통풍은 요즘도 드물지 않지만 납이 아닌 다른 원인들 때문인 경우가 많다.) 그런데 옛날에는 왜 술에 납이 들어 있었을까?

납을 탄 즐거움

포도를 압착해서 나온 즙을 가만히 두면 껍질의 효모들에 의해 자연 발효된다. 그렇게 만들어진 포도주의 알코올 함량은 13퍼센트 정도다. 고대부터 사람들은 포도주를 제조하고, 유통하고, 즐겨 왔는데, 양조업자들이 조심해야 할 점이 있었다. 다른 효모가 포도주에

들어가 알코올을 아세트산으로 변환시킬 위험이 있었던 것이다. 이렇게 해서 시큼해진 포도주를 프랑스에서는 뱅 에그르라 불렀다. 이것이 우리가 아는 비니거, 즉 식초다. 식초도 나름대로 일상의 소비재였지만 포도주에 비하면 수요가 적었고, 원재료인 포도주에 비해 가치가 너무 떨어졌다. 앞장에서 보았듯 고대 그리스와 로마 사람들은 아세트산납이 주성분인 사파를 포도주에 섞어 맛을 '향상'시켰는데, 그 관습은 로마 제국에서 끝나지 않았다.

포도주에 산화납을 더하면 오래 보관할 수 있고 심지어 맛도 좋아진다는 사실을 누가 처음 발견했는지는 모른다. 하지만 양조업자들이 종종 사용하던 기법이었던 것은 분명하다. 1795년에 런던에서 『기술과 산업에 관한 귀중한 비법들(Valuable Secrets Concerning the Arts and Trades)』이라는 무명작가의 책이 출간되었는데, 그 안에 포도주에 납을 가하는 조리법이 소개되어 있었다. 포도주 식초에 리사지(산화납, PbO)를 포화시킨 뒤 혼합물을 포도주 1혹즈헤드마다 1파인트(약 0.5리터)씩 섞으라고 했다. 혹즈헤드는 50영국갤런(약 225리터)을 담는 커다란 통이었다. 이렇게 주조한 포도주는 쉽게 상하지 않으며 좀더 달콤한 맛이 났다. 리사지가 식초의 아세트산과 반응해 물에 녹는 아세트산납이 된다. 이런 포도주 속 납 농도는 아마 50피피엠이 넘었을 것이므로 알코올을 분해하려는 나쁜 효모들의 효소를 비활성화시키기에 충분했다. 한편 맛을 나쁘게 할 정도는 아니다.

고의든 사고든 알코올 음료에 들어간 납 때문에 중세 이후의 많은 사람들이 불편을 겪었다. 꼭 로마 시대처럼 말이다. 가끔 납의 양이 많을 때는 급성 납 중독 사고가 벌어지기도 했는데, 이런 사고들은 병이 등장한 지역의 이름을 따서 여러 가지 명칭으로 불리는 것이 보통이었다. 예를 들어 1600년대 프랑스의 픽통 배앓이, 1700년대 초 미국 식민지들의 매사추세츠 복통, 1700년대 후반 영국 남서부의 데번 배앓이 등이 그런 예였다. 모두 극심한 복통과 심각한 변비, 불안과 초조를 동반하는 병이었다.

영국인들이 좋아했던 강화 포도주에 든 납의 양이 그다지 많지 않았다 해도 술을 납 유리 디캔터에 담아 두고 마셨으므로 그곳에서 납이 더 녹아났다. 1991년 《란셋》(337호, 142쪽)에 실린 논문에서 뉴욕 컬럼비아 대학교의 조지프 그라지아노와 콘래드 블룸(Conrad Blum)은 4개월 동안 포트와인을 이렇게 저장해 둔 결과 납 농도가 5피피엠까지 높아졌다고 했다. (납 디캔터에 5년간 둔 브랜디를 분석한 결과는 21피피엠이었다.) 녹인 유리에 산화납(PbO)을 첨가해 만드는 납 유리 제품의 납 함량은 최대 32퍼센트에 달한다. (함량이 24퍼센트 미만이면 납 유리라고 불리지 못한다. 요즘도 기준은 동일하다.) 오스트레일리아에서 생산된 납 유리는 동위 원소 조성이 미국의 것과 달라서 납 206의 농도가 상대적으로 더 높다. 덕분에 연구자들은 유리 속 납이 녹은 포도주를 마셨을 경우 장을 거쳐 혈관으로 들어가는 납의 양이 얼마인지 확인할 수 있었다. 오스트레일리아산 디캔터에 셰리주를 저장했다가 미국 인들에게 마시게 한 결과, 음료에 녹은 납의 70퍼센트가 인체에 흡수되는 것으로 밝혀졌다.

18세기와 19세기에 중산층이나 상류층만 통풍의 습격을 받았던 것은 아니다. 어떤 병이라고 꼭 집어 진단할 수 없는 병으로 불편을 호소하는 사람들이 간혹 있었는데, 오늘날 우리가 보기에는 가벼운

납 중독이 아니었나 싶다. 의사들은 유명 온천에 가서 '물맞이를 하라.'라고 조언하고는 했다. 특히 잉글랜드 서부의 바스 온천이 유명했다. '통풍, 류머티즘, 학질, 무기력증, 졸중, 건망증, 오한, 사지의 쇠약' 등을 겪는 사람들이 그곳에서 1주일에 몇 차례 한 번에 3시간씩 따뜻한 물에 목까지 담그고 목욕하는 식으로 최대 6개월 정도 요양했다. 광천수를 많이 마시는 것도 요양의 일부였다. 일반적으로 이런 치료법은 효과가 있었다. 1980년대에 브리스틀 왕립 병원의 오헤어(J. P. O'Hare) 박사와 오드리 헤이우드(Audrey Heywood) 박사가 확인한 바에 따르면 그런 양생법을 취할 경우 배뇨가 촉진되어 몸의 납이 상당량 빠져나간다.

물맞이가 가벼운 납 중독에는 효과가 있었을지 몰라도 중세에 유럽 전역에서 발병했던 급성 납 중독 환자들에게는 별 소용이 없었을 것이다. 다양한 사건들에서 결국 납이 첨가된 음료가 원인임이 밝혀졌으나, 여러 지역 사람들이 제각기 독자적으로 원인을 추적해야 했다. 독일에서는 리사지로 맛을 낸 포도주가 배앓이의 원인임을 의사들이 알아낸 뒤 몇몇 주에서 포도주에 납을 타는 것이 사형죄가 되기도 했다. 울름에서는 포도주에 리사지를 탄 사람들이 실제 처형된 사례도 있었다. 양조업자들의 관행이라며 참아 넘긴 나라들도 있었지만 말이다.

픽통 배앓이는 1570년대에 프랑스 푸아티에 지방에 등장해 1639년에 전염병 수준으로 번졌다. 픽통이라는 이름은 고대에 푸아티에 지역에 거주했던 켈트 족의 이름을 딴 것이다. 서인도 제도와 미국 식민지들에서는 1600년대와 1700년대에 '건조 복통'이라는 이름으로 같은 질병이 사람들을 덮쳤다. 럼주 제조에 쓰인 도구들에서 납이 녹아 생긴 일이었다. 특히 매사추세츠베이 식민지에서 건조 복통이 기승을 부렸다. 원인을 추적해 보니 납 증류기로 럼주를 증류한 게 탈이었다. 매사추세츠베이는 1723년에 법으로 이런 식의 술 제조를 금지했고 그러자 발병이 멎었다. 하지만 서인도 제도에서는 계속 발병이 이어지다가, 1745년에 토머스 캐드월라더(Thomas Cadwalader)가 납으로 오염된 자메이카 럼주가 원인임을 밝혀내고서야 문제가 해결되었다. 한참 뒤인 1788년에도 자메이카에 주둔한 영국 군인들이 건조 복통을 겪었다. 이번에도 역시 원인은 납 유약을 바른 질그릇에 보관했던 럼주 때문이었다.

우연한 납 중독 사고들 중 가장 유명한 것은 데번 배앓이 사건이었다. 1700년대에 데번 주민 수천 명이 발병했다. 희생자는 주로 남자였고 마비, 정신 이상, 실명 등의 걱정스러운 증상들을 보였으며 죽는 사람마저 있었다. 처음 병이 보고된 것은 1703년이었고 해가 갈수록 피해자가 늘어났다. 1724년에는 환자의 수가 갑자기 치솟았는데, 사과 수확이 특별히 좋았던 해였다. 존 헉스햄(John Huxham)이라는 조사관이 1739년에 발표한 글에서 사과술을 범인으로 지목했으나 헤리퍼드셔 같은 다른 사과 재배 지역에서는 배앓이가 없었기 때문에 사람들은 그의 해석을 받아들이지 않았다.

데번 배앓이의 수수께끼를 푸는 데 가장 크게 기여한 사람은 여왕의 주치의인 조지 베이커(George Baker)였다. 베이커는 벤저민 프랭클린과 서신 교환을 하던 중, 프랭클린으로부터 보스턴에서 일어났던 납 중독 사건 이야기를 들었다. 그것은 프랭클린이 어릴 때 발생했던 일인데 럼주 제조에 사용된 납 증류기가 원인으로 밝혀졌다는 이야기였네. 프랭클린이 친구 벤저민 본(Benjamin Vaughan)에게 쓴 편지에도 그 사건이 등장한다. 발췌해 보면 아래와 같다.

> 필라델피아 1786년 7월 31일
>
> 친애하는 벗에게,
>
> ……
>
> 이런 종류의 사건들 중에서 내가 최초라고 기억하는 일은 내가 어릴 적에 보스턴에서 일어났던 논쟁이었네. 노스캐롤라이나 사람들이 뉴잉글랜드 럼주를 비난하며 럼주가 사람들을 중독시켜 건조 복통을 일으키고 사지의 활동 능력을 떨어뜨린다고 했지. 그래서 증류소들을 조사해 보았더니 여러 곳에서 납으로 된 증류기 뚜껑과 나선관을 쓰고 있었네. 의사들은 납을 사용한 것 때문에 재앙이 생겼다고 이구동성으로 말했네. 그래서 매사추세츠 주 의회는 납 증류기 뚜껑이나 납 나선관을 쓰는 자들에게 무거운 벌을 내리는 법을 통과시켰다네.
>
> ……
>
> 내가 1767년에 존 프링글 경과 함께 파리에 있을 때, 프링글 경이 라 샤리테 병원을 방문한 적이 있었네. 그런 병을 잘 고치기로 유명한 병원이었지. 경이 거기서 소책자를 하나 가지고 왔는데 그 병원에서 치료받은 사람들의 이름과 직업이 적혀 있더군. 내가 호기심에 목록을 점검해 보니 모든 환자들이 어떤 식으로든 납을 다루는 직업에 종사하고 있는 게 아니겠나. 배관공, 유약칠하는 사람, 화가 등등. 두 가지 예외는 채석공과 군인이었네. 그 직업들은 납이 질환의 원인이라는 내 가설에 부합하지 않았어. 그런데

병원의 의사에게 이 이야기를 했더니, 그가 말하기를 석공들은 철로 된 난간을 석재에 붙이기 위해 항상 녹인 납을 쓰고, 군인들은 화가에게 고용되어 물감 빻는 일을 한 사람들이라 하지 않겠나.

친구, 이것이 내가 그 주제에 대해 기억하는 내용이라네. 보다시피 납이 유해한 영향을 미친다는 견해는 최소한 6년은 된 이야기라네. 더불어 유·용한 진실이 대중에게 널리 받아들여지고 이용되기까지 얼마나 오랜 세월이 걸리는지도 짐작할 수 있을 것이네.

언제나 애정을 담아,

B. 프랭클린

1767년에 조지 베이커는 데번 배앓이가 납 중독 때문임을 입증했다. 베이커는 화학 분석을 통해 데번 사과술에는 간혹 납이 들어 있는 반면 다른 지역의 술은 오염되지 않았음을 확인했다. 데번 사과술 3갤런이 든 큰 술병 하나에서(약 14리터) 납 1그레인(65밀리그램)을 추출할 수 있었다. 달리 말해 납 농도가 약 5피피엠이니, 하루에 1파인트(약 0.5리터)씩만 마셨어도 약한 중독 증상을 일으킬 수 있었다. 어떤 농장 노동자들은 하루에 1갤런(약 4리터)씩 술을 마셔 댔으니 급성 납 중독에 걸리는 것도 당연했다.

독의 정체를 알아냈으니, 다음으로 베이커는 사과술에 납이 들어간 경로를 밝히고자 했다. 알고 보니 범인은 납으로 안을 댄 사과 압착기나 발효 용기, 또는 사과즙을 발효 용기로 옮기는 데 쓴 납 파이프였다. 사과술 제조는 마을 단위의 산업이었으므로 마을에 따라 오염 정도가 달랐다. 사과술 제조 용기에 든 납의 양에 따라 달라졌던

것이다. 죽는 사람까지 있었던 몇몇 마을에서는 특별히 납 함량이 높은 용기들이 발견되었다.

조지 베이커는 대부분의 사람들이 자신의 발견에 동의하지 않을 것임을 잘 알았다. 당시에 납 화합물은 대중 의약품으로 쓰이며 유용성을 인정받고 있었기 때문이다. 베이커는 엑시터 성당의 설교자로부터 '길 잃은 데번의 어린 양'이라는 비방까지 받는 몸이 되었지만, 활발한 강연으로 자신의 주장을 퍼뜨리기를 주저하지 않았다. 당시에 진단이 어려웠던 여러 질환들 역시 납이 원인일지 모른다며 더욱 폭넓게 경고했다. 가령 어린아이의 잦은 병치레는 납 페인트가 칠해진 장난감을 씹은 탓인지 모르고, 배관이나 페인트칠에 종사하는 남성들의 질병도 납 때문이리라는 주장이었다. 한참 후인 1916년의 조사에서 실제로 페인트공들 중 40퍼센트가 납 중독을 앓고 있음이 확인되었다.

베이커의 계몽 노력, 그리고 납 지붕에서 수거한 빗물의 위험성을 확인한 연구자 같은 다른 사람들의 노력에 힘입어 대중도 1700년대 말에는 납의 악영향에 눈을 떴다. 하지만 사람들의 걱정은 오래가지 않았다. 19세기에 사람들은 납 파이프와 납 유약칠한 그릇을 거리낌 없이 널리 사용했다.

납의 광택

유약칠한 도기는 중세에 처음 등장해 1500년대 이후로 널리 사랑받았다. 유약은 납 함유량이 높아서 포도주나 사과술, 식초, 과일 주스, 초절임 음식처럼 산성 물질이 담기면 용기 벽에서 납이 녹아 나오고는 했다. 1800년대와 1900년대에는 집에서 담근 포도주가 납 중독의 주요 원인이었다. 납이 어디서 왔는지 퍼뜩 알아내기 힘든 경우도 더러 있었다. 전형적인 사례는 가령 이런 식이었다. 1958년에 52세의 시골 정육점 주인이 병에 걸렸다. (의학 기록에는 이름이나 주소는 남아 있지 않다.) 의사들은 그의 소변 중 납 농도가 높다는 것을 발견했다. 매일 0.4밀리그램의 납이 소변을 통해 배출되고 있었고, 의사들이 해독제 에다타밀을 처방하자 방출량은 15밀리그램으로 늘었다. 납은 집에서 담근 엘더베리 포도주에서 온 것이었다. 포도주의 납 함량은 무려 7피피엠이었다. 대체 왜 포도주에 납이 들어갔을까? 남자가 고모로부터 물려받은 질그릇이 하나 있었는데, 고모는 훌륭한 포도주를 빚어 주는 항아리라고 말했고, 실제로 그러했다. 조사자들에 따르면 그 질그릇에 포도주를 담아 두면 살짝 금속성 뒷맛이 남긴 하지만 근사한 향취에 깊은 붉은 빛을 띠는 술이 되었다. 용기 내벽의 흠집에서 유약의 납이 녹아나와 발효 중인 술로 납이 들어갔던 것이다.

술로 인한 납 중독은 요즘도 심심찮게 벌어진다. 나의 전작 『그게 당신이 먹은 거였나요?(Was It Something You Ate?)』에서 내 공저자 피터 펠(Peter Fell)은 마드리드에 사는 성공한 사업가 친척 이야기를 했다. 그 친척은 30대 중반에 접어들어 갑자기 몸무게가 줄기 시작했다. 의도한 바가 아니었는데 말이다. 처음에는 감량 속도가 느렸지만 몇 달이 지나자 걷잡을 수 없게 되어 거의 25킬로그램이나 빠졌다. 만성 변비와 극심한 위통이 동반되었으나 원인을 알 수 없었다. 결국 입원해 검사를 받았더니 병원 역사상 가장 높은 혈중 납 농도가 확인되었다.

중독 경로는 그가 즐겨 마시던 술이었다. 그는 에스파냐의 산에 주말 별장을 갖고 있었는데, 한번은 그 지방에서 만들어진 항아리를 몇 개 샀다. 그중 그가 가장 좋아한 것은 냉장고에 쏙 들어가는 3리터짜리 항아리였다. 그는 적포도주, 신선한 과일, 레모네이드를 섞어 만든 음료를 항아리에 담아 냉장고에서 며칠 동안 식힌 뒤 마시고는 했다. 그런데 납 유약을 바른 그 항아리는 제대로 구워지지 않은 제품이었고, 그 때문에 납이 계속 음료로 녹아 났다. 물론 그는 그 사실을 몰랐다.

유약칠한 컵에는 납이 50그램까지 함유되어 있을 수 있다. 요즘도 납 유약으로 인한 사망 사건이 종종 발생한다. 대개 가정에서 그릇을 만들면서 유약을 엉성하게 바른 게 원인이다. 미국의 한 남자는 아들이 만들어 준 컵에 저녁마다 코카콜라를 한 잔씩 마셨다. 이 때문에 매일 3밀리그램씩 납을 섭취했고, 납 중독으로 사망했다.

납 유약의 위험을 처음 경고한 사람은 에든버러의 제임스 린드(James Lind)였다. 그는 1754년 5월호 《스콧 매거진(Scot's Magazine)》에 투고해 납 유약을 바른 질그릇에 레몬주스를 담으면 위험하다는 것, 그런 레몬주스를 끓여서 농축시킨 뒤 식히면 납당 결정이 가라앉는다는 것을 알렸다.[55] 린드는 그런 용기에 절인 채소를 담는 것도 위험하다고 했다. 보관하던 음식의 맛이 달짝지근해지면 지체 없이 버리라고 조언했다. 그는 인기 좋은 리버풀 산 델프트 도기에서 특히 납이 녹아나올 가능성이 높다고 지적했다.

---

55 이 결정은 아세트산납이 아니라 시트르산납이었을 것이다.

아닌게아니라 도기 산업 종사자들은 납의 악영향을 강하게 경험했다. 1875년에 영국 등기부 장관은 도기 산업을 건강에 가장 해로운 산업들 중 하나로 인정했다. 영국 도기 산업의 중심지인 스태퍼드셔 북부에서는 매년 400건의 납 중독 사례가 발생했다. 마비, 경련, 실명까지 동반하는 심각한 상태였다. 이 지역에는 유산이나 사산도 눈에 띄게 많았고 신생아들이 몇 주 만에 사망하는 일도 잦았다. 아기들은 안타깝게도 짧은 삶 동안 반복적으로 경련을 일으키다 죽었다.

도기 산업에서 납 유약을 몰아내는 일은 길고도 험한 투쟁이었다. 도기에 납 유약을 바르는 관행은 1600년대부터 널리 퍼져 있었다. 초기에는 주로 굽기 직전의 젖은 진흙 표면에 방연광(황화납 광물, PbS) 가루를 발랐다. 후대에는 이른바 비스크 도자기, 즉 초벌구이 한 항아리에 젖은 반죽처럼 방연광을 입혀 재벌구이하는 방식을 썼다. 유약칠을 하다 보면 불쾌한 병을 얻기 쉽다는 사실은 예전부터 알려져 있었다. 사람들은 갖가지 대체물을 모색해 보았지만, 어느 것도 납 유약만큼 좋거나 싸지 않았다.

항아리를 유약에 담그는 일을 하는 사람들은 외모가 송장처럼 변하는 것으로 유명했다. 픽통 배앓이를 앓게 된다고도 했다. 의회가 법을 통해 그런 작업에는 아이들을 고용하지 못하도록 했지만, 실제로 현장에서 조치가 취해진 것은 1890년대 들어 여성 노동 조합 연맹의 거트루드 터크웰(Gertrude Tuckwell)이 대대적인 캠페인을 벌이면서부터였다. 터크웰은 대중에게 도기 산업의 위험을 알렸고 유약을 바르지 않은 항아리와 그릇을 사라고 촉구했다. 1890년대에 통과된 법률들 덕택에 1899~1903년의 5년간 사망 22건을 포함해 총 573건이었던 납 중독 사례는 1949~1953년의 5년에는 사망 1건을 포함하여 총 3건으로 줄었다. 그 뒤에는 아예 한 건도 없었다. 터크웰의 운동이 끝내 성공을 거둔 셈이다. 다양한 규제들을 거치면서 마침내 1947년에 영국 도기 산업 (건강) 특별 규제라는 법령이 제정되었고, 1948년 10월 7일부터는 납이 들지 않은 유약만 사용하라는 그 법에 따라 납 유약 도기의 역사가 막을 내렸다.

납의 의학적 사용

납은 독성이 있음에도 불구하고 2,000여 년간 온갖 질병에 처방되었다. 시작은 로마 황제 티베리우스(Tiberius, 14~37년 재위)의 주치의였던 티베리우스 클라우디우스 메네크라테스(Tiberius Claudius Menecrates)였다. 그는 산화납 반죽을 이용해 '단연 고약'을 만들었고, 종기, 부스럼, 기타 감염 등 온갖 피부 질환에 적용했다. 로마 시대의 고약 제조법은 우선 리사지를 금색이 될 때까지 가열한 뒤 아마씨나 올리브 기름, 또는 마르멜로 뿌리와 함께 갈아 주는 것이었다. 단연 고약은 1800년대 말까지 사용되었다. 영국과 다른 나라들의 약전에 1950년대 중반까지도 이름이 있었던 것을 보면 과연 효능이 있었던 것 같다. 단연 고약을 사용해도 납 중독에 걸릴 우려는 거의 없었다. 납은 피부를 통해서는 잘 흡수되지 않기 때문이다. 고약의 산화납 함량은 33퍼센트였고, 동창, 티눈, 건막, 만성 다리 궤양 등에 추천되었다. 단연은 요즘도 사용된다. 드레싱 제품인 레스트레플렉스의 살색 붕대 안쪽에 발라져 있다.

단연 고약은 낙태가 불법이었던 시절에 유산을 일으키는 불법 용도로 사용되기도 했다. 1890년대에 버밍엄에서 여성들이 납에 중독되는 사례가 줄을 이었던 것도 고약의 납 연고를 긁어내어 낙태 유도제로 사용한 것이 원인이었다. 실제로 효과가 있었던 것이다.

또 다른 고대의 처방약으로 토성의 가루라는 것이 있었다. 아세트산납 용액에 탄산칼륨을 더해 침전시킨 탄산납으로 결핵과 천식에 특효라 했다. 때로 폐색된 장을 여는 데 납 정제가 쓰이기도 했다. 1926년에 컬럼비아 대학교 의대 교수 카터 우드(Cater Wood)는 곱게 간 납 가루를 탄 현탁액을 암 환자들에게 주사함으로써 20퍼센트에게서 다소 효과가 있었다고 주장했다. 사실 더욱 효과적인 용도는 아세트산납을 여성의 '내적' 출혈에 지혈제로 쓰는 것이었다. 한마디로 질 출혈이나 치질에 사용하는 것이었다. 납 염은 수렴 작용을 한다. 불용성 단백질 납 혼합물을 형성해 혈액 응고를 촉진한다.

18세기 프랑스 몽펠리에의 외과 의사 토마 굴라르(Thomas Goulard)는 아세트산납 물약 사용을 적극 권장했다. 굴라르는 『토성의 추출물(The Extract of Saturn)』이라는 책에서 납의 의학적 사용을 지지했다. 그는 금색 리사지를 포도주 식초와 함께 끓여 아세트산납 물약을 만들고 이것을 멍, 상처, 종기, 단독(丹毒), 궤양, 피부암, 생인손, 치질, 옴 등에 바르라고 했다. 단독은 연쇄상 구균에 감염되어 피부에 진한 붉은 반점이 생기는 현상이고, 생인손은 손발톱 주변에 생기는 염증을 말한다. 옴은 개선이라고도 하는데 특히 생식기 주변 피부에 전염성 기생충이 감염된 것을 말한다. 1930년대에 미국에서는 덩굴옻나무 피부염을 치료하는 데에도 아세트산납 용액을 썼다.

민간요법에 사용되는 납

2000년에 워싱턴 주 월라월라의 한 의사는 병원으로 실려 온 2세 환자를 진찰하던 중 급성 납 중독이라는 사실을 깨달았다. 아이의 혈중 납 농도는 1리터당 124마이크로그램이나 되었다. 원인은 멕시코 민간요법에서 사용되는 그레타라는 밝은 오렌지색 가루약이었다. 아이의 부모는 아이가 복통을 앓고 있다고 생각해 여러 차례 그레타를 먹였다. 분석 결과 그레타는 거의 100퍼센트 순수한 산화납이었다. 미국 서부 몇몇 주의 라틴아메리카계 공동체에서도 아이들이 납에 중독되는 사례가 있었다. 그 원인인 민간요법 약품은 루에다, 마리아 루이자, 코랄, 아자르콘, 리가 등의 다양한 이름으로 불렸는데, 대개 산화납인 것으로 드러났다. 지금은 모두 미국 내 반입이 금지되었다. 이 약은 전통적으로 배탈에 사용되었고 특히 설사에 자주 처방되었는데, 실제로 지사 효과가 좋았다.

위에 소개한 처방들은 모두 피부에 적용하는 것이라서 환자가 납에 중독될 위험은 없었다. 한편 섭취를 해야 하는 약물들은 그렇지 않았다. 아세트산납과 황 혼합물은 결핵에 처방되었고, 아세트산납과 아편 혼합 정제는 설사 치료에 처방되었는데 효과가 좋았다. 정제 속의 아세트산납의 양은 100밀리그램 정도라서 변비를 일으켜 설사를 가두어 두기에 충분했고, 아편은 배앓이로 인한 통증을 둔화시키는 역할을 했다. 아세트산납은 때로 히스테리나 발작적 기침을 치료하기 위한 안정제로도 쓰였다.

오늘날은 납 성분 물질을 절대 의약품으로 쓸 수 없다. 하지만 아세트산납이 필요한 경우가 하나 있다. 그것도 처방전이 필요 없는 일반 의약품이다. 무엇인가 하면 흰 머리를 실은 살색으로 염색시켜 주는 효과가 있는 특수 헤어젤 제품이다. 흰 머리를 비롯해 모든 머리카락은 황을 함유한 아미노산들인 시스테인과 메싸이오닌을 다량 포함하고 있는데, 납이 황 원자들에 강하게 결합해 분자 구조를 바꿈으로써 갈색 착색을 유지시킨다. 흰 머리를 검게 하는 처방으로 납만 한 것이 또 없는 셈이다.[56]

헨델과 베토벤의 납 중독

게오르크 프리드리히 헨델(George Frederick Handel, 1685~1759년)은 최초의 위대한 사업가적 작곡가였다. 독일 할레에서 태어난 헨델은 하노버 선제후의 궁정 음악 담당으로 임명되었고, 선제후가 영국 왕 조지 1세가 되자 왕을 따라 런던으로 가서 살면서 평생 무수한 오페라와 오라토리오들을 작곡했다. 대표작인 「메시아」는 1742년에 초연되었는데 이 걸작을 쓰던 당시 헨델은 납 중독을 앓고 있었을 가능성이 높다. 증상은 통풍밖에 없었지만 말이다. 통풍도 헨델의 창조성

---

56 과학적으로 조사된 바는 없지만, 납에 많이 노출된 사람들에게는 흰 머리가 없을 확률이 아주 높다.

을 꺾지는 못했다. 헨델이 포트와인을 유달리 편애했다고 하니 아마 술에서 납을 섭취했을 것이다. 헨델의 원고 중 하나를 보면 잊지 말고 포도주 상인에게 포트와인 12갤런(45.4리터)을 주문하자고 메모해 둔 게 있다. 술이 통풍의 원인이었음은 거의 분명하다. 하지만 헨델은 다른 악영향은 받지 않은 것 같다.

예전에는 알려지지 않았던 또 다른 만성 납 중독 희생자로 루트비히 판 베토벤(Ludwig van Beethoven, 1770~1827년)이 있다. 이제 우리는 베토벤이 최소한 생애 마지막 해만이라도 납에 심하게 노출되었다는 사실을 안다. 평생 그를 괴롭혔던 끔찍한 배앓이가 납 때문이었다는 증거도 충분하다. 베토벤이 납 중독 증상을 드러내기 시작한 것은 청년 시절이었다. 1802년에 그는 건강이 좋지 않다는 사실을 깨달았다. 이미 청력 상실의 징후도 나타났다. 베토벤은 동생인 요한과 카스파르에게 편지를 써서 만약 자신이 죽으면 모든 방법을 동원해 질병의 원인을 밝혀 달라고 당부했다. 하지만 편지를 부치지는 않았다. 편지는 베토벤이 25년 뒤에 죽을 때까지도 책상에 들어 있었고, 지금은 베토벤이 살았던 도나우 강 연안의 마을 이름을 따서 '하일리겐슈타트 유언장'이라고 불린다.

지금은 베토벤의 납 중독을 뒷받침하는 과학적 증거도 있다. 19세기에는 죽은 사람의 머리카락을 조금 잘라서 로켓(사진이나 머리카락 등을 보관할 수 있는 납작한 금속제 상자로 주로 펜던트로 목에 걸고 다닌다.—옮긴이)에 보관하는 관행이 있었다. 베토벤은 1827년 3월 26일에 빈에서 죽었다. 다음 날 페르디난트 힐러(Ferdinand Hiller)라는 15세의 음악가가 위대한 작곡가에게 마지막 존경을 표하러 들렀다가 기넘으로 머리카락을 조금 잘라도 좋다는 허락을 받았다. 나중에 작곡가 겸 지휘자가 된 힐러는 이 머리카락을 로켓에 넣어 아들 파울에게 물려주었다. 이후 집안의 다른 사람들 손에서 손으로 넘겨졌는데, 가족들은 모두 이것이 진짜 베토벤의 머리카락이라는 사실을 알고 있었다. 파울의 후손들은 제1차 세계 대전 당시 나치가 점령한 덴마크에서 빠져나가기 위해 이 로켓을 팔아 통행 허가증을 샀다. 덴마크의 의사 케이 알렉산데르 프레밍(Kay Alexander Fremming)이 그 대가로 일가를 안전하게 스웨덴으로 탈출시켜 주었다.

프레밍이 죽자 그 딸이 로켓을 런던 소더비 경매에 내놓았고, 1994년에 이루어진 경매에서 미국 베토벤 협회가 낙찰을 받았다. 2000년에 미국 에너지부 산하 아르곤 국립 연구소가 이 머리카락 여섯 가닥을 검사했다. 싱크로트론을 이용해 광속에 가깝게 움직이는 전자들을 만들어 머리카락에 부딪치게 했다. 그때 발생한 엑스선이 머리카락 원자의 전자들을 여기시키면 과학자들은 정확한 여기 상태를 파악해 어떤 원자가 얼마나 들었는지 측정할 수 있다. 이 세련된 기법으로 분석한 결과 베토벤의 머리카락 속 납 농도는 60피피엠이었다. 정상의 100배 수준이다. (수은 농도는 정상이었다. 베토벤이 매독 치료제를 먹다 수은에 중독되어 죽었다는 항간의 오래된 소문을 반박하는 증거다.)

물론 이 머리카락은 베토벤이 생애 마지막 몇 달 동안 납에 노출된 정도만 보여 줄 뿐이다. 하지만 베토벤의 식습관이 그 전이라고 딱히 달랐을 것 같지는 않다. 납을 염색약으로 쓴 것 같지도 않다. 희끗하거나 완전히 희거나 갈색인 머리카락들이 섞여 있었던 것을 보면 베토벤은 머리가 센다는 자연스러운 현상을 숨길 마음이 없었다. 위대

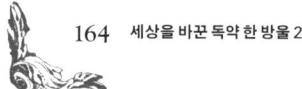

한 작곡가가 먹은 음식과 음료에는 납을 포함하는 것이 많았을 것이다. 가장 가능성 있는 오염원은 납 항아리에 보관했던 식수, 포도주, 백랍 물잔, 아니면 납 유약 도기에 담아 둔 사워크라우트(양배추를 절여 발효시킨 독일의 김치 같은 음식 — 옮긴이) 같은 산성 음식이었을 것이다. 이런 음식들에는 모두 다량의 납이 들어 있었고, 그 영향을 받은 사람들은 베토벤과 마찬가지로 심각한 복통과 변비, 신경계 손상을 입었다. 어쩌면 납으로 인한 신경계 손상이 베토벤의 성마른 성격의 이유였을지도 모른다. 베토벤이 점차 청력을 상실해 50세에 완전히 귀가 먼 것도 혹시 그 때문인지 모른다.

머리카락의 납 농도가 높게 확인된 또 다른 유명인으로 미국의 7대 대통령(1829~1837년 재임) 앤드루 잭슨(Andrew Jackson, 1767~1845년)이 있다. 1815년에 자른 잭슨의 진짜 머리카락을 검사했더니 납 농도가 131피피엠이었다. 만성 납 중독을 앓았다는 가설을 뒷받침하는 증거다. 그러나 원인은 수수께끼다. 약물에서 온 것이었을까, 술에서 온 것이었을까?

조지 3세의 중독

1760년에서 1820년까지 오랜 세월 영국을 통치하면서 조지 3세는 여러 차례 이상한 질환의 습격을 받았다. 대부분은 경미했지만 가끔 정신 이상을 동반한 때도 있어서 왕족과 정부 각료들을 긴장시켰다. 1762년, 1790년, 1795년의 가벼운 이상 때는 정신 착란 증세가 없었다. 26세였던 1765년의 다소 심각한 발병 때도 그럭저럭 괜찮았다. 하지만 1788년, 1801년, 1804년, 1810년의 발병에는 정신 이상이 뒤따랐다.

1788년의 질병은 이른바 섭정 위기라 불리는 정치 파장을 몰고 왔다는 점에서 가장 심각한 사건이었다. 왕의 큰아들이자 뒤를 잇게 될 왕세자는 야당이었던 휘그당을 지지했고, 아버지의 광기가 영구적인 것이라고 믿었다. 그렇다면 자신이 섭정을 맡아 왕권을 행사해야 할 것이었다. 토리당은 그럴 경우 찬밥 신세가 될 것이기에 섭정에 필요한 입법 과정을 질질 끄는 전략으로 성공리에 위치를 수호했다. 그 사이 왕이 건강해져서 국가 원수 역할을 재개했던 것이다. 왕의 '광기'는 질병의 한 증상일 뿐이었다. 조지 왕의 발병과 회복은 광기도 치료할 수 있음을 입증했다는 점에서 정신 이상자들의 치료에 중대한 반향을 주었다.

1788년의 발병에 대해서는 아주 상세한 기록이 남아 있으니 좀더 살펴보아도 좋겠다. 주된 증상은 심한 변비, 복통, 사지 무력증, 음식을 삼키지 못하는 증세, 불면, 그리고 수다스러워지는 것으로 시작해 이후 과민 증상을 보이고 차차 섬망과 혼수상태에 빠지는 진전성 정신 착란이었다. 꼭 급성 납 중독의 전형적 증상을 적어 놓은 교과서 문장을 읽는 듯하다.

사태의 발단은 1788년 6월 11일이었다. 왕은 윔블던코먼에서 요크 공작의 연대를 사열한 뒤 큐 궁으로 돌아왔다. 당시 이미 기사 작위를 받고 왕의 주치의가 된 조지 베이커가 다음 날 왕을 진찰했다. 왕은 복통을 앓고 있었다. 왕은 2주 동안 앓다가 첼튼엄 스파로 떠나 7월 9일부터 8월 11일까지 물맞이 치료를 받았다. 그곳에서 건강을 되찾았지만 일시적인 회복이었다. 두 번째 복통은 10월 17일 금요일에 시작되었고, 다시 베이커 경이 윈저 성에서 왕을 진찰했다. 왕은 엄청나게 고통스런 복통과 팔다리 저림을 겪고 있었다. 병세가 오락가락하는 날도 있었지만 다음 2주 동안 전반적으로 왕은 착실히 악화의 길을 걸었다. 변비, 불면, 팔다리 무기력증이 동반했다.

10월 말이 되자 왕의 뇌에 이상이 생겼다는 징후가 드러났다. 왕은 수다스러워졌고 쉽게 흥분했다. 조리 있게 말하지 못했고 가끔 현기증을 느꼈다. 11월 5일 수요일에는 왕세자와 저녁 식사를 하던 중 살인이 화제에 오르자 큰 말다툼이 벌어졌다. 왕세자의 발언에 분노를 느낀 왕은 몸으로 아들을 덮쳤다. 왕비는 히스테리성 발작을 일으켰고 왕자는 눈물을 터뜨렸다.

왕을 그처럼 극단적인 행동으로 몰아간 것은 무엇이었을까? 왕세자도 물론 아버지의 병을 안타까워했겠지만, 한편으로는 어떻든 얼른 뒤를 잇고 싶어 했으리라 추측해도 무방할 것이다. 왕세자는 돈과 결혼 문제로 엄청난 곤궁에 처해 있었다. 왕위에 오르는 것만이 유일한 해결책이었다. 전해에 의회로부터 22만 1000파운드의 보조금을 받았고 그와 별도로 연간 수입도 늘고 있었지만, 왕자는 빚 구덩이에 빠져 있었다. 방종한 삶을 살다 보니 6년 만에 63만 파운드 이상의 빚을 지게 된 것이다. (오늘날의 1000억 원쯤 된다.) 게다가 왕자는 1785년에 피츠허버트 부인이라는 로마 가톨릭 신자와 몰래, 물론 불법적으로 결혼한 상태였다. 이 결혼은 법적이지 않은 것은 둘째치고 정치적 재앙에 가까웠다. 당시의 영국 국민들은 가톨릭에 극심한 반감을 갖고 있었다. 결혼 사실이 알려지면 큰 일이 될 것이었다.

왕의 최대 위기는 1788년 11월 9일 일요일이었다. 왕은 확연히 정신을 놓은 상태였고 육체도 급속히 악화되었다. 런던에는 벌써 왕의 사망 소문이 퍼졌다. 11월 10일 월요일에 왕은 반쯤 혼수상태였으나 이후 육체적으로는 기력을 찾기 시작했다. 하지만 정신은 좋아지지 않았다. 어느 면으로 보나 왕은 미친 상태였다. 광기는 다른 어떤 증상들보다 중요했다. 정부 운영에 결정적 요소였기 때문이다. 조지 3세의 대중적 이미지도 돌이킬 수 없게 떨어졌다. 왕이 죽지 않으리라는 것이 확실해지자, 정신병 치료를 전문으로 하는 다른 의사들이 불려 왔다. 의사들은 왕의 뜬금없는 폭발을 통제하기 위해 구속복을 입히고 무거운 의자에 묶어 놓았다. 만성 변비 치료를 위해 염화수은과 피마자유를 먹였고, 해열을 위해 퀴닌을 먹였다.

크리스마스를 거쳐 1월 둘째 주 무렵 병세가 다시 악화되는 듯했으나, 왕은 서서히 제정신으로 돌아왔다. 1월 중순에 담당 의사는 왕의 음식에 타타르 구토제를 넣어 구토를 유도했다. 왕은 이 처방 내용을 몰랐기 때문에 심하게 스트레스를 받았다. 이 기간이 6주 이어졌고, 마침내 왕은 완치 판정을 받았다. 실로 국가적 경사였다. 물론 왕세자와 휘그당 지지자들은 실망을 감추지 못했지만 말이다. 왕은 1801년, 1804년, 1810년, 1812년에도 비슷한 배앓이, 변비, 목 쉼, 근육통, 불면, 섬망 증세 등을 앓았다. 왕은 73세에 겪은 최후의 발병으로 시력을 잃었고 다시는 제정신을 찾지 못했다. 비로소 섭정 시대가 열렸지만 왕세자는 무려 20년을 기다린 뒤였다.

아이다 매칼파인(Ida Macalpine)과 리처드 헌터(Richard Hunter)라는 의학 역사가들이 쓴 『조지 3세와 광기의 사업(*George III and the Mad*

Business)』이라는 책이 있다. 모자 관계인 두 사람은 조지 3세의 병에 대해 광범위하게 조사한 끝에 의사들이 남긴 기록의 증상을 바탕으로 왕의 병명을 유추했다. 그들은 대사 장애의 일종인 포르피린증이라고 결론내렸다. 포르피린증은 포르피린이라는 인체 내 필수 화학물질의 생산에 이상이 생겨 발생하는 병이다. 저자들은 당대 의사들의 기록에서 왕의 소변이 붉은 기를 띠었다는 문구를 발견하고서 이런 결론을 내렸다. 포르피린증의 전형적인 특징이기 때문이다. 그런데 그것은 납 중독의 특징이기도 하다. 다만 저자들이 생각하기에는 유전병이 가장 합리적인 해석이었다. 실제로 조지 3세의 후손 중 몇몇이 포르피린증을 앓았다고 알려져 있다. 저자들은 유전병이 시작된 시점도 지적했다. 제임스 1세의 어머니인 스코틀랜드 여왕 메리 스튜어트(Mary Stewart, 1542~1587년)에게서 병이 시작되어 조지 3세가 속한 하노버 왕가를 비롯해 여러 유럽 왕가에 전해졌다는 것이다. 포르피린증 경향이 있는 사람은 납에도 민감하다. 6장에서 보았듯 조지 3세의 머리카락 속 납 농도는 6.5피피엠으로 정상의 10배가 넘었다. 6장에서 소개했던 다른 중독자들에 비할 정도는 아니지만 조지 3세도 상당히 납에 노출되었던 것이 분명하다. 만약 왕이 유전적으로 포르피린증을 앓았다면 상대적으로 적은 납 섭취만으로도 상대적으로 심각한 영향을 받았을 것이다.

납 중독과 포르피린증은 인체에서 동일한 대사 과정을 방해하므로 동일한 증상들을 일으킨다. 현대적 검사 도구 없이는 두 질환을 구별할 수 없다. 다만 일반적으로 납 중독은 가벼운 중독일 때가 많다. 목숨을 위협할 정도가 되려면 다량을 한번에 섭취하거나 뼈에 축적된 납이 갑자기 배출되야 한다. 물론 왕은 납 중독으로도, 포르피린증으로도 진단되지 않았다. 의사들이 그러한 의학적 상태를 인지하게 되는 것은 그로부터 100년이 더 지나서였다. 왕을 치료한 의사들은 정신 착란이라는 표면적 증상에 홀려 기저의 원인을 찾아내지 못했다.

1849년에 영국에서 대규모 납 중독 사고가 발생했는데, 이때 몇몇 희생자들은 조지 3세와 동일한 경과를 보였다. 누군가가 실수로 30파운드짜리(14킬로그램) 아세트산납 한 부대에 밀가루 80부대를 섞어 빵을 구운 사건이었다. 피해자는 500명가량이었고, 몇몇은 상태가 심각했다. 이때 어떤 사람들은 납 중독 빈혈의 전형적 증상인 핏기 없는 얼굴 대신 불그스레한 안색을 보였고(조지 3세가 그랬다.), 몇몇은 붉은 소변을 누었다. 오염된 빵을 먹은 지 몇 주가 지난 뒤 증상이 재발했다는 점도 비슷하다. 다량의 납으로 인한 이런 현상은 데번 배앓이 사건 같은 느린 납 중독과는 전혀 달랐다. 조지 베이커가 왕의 상태를 제대로 파악하지 못했던 것도 이 때문일 것이다.

조지 3세는 납 중독 피해자였을까? 그가 살았던 시대를 돌아보면 왕도 음식에서 지나치게 많은 납을 섭취했을 가능성이 있다. 왕의 식단에서 특별히 의심해 볼 만한 오염원이 두 가지 있다. 왕은 레모네이드와 사워크라우트를 아주 좋아했다. 둘 다 산성 음식이고, 납 유약 칠한 용기에 담거나 보관해서는 안 되는 음식이다. 독일에서 봄마다 납 중독이 발생했던 것도 농부들이 사워크라우트를 많이 먹는 시기였기 때문이다. 1700년대에 영국에서 사워크라우트는 흔한 음식이 아니었지만 조지 3세는 굉장히 즐겼다고 한다. 그밖에 납 디캔터, 유

약 도기, 백랍 술잔 등도 납 공급에 한몫 했을 것이다. 경로야 어쨌든 조지 3세가 평생 경미한 납 중독에 시달렸으리라 보아도 무방할 것 같다.

사라진 탐험대

1845년 5월 19일, 59세의 탐험가 존 프랭클린(John Franklin) 경은 대서양에서 태평양으로 나가는 새 길, 이른바 북서 항로를 찾기 위해 캐나다 북부로 떠났다. 탐험대는 에레보스와 테러라는 두 척의 배에 129명의 장교와 선원들이 먹을 5년치 식량을 실었다. 두 척 모두 중앙 난방 숙소가 있는 큰 배였다. 3개월 뒤인 그해 8월에 두 배는 배핀 만에서 마지막으로 목격된 뒤 감쪽같이 사라졌다. 1848년까지 탐험대로부터 아무 소식이 들리지 않자 다른 배들이 찾아 나섰지만 자취를 찾는 데 실패했다. 1850년에서야 비치 섬에서 세 선원의 무덤이 발견되었다. 1846년에 죽은 존 토링턴(John Torrington), 존 하트넬(John Hartnell), 윌리엄 브레인(William Brain)의 유해였다. 빈 깡통 700여 개가 버려진 것을 보면 배들은 비치 섬에 한동안 정박했던 듯했다.

테러 호의 보급품 기록이 아직 남아 있다. 고기, 수프, 채소, 감자 통조림 수천 개가 적혀 있다. 탐험대가 가장 많이 싣고 간 것은 밀가루(30톤), 절인 고기(14톤), 비스킷(7.5톤), 설탕(5톤), 주정(2,300갤런), 초콜릿(2톤), 레몬 주스(2톤) 등이었고, 이 정도면 테러 호의 승선 인원 67명이 3년을 먹기에 충분한 것으로 여겨졌다.

1988년에 캐나다 앨버타 대학교의 오언 비티(Owen Beattie) 박사와 연구진은 완벽하게 보존된 세 사내의 유해를 발굴, 분석해도 좋다는 허가를 받았다. 그 결과 몹시 높은 납 농도가 확인되었으니, 세 남자가 납 중독으로 죽은 것은 거의 확실해 보인다. 괴혈병도 증상을 악화시켰을 것이다. 괴혈병을 막을 요량으로 싣고 갔던 레몬 주스는 효과가 없었다. 시체 옆에서 발견된 깡통들을 분석한 연구진은 체내의 납이 깡통의 땜납에서 왔다는 결론을 내렸다. 희생자들의 체내 납 동위 원소 비율이 땜납의 것과 일치했고, 그 지역 이누이트 원주민들의 체내 비율과는 일치하지 않았다. 유해가 가장 잘 보전된 존 토링턴 하사관의 머리카락 납 농도는 600피피엠이었다. 죽기 몇 달 전에 아주 심하게 납에 노출되었음을 보여 주는 것이다. 다른 유해들의 농도는 그보다 낮은 300피피엠이었으나 위험한 수준이긴 매한가지다.

선원들은 정말 통조림 깡통의 피해자였을까? 가능한 이야기다. 당시는 통조림 기술의 초창기여서 제조 기술이 완벽하지 않았다. 최초의 상업적 통조림 공장이었던 런던 버몬지의 동킨 앤드 홀 사는 1812년부터 해군에 고기, 채소, 수프 통조림을 공급했다. 동킨 앤드 홀의 '저장용 고기'와 '채소 수프' 제품은 1814년에 해군이 캐나다 북부 배핀 만으로 원정을 떠날 때 보급품의 일부로 실렸다. 1818년에 해군 본부는 연간 2만 개가 넘는 통조림을 주문했다. 주로 쇠고기, 양고기, 송아지 고기, 여러 가지 수프, 채소 깡통이었다.

제조업자들은 깡통 꼭대기에 난 작은 구멍으로 내용물을 채운 뒤 작은 원반 모양의 금속으로 덮고 봉했다. 그 후 끓는 물에서 1시간 이상 가열했는데, 때로는 충분히 오래 가열하지 않아 세균이 죽지 않는 바람에 음식이 상했다. 잘 밀폐되어 있는 한 내용물은 썩지 않고 보존

되었지만, 깡통의 땜납에서 서서히 납이 녹아 나왔다. 1824년에 패리 (W. E. Parry)가 이끈 탐험대가 역시 북서 항로를 찾기 위해 파견되었는데, 이때 가져갔던 깡통 수천 개 가운데 2개가 112년 뒤인 1936년에 발견되어 영국으로 돌아왔다. 1.8킬로그램짜리 구운 송아지 고기 통조림과 1킬로그램짜리 당근 통조림이었다. 내용물은 금속 맛이 났지만 상태는 비교적 좋았다. 쥐에게 먹여도 아무런 문제가 없었다.

이후에도 프랭클린 원정대의 자취는 오리무중이었다. 그러던 중 1859년에 킹윌리엄 섬에서 돌무더기 하나가 발견되었다. 그 속에 병에 담은 쪽지가 있었다. 쪽지에는 배들이 1846년 9월 12일에 얼음에 갇혀 다음 해 여름까지 빠져나오지 못했고, 그 다음 해인 1848년 겨울 말까지 갇혀 있었다는 말이 적혀 있었다. 프랭클린은 1847년 6월 11일에 죽었고 1848년 봄까지 20명이 더 죽었다.

남은 선원들은 배를 버리고 150킬로미터를 걸어 킹윌리엄 섬을 가로지르기로 결정했다. 보트를 끌고 가다 바다를 만나면 캐나다 본토에 있는 가장 가까운 모피 시장까지 노를 저어 갈 셈이었다. 쪽지에 따르면 그들은 1848년 4월 22일에 길을 나섰다. 조사단이 이후 발견한 구명정에는 두 구의 유해와 더불어 설명하기 어려운 잡다한 품목들이 담겨 있었다. 단추 연마제, 비단 손수건들, 커튼 거는 막대들, 휴대용 책상. 선원들은 비합리적인 판단을 내렸던 것일까? 이런 물건들로 원주민과 물물교환을 할 수 있다고 생각했을까? 가능한 이야기다. 그게 아니라면 그들은 조지 3세처럼 광기에 사로잡혀 아예 제대로 된 사고를 할 수 없었던 것일까?

이누이트 원주민들은 깡마르고 수척한 백인들을 만난 적이 있고,

그들이 식인 행위를 했다고 증언했다. 실제로 유골 일부에서 칼집이 발견되었다. 뼈에서 살을 발라낸 자국일 것이다. 모두 400여 개의 뼈가 발견되었는데 그중 약 4분의 1에 여러 개의 칼자국이 있었다. 덜 끔찍한 해석을 하자면 이누이트들이 원정대를 습격했을 때 생긴 것일 수도 있겠다. 유골들의 납 농도는 200피피엠이 넘었다. 물론 살아 있는 동안의 노출 정도를 보여 주는 수치이자, 선원들이 음식물로부터 다량의 납을 섭취했음을 보여 주는 증거다.

납이 탐험대원들을 죽인 건 아니라 해도 심하게 건강을 해친 것만은 사실일 것이다. 대원들이 괴혈병을 앓았다는 증거도 있다. 그들이 괴혈병 방지책으로 싣고 간 레몬 주스의 비타민 C는 그리 오래가지 않았다. 1년이 지난 레몬 주스는 괴혈병 방지에 사실상 아무 소용이 없다. 불운한 탐험대에게 무슨 일이 일어났는지 우리는 영원히 알 수 없겠지만, 그들이 납 중독을 겪었던 것만은 틀림없는 사실이다.

14 바티칸 독살 음모

납 화합물을 사용한 범죄는 흔치 않기 때문에 특기할 만하다. 누군가를 독살할 마음을 품은 사람이 납을 선택할 가능성이 낮은 까닭은 효과가 불확실하기 때문이다. 그래도 납 살인 사건들이 없지는 않았다. 1858년 9월의 토머스 테일러 살인 사건에서는 백연이 쓰였고, 1882년의 메리 앤 트레질리스 살인 사건에서는 아세트산납이 쓰였다. 아세트산납은 1858년에 벌어진 오노라 터너 살인 미수 사건에서도 쓰였다. 1047년에 교황 클레멘스 2세를 죽인 납 화합물이 무엇이었는지는 그저 추정해 볼 수 있을 뿐이다.

토머스 테일러 살인 사건

1858년 9월 27일에 글로스터셔 검시관이 열었던 토머스 테일러(Thomas Taylor) 사망 사건의 심리 내용은 그해의《제약 잡지(*Pharmaceutical Journal*)》11월 호에 상세히 소개되었다. 탄산납을 독물로 사용한 특이한 사건이었기 때문이다. 토머스 테일러는 아내 앤, 그리고 다른 여인과의 사이에서 낳은 아이 하나와 함께 글로스터셔에 살았다. 그에게는 찰스라는 동생이 있었는데, 찰스는 얼마 전에 감옥에서 출소한 뒤 형의 가족과 함께 살기 시작했다. 곧 토머스와 아내 사이에 다툼이 찾아졌다. 토머스는 아내가 찰스에게 너무 다정하게 대한다고 생각했다. 실제로 앤은 그저 다정한 정도가 아니었다. 앤은 찰스가 훨씬 낫고 남편 토머스는 콱 죽어 버렸으면 좋겠다는 말을 공공연히 떠벌리고 다녔다. 그리고 그녀의 소망은 곧 이루어질 것이었다.

1858년 8월에 토머스에게 격렬한 복통이 찾아왔다. 복통이 며칠씩 계속되자 토머스는 병원을 찾았고, 의사는 아편 진통제와 설사제인 센나 물을 처방했다. 그래도 낫지 않자 의사는 더 많은 양을 투여하라고 하면서, 자기 병원에서 약을 받아 가라고 했다. 그런데 토머스 대신 앤이 와서 센나 물을 받아 갈 때, 의사는 이상한 점을 목격했다. 앤이 처음의 처방약이 든 병을 갖고 왔는데 색깔이 달라져 있고 맛도 이상했던 것이다.

토머스는 9월 4일에 죽었다. 사인에 의혹을 품은 의사는 자신과 동료 외과 의사가 부검을 수행하기 전에는 사망 증명서를 발급할 수 없다고 했다. 부검에서는 눈에 띄는 사인이 발견되지 않았다. 하지만 위 내용물을 채취해 검사했더니 탄산납 4그레인(약 250밀리그램)이 확인되었다. 토머스는 백연으로 독살된 듯했다. 간에서도 납이 발견되었다. 검시관은 사인을 납 중독으로 결론내렸고, 배심원들은 앤과 찰스

에게 유죄 평결을 내렸다. 앤은 재판을 받기 위해 구치소로 보내졌지만 찰스의 행방은 묘연했다. 연인의 이후 행보가 어떠했는지는 기록이 없다.

오노라 터너 살인 미수 사건

1858년 초에 납을 사용한 살인 기도 사건이 하나 더 있었다. 이번에는 아세트산납을 사용한 사건이었다. 역시 《제약 잡지》에 보도된 내용이다. 22세의 잡역부 제임스 터너(James Turner)는 그해 2월에 오노라(Honora Turner)와 결혼했다. 결혼은 실패였고, 제임스는 아내를 버리고 나왔다. 오노라는 제임스의 고용주에게 달려가 남편이 자신을 버린 사실을 일러바치는 것으로 앙갚음했다. 제임스는 오노라를 없애고 싶었다. 그는 20세의 친구 에드먼드 키프(Edmund Keefe)를 꾀어 납당(아세트산납)을 좀 사게 한 뒤 함께 오노라의 집으로 갔다. 키프가 오노라의 주의를 끄는 동안에 제임스는 아세트산납을 아내와 아내의 친구가 마시고 있던 맥주잔에 섞었다. 두 여성은 심하게 앓았고, 오노라는 남편이 자신을 죽이려 했다며 경찰에 신고했다. 오노라의 집을 수색한 경찰은 오노라가 앉았던 의자 아래 바닥에서 아세트산납을 검출했다. 키프와 제임스는 당장 체포되어 런던 중앙 형사 법원으로 보내졌다. 배심원들은 키프에게는 무죄를, 제임스에게는 유죄를 선고했고, 제임스는 사형을 구형받았다. 살인만 아니라 살인 미수도 사형감이었기 때문인데, 나중에 종신형으로 감형되기는 했다.

루이자 제인 테일러

이 사건은 여러모로 독특하다. 피해자가 살아서 건강을 회복하던 시점에 살인자인 37세의 루이자 제인 테일러(Louisa Jane Taylor, 1846~1883년)가 피해자의 옷가지를 훔친 죄로 구류되었다는 점도 그렇고, 피해자가 죽기 전에 치안 판사 법원의 심리에 출두해 직접 살인자를 지목했다는 점도 그렇다. 더욱 기묘한 대목은 살인자에게 여러 차례 독약을 판매한 약제사가 피해자를 진찰한 의사의 부인이었다는 점이다.

루이자 제인 테일러의 젊은 시절에 대해서는 알려진 바가 없다. 우리는 그녀가 1846년에 태어났고 처녀 적 이름이 루이자 제인 스콧(Louisa Jane Scott)이라는 것만 안다. 그녀의 옛날 이야기들 중 이후의 사건과 관련이 있는 것이라면 납당으로 자살 시도를 한 적이 있다는 것 정도다. 그녀는 모자 상인 교육을 받았으나 그 일로 돈을 벌었던 것 같지는 않다.

이야기는 1882년 3월 18일, 루이자의 남편인 또 다른 토머스 테일러(Thomas Taylor)가 죽으면서 시작되었다. 그는 은퇴한 해군 공창 장교로서 연간 60파운드의 정부 연금으로 살았다. 평균적인 노동자의 연봉쯤 되는 돈이었다. 루이자가 왜 아버지뻘 되는 노인과 결혼했는지는 모른다. 루이자는 테일러의 가정부였고, 그녀가 그의 법적 아내라는 사실이 밝혀졌을 때 테일러의 친척들은 모두 깜짝 놀랐다. 그녀가 결혼 증명서를 보여 주고서야 비로소 친척들은 그녀의 말을 믿고 죽은 이의 소지품과 가구를 가져가도록 허락했다. 안타깝게도 테일러의 연금은 본인이 죽자 끊어졌다.

후에 루이자가 트레질리스 부인에 대한 독살 유죄 판결을 받았을 때, 테일러의 죽음에 대해서도 의혹이 일었다. 루이자가 정말 남편을 독살했는지는 알 수 없지만, 친척들은 그녀가 남편을 살해했다고 믿었고, 의사도 납 중독이 사인일 수 있다고 생각했다. 그녀에게는 동기도 있었다. 유부남이었던 에드워드 마틴(Edward Martin)이라는 물냉이 행상과 내연 관계였기 때문이다.

1882년 3월에서 7월까지 루이자는 찰턴 근처의 리틀히스에 집을 빌려 살았다. 그러나 집세를 내지 못해 쫓겨나고 말았다. 이때쯤 루이자는 사방에 빚을 진 신세였다. 그녀가 죽은 남편의 옛 친구인 윌리엄 트레질리스(William Tregillis) 부부를 찾아간 것도 경제적 곤경에 처했기 때문일 것이다. 그들은 플럼스테드의 네일러스코티지 3번가 건물의 위층에 세 들어 살고 있었다. 1주일에 3실링짜리 집으로 앞쪽에 거실로 쓰는 방이 하나, 뒤쪽에 침실이 하나 있는 집이었다.

한때 세관에서 일했던 트레질리스는 당시 85세의 나이였고 49파운드의 해군 연금을 받았다. 트레질리스의 첫 결혼 생활은 1856년에 시작되어 아내가 죽은 1878년에 끝났다. 그때 트레질리스는 바밍히스 정신 병원에 입원해 있었다. 그는 아내 때문에 자신이 급성 우울증을 앓게 되었다고 주장했고, 정말로 아내가 죽고 나자 상태가 급격히 호전되어 퇴원했다. 1년 뒤에 그는 두 번째 아내 메리 앤(Mary Ann)과 결혼했다. 메리 앤은 이미 80세를 바라보는 나이였다.

루이자는 7월 마지막 목요일에 트레질리스 부부를 찾아갔다. 그녀는 유산 500파운드를 물려받게 되었다고 하면서, 찰턴에 새집을 구

입할 계획이니 오래된 가구들을 노부부에게 주겠다고 했다. 대신 매매가 성사될 때까지 부부의 집에 머무를 수 있는지 물었다. 노부부는 루이자가 길어야 며칠 묵으리라고 생각했던 것이 틀림없다. 잠자리를 마련한 모양을 보면 그렇다. 루이자는 트레질리스 부인과 한 침대에서 잤고, 트레질리스는 거실에 잠자리를 만들었다. 처음에 루이자는 노부부의 수발을 곧잘 들었고, 트레질리스 부인을 '어머니'라고 다정하게 부르면서 예쁘게 굴었다. 곧 루이자의 애인 마틴도 드나들기 시작했다. 아래층에 사는 집주인에게는 루이자의 친척이라고 했다.

노부부의 집에서 살게 된 지 1주일쯤 지난 8월 2일, 루이자와 트레질리스 부인은 산책을 하다가 울리치 선창 기차역 부근에서 강도를 당했다. 한 소년이 노부인을 쓰러뜨렸고, 얼굴에 상처를 입혔다. 루이자는 강도를 쫓아내고 트레질리스 부인을 집으로 모시고 와 침대에 눕혔다. 그러나 부인은 다시는 그 침대에서 일어나지 못할 운명이었다.

집 근처에는 존 스미스(John Smith)라는 의사가 있었다. 그 아내는 약국을 운영했는데, 루이자는 강도를 당한 주에 그 약국에서 납당을 구입했다. 구입 이유를 확실히 밝히지는 않았지만 수줍어하는 태도를 볼 때 모종의 성적 용도로 사는 것이라는 암시를 주었다. 루이자는 나중에 재판을 기다리는 동안에도 구치소 의사에게 납당을 요청했다. 의사는 루이자를 진찰한 뒤 '내적 출혈', 즉 질 출혈을 멈추기 위해 납당을 적용할 것을 허락했다. 당시에는 아세트산납 용액을 질 출혈에 처방하는 게 관례였다. 재판에서 루이자의 증인은 딱 한 명뿐이었는데 그게 바로 그 의사였다. 루이자가 트레질리스 부부와 사는 동안에 납당을 갖고 있었던 이유를 정당화해 줄 유일한 증인이었다.

루이자는 목이 아프다며 의사 스미스를 찾아가 약을 탔다. 약이 조제되길 기다리던 중 의사의 아내와 이야기를 나누게 되었고, 건강이 좋지 못하다고 하면서 납당이 있는지 물었다. 의사의 부인은 재고가 있으며, 0.5온스(14그램)당 2펜스라고 했다. 루이자는 자신이 쓸 거라고 하면서 0.5온스를 구입했다.

루이자가 독살을 감행한 것은 유산에 대한 거짓말이 탄로나 쫓겨날 지경에 처했기 때문일 것이다. 당연히 그녀에게는 500파운드의 유산 따위는 없었다. 그녀는 돈을 주택 조합에 예치시켜 둔 척 했고, 소지품을 모두 노부부에게 물려주겠다는 내용의 유언장을 작성해 두었다는 거짓말로 노부부를 안심시켰다. 그녀는 유언장이 들어 있다는 밀봉 봉투를 트레질리스에게 주었고, 그는 공문서 표시가 찍힌 그럴싸한 그 봉투를 서랍에 넣고 잠가 두었다. 후에 트레질리스가 문서를 떠올리고 찾아보려 했을 때는 서랍 자물쇠가 부서져 있었고 유언장은 사라지고 없었다.

루이자의 복잡한 거짓말은 시누이의 방문으로 탄로날 위기에 처했다. 예전에 루이자에게 빌려 줬던 28실링을 받으러 온 시누이는 빈손으로 돌아갔지만 1주일 뒤에 다시 찾아왔고, 그때 트레질리스 부인의 병세가 악화된 것을 목격했다. 시누이는 이번에도 빈손으로 돌아갔고, 1주일 뒤인 8월 28일 월요일에 또 찾아왔다. 이번에는 노인이 죽어 간다는 루이자의 편지를 받고서였다. 그 전날에 루이자는 아래층 집주인에게도 트레질리스 부인이 곧 죽을 것 같으니 봐 달라고 했다. 루이자는 집주인에게 의사를 불렀으나 부인이 하루를 넘기지 못할 것 같다고 말했다.

트레질리스 부인은 루이자의 시누이가 돈을 받을 수 있을까 하는 실낱 같은 희망을 갖고 찾아온 다음 날 아침까지 살아 있었다. 시누이가 보기에 부인의 상태는 끔찍했다. 얼굴은 귀신처럼 하얗고, 이는 검고, 입술은 부자연스러운 붉은 빛이었다. 루이자는 시누이에게 말하기를 의사의 지시에 따라 노부인에게 매일 저녁 흰 가루를 먹이는데, 그것 때문에 부인이 더 아픈 것 같다고 했다. 물론 나중에 의사 스미스는 그런 지시를 한 적이 없다고 강하게 부인했다. 시누이는 루이자의 독살 기도를 잠시 중단시킴으로써 노부인의 생명을 조금이나마 연장시키는 말을 했다. 부인이 자연의 순리에 따라 죽어 가는 게 아닌 듯하다고 말했던 것이다.

의사 스미스는 8월 23일 수요일에 트레질리스의 호출을 받고 찾아왔다. 환자는 추위에 떨면서도 땀을 흘렸고, 안색이 흙빛이었다. 의사는 말라리아열로 진단했다. 해열제인 퀴닌, 복통을 잡아 줄 탄산수소나트륨, 강장제 용담을 처방했다.

다음 날 아침에 의사가 다시 와 보니 환자는 약 때문에 오히려 몸이 안 좋아졌다고 말했다. 의사는 처방 내용을 바꾸었다. 그리고 구토가 몹시 심하다는 말을 듣고는 루이자에게 토사물을 좀 남겨 놓으라고 일렀다. 하지만 이후 몇 번을 방문해도 루이자는 이런저런 핑계를 대며 토사물을 주지 않았다. 이때쯤 부인이 서서히 회복했고, 매일 방문하던 의사도 9월 6일부터는 왕진 올 필요가 없겠다고 말했다. 아마 루이자가 갖고 있던 납당을 다 써 버렸던 것 같다.

납 중독의 특징은 피해자가 회복하는 듯하다가도 곧 재발한다는 점이다. 트레질리스 부인도 9월 9일 토요일에 병세가 다시 악화되었다. 다시 불려 온 의사는 오한이 좀 덜한 것 말고는 똑같은 증상들이 발병했음을 확인했다. 의사는 환자를 거실로 옮기게 하고 몇 가지 알약을 처방했다. 덕분에 부인은 다시 낫는 듯했고, 9월 16일이 되자 의사는 더 진찰할 필요가 없겠다고 했다.

트레질리스 부인은 점차 회복하고 있었다. 그러나 오래가지 못할 회복기였다. 9월 20일에 루이자는 마틴을 스미스의 약국으로 보내 납당 0.5온스를 더 사오게 했다. 그녀는 2페니짜리 아세트산납 한 봉지를 달라는 심부름 쪽지를 마틴에게 쥐어 보냈고, 스미스 부인은 기꺼이 그에게 독약을 팔았다. 스미스 부인은 그 쪽지를 보관했다가 이후 재판에 제출했는데, 루이자의 필체로 판명되었다. 이 독약도 1주일 만에 동이 났고, 루이자는 이번에는 직접 0.5온스짜리 한 봉지를 더 사러 갔다.

트레질리스 부인은 이전의 증상들을 죄다 다시 겪었다. 하지만 이번에는 아무도 의사를 부르지 않았다. 10월 첫주에 부인은 토하기 시작했다. 10월 1일 일요일에는 특히 상태가 나빴다. 루이자는 집주인을 불러 부인을 침대에 뉘는 걸 도와 달라고 했다. 부인이 경련을 일으키다가 침대에서 떨어졌다고 했다. 병자의 피부는 차가웠고, 눈동자는 초점 없이 허공을 응시했으며, 손가락은 움찔거렸고, 숨소리는 시끄럽고 고르지 못했다. 루이자는 환자의 숨소리가 임종 시의 가래 끓는 소리 같다고 말했다.

다음 날, 트레질리스는 연 4회 받는 12파운드 5실링의 연금을 수령하러 갔다. 루이자는 그 돈을 차지할 계획이었다. 그녀는 자기 물건을 몽땅 전당포에 잡힌 지 오래였고, 노부부의 물건들까지 이것저것

전당포에 가져간 데다 집주인에게도 10실링의 빚이 있었다. (체포 당시에 루이자는 전당포 영수증을 23장 가지고 있었는데, 트레질리스 부부의 옷에 대한 영수증도 있었다.) 아침 식사 뒤에 트레질리스는 연금을 받으러 나섰다. 루이자는 점심으로 먹을 가재를 사야겠다면서 따라나섰고, 가재 값으로 집주인에게 1실링을 빌렸다. 루이자는 연금을 받아 나오는 트레질리스에게 트레질리스 부인이 집에 잘 보관할 테니 9파운드를 받아 오라고 했다면서 돈을 내놓게 했다. 루이자가 그 돈으로 무엇을 했는지는 모른다. 집주인에게 빌린 돈을 갚은 것 외에는 말이다. 아마 나머지는 트레질리스 부부의 물건을 전당포에서 찾아오는 데 쓴 것 같다. 좌우간 체포 당시 루이자에게는 고작 9실링이 남아 있었다.

거금을 잃어버려 경제난에 처한 트레질리스 부부는 서로 상대방이 돈을 숨겼다고 생각해 크게 다퉜다. 트레질리스는 씩씩 화를 내며 집을 뛰쳐 나갔고, 루이자는 부인을 위로하며 트레질리스를 정신병원에라도 입원시켜야 하지 않겠느냐고 말했다. 이때 트레질리스 부인의 오랜 친구인 트리스 부인이 예고도 없이 방문했다. 트리스 부인은 친구의 몰골에 충격을 받았고, 루이자는 트레질리스가 연금을 잃어버린 것 때문에 부인이 더 앓는 거라고 말했다. 그런데 트리스 부인은 루이자의 태도에 놀라지 않을 수 없었다. 루이자가 침대보를 휙 걷어 트레질리스 부인의 앙상한 몸을 드러내더니, 다리 한쪽을 들었다 놓으면서 "부인은 달리기 시합에 참가하실 거예요."라며 농담을 했기 때문이다.

다음 날, 루이자는 길에서 트리스 부인의 딸을 만나 트리스 부인에게 집으로 와 달라는 전갈을 전하라고 했다. 자신이 찰턴의 새집으로 이사 나가게 되었으니 트리질리스 부인을 돌봐 달라는 것이었다. 전갈을 들은 트리스 부인은 역시 딸을 시켜 조금 있다 방문하겠다는 답을 전했다. 루이자는 트리스 부인의 딸에게 브랜디를 좀 사 오도록 부탁한 뒤, 브랜디에 우유 같은 액체를[57] 섞어 트레질리스 부인에게 한 숟갈 먹였다. 부인은 맛이 쓰끄럽다고 한 뒤 곧 끙끙 앓기 시작했다. 이 것이 루이자가 부인에게 마지막으로 먹인 아세트산납이었을 것이다.

사태는 절정을 향해 갔다. 루이자는 목요일 내내 짐을 꾸렸다. 그녀는 트레질리스에게 함께 나가서 집세 걱정 없이 찰턴의 새집에서 살지 않겠느냐고 권했다. 트레질리스 부인마저 남편의 꼴이 보기 싫다며 계획에 찬동했다. 불쌍한 트레질리스는 이런 상황에 낙담해 잠시 밖으로 나가 산책을 했다. 그가 돌아와 보니 자신의 짐이 가방에 꾸려져 있고 그와 루이자를 찰턴으로 실어 갈 택시가 와 있었다. 그러나 마침 트리스 부인이 도착해 그에게 나가지 말라고 조언했다. 집주인과 트리스 부인은 사태가 영 예사롭지 않다는 것을 느꼈고, 다음 날인 10월 6일 금요일의 사건들 덕분에 의혹을 굳혀 행동에 나서게 되었다. 그날 아침에 루이자는 일찍 집을 나갔다가 오후 12시 30분에 마틴과 함께 돌아와 남겨 둔 물건을 마저 찾아갔다. 루이자는 트레질리스에게 마지막 제안이라며 함께 가자고 했다. 트레질리스는 제안을 거부했다. 병든 아내에 대한 연민에서가 아니라 루이자가 연금을 훔쳤을 거라는 의심 때문이었다. 그는 이렇게 말했다. "자네가 내 수령금(연금)과 부츠를 훔치지만 않았어도 따라나섰을 거야."

---

57 납당은 센물에 녹으면 우윳빛 용액이 된다. 플럼스테드의 물도 센물이었다.

그날 오후, 집주인은 의사를 불러 트레질리스 부인을 진찰하게 했다. 부인은 엄청난 고통에 휩싸여 있었고 말도 거의 하지 못했다. 불규칙하게 근육이 떨리는 진전 상태에 있었고, 손과 손목의 힘을 잃었다. 가장 결정적인 증상은 잇몸에 푸른 선이 나타난 것이었다. 납 중독을 확신시켜 주는 증상이었다. 의사는 예전에 납 중독으로 죽은 총탄 주형공을 진찰한 적이 있었기에, 이 증상을 잘 알았다. 의사는 루이자가 마틴을 시켜 자기 약국에서 아세트산납을 산 사실도 알고 있었다. 두 가지 사실을 연결시킨 의사는 경찰 의사를 부르기로 했다.

경찰은 독살 의혹뿐만 아니라 도둑질에 대해서도 조사했다. 루이자가 부인의 옷을 훔쳤다고 트레질리스가 일렀기 때문이다. 놀랍게도 루이자는 그날 저녁에 약간 취한 상태로 네일러코티지 3번가에 모습을 드러냈고, 당장 절도 혐의로 체포되어 구류에 처해졌다. 그녀가 경찰서에 끌려갈 때 동행했던 트리스 부인은 루이자가 납당으로 트레질리스 부인을 중독시켰다고 공개적으로 비난했다. 다음 주 월요일에 트레질리스 부인을 진찰한 경찰 의사도 납 중독으로 인한 증상이라고 확인했다.

다음 날인 10월 10일 화요일, 루이자는 절도 피의자 신분으로 울리치 치안 판사 법정에 섰다. 치안 판사는 트레질리스 부인의 상태를 감안해 그 집 거실에서 재판을 진행하기로 했다. 트레질리스 부인의 증언을 들어야 했기 때문이다. 안타깝게도 부인은 말하기조차 힘들어 했고 정신도 오락가락하는 듯했다. 그래도 루이자와 함께 살기 전에는 자신의 건강이 좋았다는 것, 루이자가 약물에 흰 가루를 타는 걸 본 적이 있다는 것, 그 약을 먹고 목구멍이 타는 듯했기에 더 이상

먹지 않겠다고 한 적이 있다는 것 등을 똑똑히 증언했다.

법정에 기록된 부인의 증언 내용은 아래와 같다.

> 저는 윌리엄 트레질리스의 아내입니다. 루이자 테일러는 우리 집에서 6개월 정도 함께 살았습니다. 하인이 아니라 손님이었고, 줄곧 저와 함께 잤습니다. 저는 루이자가 오기 전에는 건강이 좋았습니다. 제가 앓기 시작한 것은 3개월 전이었고, 기분이 이상하고 속이 메스꺼워 의사에게 가서 약을 받았습니다. 테일러 부인이 늘 제게 약을 먹여 주었습니다…… 저는 약을 먹을 때마다 몹시 아팠습니다. 3개월 전에도 약을 먹고 난 뒤에 아프기 시작했습니다. 그때 약병이 2개 있었는데, 둘 다 이만 한 크기였습니다. 의사는 한 번에 한 병씩 4시간 간격으로 먹으라고 했습니다. 저는 테일러 부인이 그 병에 흰 가루를 타는 것을 보았습니다. 제가 맛을 보고는 "못 먹겠어, 구역질이 날 것 같고 식초처럼 시큼해."라고 말했습니다…… 테일러 부인이 가루를 섞는 걸 본 것은 그때뿐입니다. 그 전후에도 약에서는 늘 똑같이 거슬리는 맛이 났고 결과가 안 좋기도 마찬가지였습니다. 구토를 하면 토사물은 검은색이었고 언제나 목이 타는 듯 아팠습니다.

빅토리아 시대에 해열제라면 대개 질산 희석액이었다. 아세트산납이 그것과 섞였다면 화학 반응이 일어나 아세트산이 만들어졌을 것이다. 트레질리스 부인이 독 섞인 약에서 식초 맛을 느낀 것도 그 아세트산 때문이었을 것이다.

루이자도 법정에 출두했다. 그러나 트레질리스 부인의 증언을 듣다 말고 기절해 밖으로 옮겨졌다. 절차는 충실히 마무리되었다. 그런

데 너무 특이한 상황이라 그랬는지, 치안 판사는 증인의 조서에 서명하는 것을 잊고 말았다. 3주 뒤에 실수가 정정되었지만, 피고 측 변호사에게는 트레질리스 부인의 증언이 증거로 채택될 수 없다고 주장할 만한 빌미가 주어진 셈이었다. 이 주장으로 피고 측이 얼마나 성과를 거두었는지는 조금 있다 알게 될 것이다.

10월 13일 금요일은 루이자에게 불행한 날이었다. 울리치 치안 판사 법정이 루이자에게 살인 미수 및 절도죄를 확정했기 때문이다. 하지만 좋은 소식이 전혀 없는 것도 아니었다. 트레질리스 부인이 나날이 나아지고 있었다. 건물 여주인의 헌신적인 간호 탓이 컸다. 부인은 이제 아픈 기색을 드러내지 않았고, 이의 검은색도 빠져나갔다. 그러나 환자나 의사, 간호해 준 집주인 모두 몰랐던 사실은, 납이 노부인의 몸에 이미 돌이킬 수 없는 손상을 입혔고 회복은 일시적인 것이라는 점이었다. 10월 20일 금요일, 부인은 다시 말을 못하게 되었고 차차 온몸이 마비되었다. 3일 뒤에 그녀는 사망했다.

부검의는 잇몸의 푸른 납 선을 확실히 볼 수 있었다. 하지만 뇌, 폐, 간, 심장, 비장은 겉보기에 건강했다. 위와 장에 간간이 거뭇거뭇해진 부분이 있었지만 말이다. 부검을 수행한 경찰 의사는 의사 스미스가 내렸던 납 중독 진단을 지지했다. 하지만 막상 검시관 심리에 출두했을 때는 자신이 확인한 내용만 가지고는 정확히 납 중독을 사인으로 장담하지 못하겠다고 증언했다.

경찰은 시체의 조직과 부인의 집 수도꼭지에서 받은 물 시료를 런던 가이 병원에 보냈다. (수돗물에서는 극미량의 납이 발견되었을 뿐 대체로 깨끗했다. 납 파이프로 전달된 물이었지만 센물이라서 금속을 녹이지 않

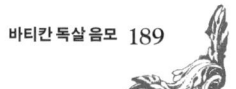

았다.) 가이 병원의 분석가는 신장 양쪽에서 상당한 양의 납을, 폐와 장과 비장에서는 미량의 납을 발견했다. 간의 납 농도는 1파운드당 0.256그레인, 즉 37피피엠이었고, 뇌는 10온스에 0.061그레인이 들어 있었으니 13피피엠인 셈이었다. 위 조직에서는 0.432그레인(27밀리그램)이 검출되었다. 분석을 맡은 스티븐슨 박사는 트레질리스 부인이 아주 최근에 다량의 아세트산납을 복용했다고 결론내렸다. 박사는 재판정에서 이 사실을 설명하며 납 잔량이 사망 시점으로부터 2주일보다 더 전부터 있었을 가능성은 없다고 말했다. 하지만 루이자가 체포된 시점과 피해자가 사망한 시점 사이에는 17일이 있었다. 박사의 말이 옳다면 트레질리스 부인은 루이자가 체포된 뒤에도 루이자가 미리 납당을 타 둔 무언가를 섭취한 셈이다.

검시관 심리는 1882년 11월 24일 금요일에 열렸고, 배심원들은 루이자에 대해 살인죄를 확정했다. 이제 루이자의 연인 마틴은 그녀와 거리를 두려 애썼다. 심리에서 마틴은 루이자가 7월에 찰턴을 떠난 이후 그녀를 한 번도 만나지 않았다고 말했다. 하지만 반대 증거가 제출되자 말을 바꿨다. 몇 차례 트레질리스 댁을 방문했으나 아세트산납을 산 적은 없다고 했다. 그 점에 관해서는 스미스 부인이 반대 증언을 했다. 마틴이 자기 약국에 두 번 찾아와서 매번 납당을 사 갔다고 했다. 마틴은 이 말에 기억이 살아난 듯, 약국에 한 번 간 적이 있다고 인정했다. 물냉이 장수 마틴은 연인과 나란히 피고석에 서지 않는 것만으로도 행운아였다.

루이자 제인 테일러의 재판은 1882년 12월 15일과 16일에 런던 중앙 형사 법원에서 열렸다. 스티븐스 판사의 주재였다. (8장의 메이브릭

재판에서 봤던 그 스티븐스 판사인데, 1888년에는 정신이 불안정했지만 테일러 재판 당시에는 정상이었던 것 같다.)

재판 첫날에는 주로 의학 증거가 제출되었다. 트레질리스는 3시간 동안 증인석에서 진술했다. 그는 자신이 과거에 정신 병원에 입원했던 일, 1879년에 두 번째 부인과 결혼한 일 등을 말했다. 그는 부인의 건강이 나빴기 때문에 루이자가 들어와 사는 것을 기꺼이 허락했다고 말했는데, 이것은 트레질리스 부인의 진술과 어긋나는 말이었고 부검 결과와도 일치하지 않았다. 그는 루이자가 막상 아내에게 별로 도움이 되지 않았고, 노부인에게 음식을 먹여 준 것은 이웃들이었다고 말했다. 또 루이자가 서랍에서 1파운드 15실링을 훔쳤다고 비난했다. 피고 측 변호사의 질문에 대해 그는 병환 중인 아내를 직접 간호한 일은 없다고 대답했고 그녀에게 약을 먹인 적도 한 번도 없다고 했다. 하지만 마틴이 이 발언에 반대 증언을 하자 트레질리스는 격렬하게 부인하면서 분노를 터뜨렸다.

첫날 재판의 마지막 증인은 울리치 치안 판사 법정의 서기였다. 그는 트레질리스 부인의 침상에서 기록한 조서들에 3주가 지나도록 서명이 되지 않았음을 시인했다. 피고 측 변호인단은 이 허점을 놓치지 않았고 판사에게 부인의 진술서를 채택하지 말아 달라고 요청했다. 하지만 이 시점에서 스티븐스 판사는 결론을 미루고 그날의 일정을 마쳤다. 지역 신문인 《울위치 가제트(Woolwich Gazette)》는 12월 16일 토요일의 머리기사 제목을 이렇게 뽑았다. '플럼스테드 독살자 무죄 방면 가능성!' 사태는 루이자에게 유리한 듯 보였다.

그러나 루이자의 희망은 재판 둘째 날 바람처럼 사라졌다. 스티븐

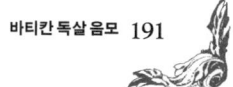

스 판사가 트레질리스 부인의 진술서를 법정에서 낭독하도록 허락했기 때문이다. 독살자가 약에 가루를 타는 모습을 피해자가 직접 떠올리는 이 간담 서늘한 문서는 루이자의 운명에 쐐기를 박았다. 변호인단이 내세운 유일한 증인은 구치소 의사였다. 변호사는 마무리 변론에서 논점을 다음과 같이 요약했다. (1) 트레질리스 부인은 납 중독으로 사망한 것이 아닐지 모른다. (2) 루이자는 처음 의사를 불러온 사람인데, 그녀가 정말 노부인을 독살했다면 그런 행동을 했을 리가 없다. (3) 루이자는 스스로 의학적 용도로 쓰기 위해 아세트산납을 갖고 있었으며 그 사실을 숨기지 않았다. (4) 루이자에게는 트레질리스 부인을 죽일 동기가 없다. (5) 트레질리스가 아내에게 실수로 아세트산납 용액을 주었을 수도 있다. 마지막 주장은 유효한 것이었다. 루이자가 정말 질 세척을 위해 아세트산납 용액을 사용하고 있었다면, 그리고 그것을 오래된 처방약 병에 보관해 두었다면, 트레질리스가 실수로 아내에게 그것을 먹였을 수도 있다.

스티븐스 판사는 3시간 30분에 걸쳐 약술을 펼쳤는데, 흠 잡을 데 없이 공정한 요약이었다. 판사는 루이자가 스스럼없이 내놓고 약을 산 것은 루이자에게 유리한 증거라고 지적했다. 또 트레질리스 부인이 단 한번 납을 섭취한 것이라면 사고일 수도 있다고 했다. 하지만 부인이 여러 차례 섭취한 흔적이 있으니 사고는 아닐 거라고 했다. 또 루이자 본인의 주장과는 달리 그녀가 트레질리스 부부를 대했던 태도에서 범행 동기가 확연히 드러나는데, 그것은 복잡할 것도 없이 탐욕이라고 했다. 그녀는 부부에게 유산에 대해 거짓말했고 도둑질을 했다. 게다가 트레질리스 부인의 간호를 맡았으니 독약을 건넬 기회는 얼마든지 있었다.

배심원들은 오후 8시 8분에 퇴정해 20분 뒤에 돌아왔다. 유죄 평결과 더불어 선처를 베풀지 말 것을 요구하는 결론이었다. 루이자는 한마디로 대꾸했다. "저는 결백합니다." 그녀는 메이드스톤 감옥으로 보내졌다.

처형을 앞둔 16일 동안 루이자를 찾아오는 면회인은 아무도 없었다. 마틴조차 발걸음하지 않았다. 그녀는 내무 장관에게 탄원서를 썼지만, 내무 장관은 판사에게 조언을 구한 뒤 법대로 형을 집행하기로 결정했다. 지지의 손길은 뜻밖의 곳에서 왔다. 의학계 최고의 권위를 자랑하는 잡지 《란셋》이 재판 후에 관련 기사를 실었는데, 트레질리스 부인이 사망 며칠 전에 심장 발작을 앓았던 것이 주된 사인이라고 주장했던 것이다. 루이자가 부인에게 먹인 납이 죽음을 앞당겼을 수는 있어도 직접적 원인이라고 분명하게 말하기는 어렵다고 한 것이다. 그러나 사람들은 《란셋》의 견해에 무게를 두지 않았다. 루이자는 1월 2일 화요일 오전 9시에 교수형에 처해졌다. 같은 날, 트레질리스는 루이자가 전당포에 잡힌 물건을 돌려받을 수 있을지 울위치 치안 판사 법정에 문의했고, 전당포업자와 협상해 보라는 답을 들었다.

1월 6일자 《울리치 가제트》에 따르면 루이자는 납당으로 여러 차례 자살을 기도했다고 한다. 루이자가 다른 두 젊은 여성의 죽음에 관여했다는 말도 있다. 울리치에서 1명, 그리고 상세한 내용은 모르겠지만 '시골'이라고만 알려진 곳에서 또 1명을 죽였다는 것이다. 신문은 루이자가 남편도 독살했을지 모른다고 하면서 남편을 진찰했던 의사의 말을 인용했다. 이 감질맛 나는 이야기들의 진실 여부는 조사된 바 없다.

루이자는 왜 그처럼 불확실한 독을 택했을까? 단맛이 있으니 들키지 않고 먹일 수 있으리라 생각했을지도 모른다. 루이자의 최대 실수는 납을 산성 약물에 탄 것이었다. 그래서 아세트산이 만들어져 쉽게 알아볼 수 있는 식초 맛이 났다. 그 때문에 루이자가 나중에는 브랜디에 독을 탔을 수 있다. 단맛은 가리고 브랜디의 풍미는 더 살릴 수 있었을 것이다. 납이 느리게 작용하는 독약이라는 것, 다른 질병으로 착각하기 쉬운 증상들을 일으키므로 피해자가 죽어도 독살 의혹이 일지 않으리란 것을 루이자는 분명히 알았던 것 같다. 사실 80세나 된 트레질리스 부인이 그토록 오래 목숨을 부지하며 투병했다는 사실이 놀라울 뿐이다.

1047년, 교황 클레멘스 2세의 독살

인체는 납에 두 가지로 방어 태세를 취한다. 첫째, 납이 몸에 흡수되는 것을 최대한 막는다. 일단 납이 위로 들어오면 어느 정도는 반드시 인체에 흡수되겠지만 말이다. 둘째, 위벽을 통과해 혈류로 들어온 납을 뼈로 끌어들여 저장함으로써 피해를 최소화한다. 이 때문에 납 중독에 걸린 사람이 몇 주 동안이나 버틸 수 있다. 물론 공격이 지속되면 결국 인체의 방어선도 무너진다.

납이 뼈에 쌓인다는 사실은 중요한 의미를 지닌다. 덕분에 과거 세대들의 납 섭취량을 지금 우리가 측정해 볼 수 있기 때문이다. 오래된 유골들을 분석해 보면 과거 몇백 년 동안 납에 대한 노출 정도가 서서히 커졌다가 지난 세기 들어 급격히 감소한 것을 알 수 있다. 과거에 비해 현재 납 사용량이 엄청나게 증가했는데도 우리 세대의 체내 납 함유량은 과거 1,000년보다 낮은 수준이다. 오늘날 가정 환경에서 납이 사실상 사용되지 않기 때문이다.

오래된 뼈들을 조사한 결과 몇 가지 흥미로운 사실이 새로 밝혀졌다. 가장 놀라운 것은 1047년에 의문의 죽음을 맞은 교황 클레멘스 2세의 유골을 분석한 결과였다. 교황의 유해는 독일 밤베르크에 있는 석관에 들어 있는데, 1959년에 슈페히트(W. Specht)와 피셔(K. Fischer)가 그 유골을 분석해 보았다. 결과는 독일의 법의학 학술지인 《범죄학 기록(Archiv Für Kriminologie)》(124호, 61쪽, 1959년)에 실렸다. 정상보다 훨씬 높은 납 농도가 확인됨으로써 교황의 죽음이 독살이었다는 오래된 소문이 입증된 셈이었다. 그런데 누가 교황을 독살했을까? 11세기 로마 가톨릭 교회의 사정을 살펴보면 의심 가는 인물을 최소한 한 명은 찾을 수 있다.

기원후 두 번째 천 년의 첫 세기였던 1000년대의 로마 교회는 타락으로 점철되어 있었다. 교황 베네딕투스 9세는 10대였던 1032년에 교황으로 추대되었으나 어찌나 방종하게 굴었던지 로마 시민들에 의해 1045년 1월에 쫓겨났다. 뒤를 이어 실베스테르 3세가 선출되었으나 혁명은 오래가지 못했다. 4개월 뒤에 반동 세력이 득세해 그를 끌어내리고 베네딕투스 9세를 복귀시켰다. 하지만 베네딕투스 9세는 영혼보다 물질을 숭배하는 사람이었고, 교황직을 자신의 대부에게 팔아버렸다. 그 대부가 그레고리우스 6세가 되었다.

다음 해인 1046년에 전직 교황 두 명이 로마로 돌아와 각기 복권

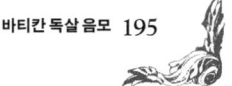

을 주장하기 시작했다. 로마에는 이제 교황권을 주장하는 인물이 세 명이나 있었다. 어찌할 바를 모른 시민들은 독일 왕 하인리히 3세에게 문제 해결을 맡겼다. 하인리히 3세의 해결책은 전혀 다른 인물을 로마로 데려와 자리에 앉히는 것이었다. 그가 클레멘스 2세였다. 클레멘스 2세는 그 보답으로 1046년 크리스마스에 하인리히 3세를 신성 로마 제국 황제로 축성해 주었다.

클레멘스 2세는 허수아비가 아니었다. 그는 교회 개혁 작업에 착수했다. 인기 있는 작업일 리 없었지만, 교황은 공의회를 소집해 성직 매매를 금하는 것부터 시작했다. 로마의 유력 가문들이 성직을 사고팔아 단단히 재미를 보던 시대였다. 그러나 다음 해인 1047년 10월에 클레멘스 2세가 갑자기 세상을 뜸으로써 개혁은 중단되었다. 그의 재위 기간은 고작 9개월이었다. 세간에는 베네딕투스의 첩자들이 그를 독살했다는 소문이 돌았다. 사실이 어떻든 베네딕투스는 정말 다음 달에 로마로 돌아와 다시 교황직에 앉았다. 그의 승리도 짧긴 마찬가지였다. 1048년 7월에 하인리히 3세가 그를 몰아내고 새 교황(다마수스 2세)을 앉혔다.

클레멘스 2세의 뼈에서 납 농도가 몹시 높게 드러났으니 그가 납 중독으로 죽은 것은 확실하다. 하지만 사고였는지 계획적인 독살이었는지는 추정만 할 수 있을 뿐이다. 베네딕투스가 클레멘스 2세의 죽음을 바랐을 것은 두말할 나위도 없는 일이지만, 독살의 무기로 납 화합물을 골랐다는 것은 말이 되는 얘기일까? 가능성이 없지는 않다. 앞서 보았듯 아세트산납은 음료에 녹이기 쉽고 잘 탄로 나지 않는다. 문제는 클레멘스 2세 시절에는 아세트산납이 알려져 있지 않았다는 것이다. 그렇다면 리사지(산화납, PbO)를 포도주에 탔을 수도 있겠다. 리사지는 포도주의 성분들과 반응해 빠르게 녹는다. 포도주에 산성기가 있을 경우에는 더 잘 녹았다. 산성 포도주는 드물지 않았다. 이 과정에서 포도주의 맛이 달아진다는 이야기는 앞에서도 했다.

또 다른 해석은 클레멘스 2세가 납으로 달게 만든 포도주를 너무 많이 마셔서 스스로 중독되었다는 것이다. 독일 양조업자들이 특히 이 방법을 즐겨 써서 포도주 맛을 끌어올렸고, 클레멘스 2세는 독일 포도주를 아주 좋아해서 로마로 특별히 주문해 마셨다고 한다. 클레멘스 2세가 고국의 포도주를 너무 많이 마셨다면 과거 수세기 동안의 다른 피해자들과 마찬가지로 무심코 납 중독에 걸렸을 수도 있다. 독일에서 포도주에 납을 타는 관행은 후대에야 법으로 금지되었다.

바이에른 범죄 담당 부처에서 일했던 슈페히트와 피셔가 1052년부터 죽 밤베르크 성당의 석관에 누워 있었던 클레멘스 2세의 유해에 대한 발굴 허가를 받은 것은 교황이 정말 독살되었는지 확인하고 싶어서였다. 독살 소문은 클레멘스 2세가 죽은 시점에도 파다했다. 주교들이 자신도 같은 운명을 맞게 될까 두려워하는 바람에 신성 로마제국 황제가 교황직에 앉힐 사람을 구하는 데 애를 먹을 정도였다.

슈페히트와 피셔는 바싹 마른 신체 조직, 갈비뼈, 머리카락, 옷자락 일부 등 다양한 시료들을 수집했다. 납 중독을 확인시켜 준 것은 갈비뼈에서 검출된 다량의 납이었다. 갈비뼈 시료의 무게는 1.8652밀리그램이었는데 납이 936피코그램 들어 있었다. 82.8퍼센트는 뼈 바깥쪽에서, 6퍼센트는 가운데에서, 11퍼센트는 안쪽에서 검출되었다. 농도를 계산하면 50피피엠으로 정상에 비해 엄청나게 높다. 납이 석관

속 주변 환경에서 왔을 리도 없다. 옷가지 시료에서는 납이 전혀 검출되지 않았기 때문이다.

슈페히트와 피셔는 클레멘스 2세가 치명적인 수준으로 납에 중독되었으며, 상당 기간에 걸쳐 반복적으로 독을 섭취했다고 결론내렸다. 유해 분석 결과 직업적 납 중독 사망자와 비슷한 형태의 납 중독이었다는 것이다. 클레멘스 2세가 납의 희생자였다는 사실은 이제 밝혀졌지만, 그가 독살되었는지의 여부는 입증할 수 없다. 매일 5~10밀리그램의 납을 섭취하면 3~4주 만에 죽고, 매일 1~3밀리그램을 섭취하면 3개월쯤 뒤에 죽는다. 그 정도는 쉽게 포도주에 섞을 수 있는 양이고, 당시 바티칸에는 교황의 음료를 담당하는 인물이 틀림없이 따로 있었을 것이다. 아무래도 신원 미상의 한 사람, 또는 여러 사람이 의도적으로 저지른 살인이었던 것 같고, 우리가 짐작하는 바로 그 인물이 범죄의 배후에 있었다고 보아도 틀리지 않을 것 같다.

15 탈륨 쥐약의 정체

탈륨 원소에 대한 더 전문적인 정보에 대해서는 용어 설명을 참고하라.

윌리엄 크룩스(William Crookes, 1832~1919년)는 탈륨 염이 분젠 버너 불꽃 속에서 화사한 초록색을 발하는 것을 보고 탈륨이라는 이름을 지었다. 색이 새싹의 연둣빛과 닮았다고 생각했기에 그리스 어로 초록색을 뜻하는 탈로스라는 단어에서 이름을 딴 것이었다. 처음에 사람들은 탈륨이 치명적인 원소라는 걸 몰랐다. 그래서 두피의 백선을 치료하는 데 사용했는데, 특히 어린아이들에게 상대적으로 많은 양을 처방했다. 탈륨은 머리카락을 몽땅 빠지게 하므로 그 후에 두피를 치료하기 좋았다. 탈륨은 해충 제거에도 사용되었다. 그리고 탈륨이 있는 곳에는 항상 비극이 뒤따랐다.

추리 소설가 애거사 크리스티(Dame Agatha Christie, 1891~1976년)는 탈륨 중독에 관한 소설을 썼다. 1952년에 발표한 『창백한 말(*The Pale*

Horse)』인데, 거기서 살인자는 거추장스러운 친척들을 없애려고 탈륨을 사용한 뒤 흑마술에 의한 죽음인 양 꾸민다. 한 사제가 살해되고, 현대판 마녀라 할 수 있는 세 여인이 운영하는 술집이 나오는 이야기다.[58] 크리스티는 탈륨 중독 증상들을 굉장히 정확하게 묘사했다. 졸림증, 피부의 따끔따끔함, 손발의 감각 마비, 일시적 의식 상실, 어눌해지는 말투, 불면증, 전반적인 기억 쇠약 등이다. 크리스티가 잠재적 살인자들에게 새로운 독약을 알려 주었다고 비난한 사람들도 있었다. 하지만 거꾸로 크리스티의 소설이 한 어린 소녀의 목숨을 구한 일도 있는데, 이 이야기는 뒤에서 소개할 것이다. 게다가 크리스티가 이 치명적 독물을 소설에 처음 등장시킨 작가도 아니었다.

소설가 나이오 마시(Ngaio Marsh)는 크리스티보다 앞선 1947년에 『마지막 장막(Final Curtain)』에서 범인으로 하여금 탈륨을 사용하게 했다. 헨리 안크레드(Henry Ancred) 경의 죽음을 둘러싼 이야기인데, 손녀의 백선 치료제로 처방된 아세트산탈륨으로 그가 독살된다는 설정이었다. 피해자가 탈륨 섭취 후 몇 분 만에 쓰러졌다고 묘사한 걸 보면 작가는 탈륨에 대한 지식이 없었던 게 분명하다. 그녀의 소설을 모방해 탈륨으로 누군가를 독살하려 한 사람이 있었다면 피해자가 아무 부작용 없이 멀쩡한 것을 보고 혼란스러웠을 것이다. 물론 실망은 며칠 만에 사라졌을 테고, 뒤늦게야 비로소 여러 중독 증상들이 드러나는 것을 보며 즐거워했겠지만 말이다.

---

58 2003년에 영화로 만들어졌다. 주연은 콜린 뷰캐넌과 제인 애시번, 감독은 찰스 비슨이었다.

체내의 탈륨

모든 사람의 몸에는 탈륨이 있다. 하지만 0.5밀리그램도 안되는 적은 양이라, 혈중 농도는 0.5피피비에 불과하다. 보통 사람은 음식을 통해 매일 2마이크로그램 정도의 탈륨을 섭취한다. 탈륨은 몸에 축적되는데 대부분 골격에 쌓인다. 탈륨은 지방을 제외한 모든 조직에 침투할 수 있고 태반도 통과한다. 탈륨은 어떠한 생물학적 역할도 하지 않는 듯하지만, 의도적으로 탈륨을 농축시키는 것 같은 몇몇 해양 생물들이 있다. 하지만 목적은 분명치 않다. 탈륨은 몸에 누적되는 독이라는 점에서 납과 비슷하고, 신경계를 공격한다는 점에서도 납과 같다. 다행히도 자연 상태에서는 건강에 해로울 정도로 탈륨이 축적되는 일이 없다. 그러나 사고로, 의도적으로, 심지어 치료 목적으로 지나치게 많은 양의 탈륨을 섭취했던 운 나쁜 사람들이 있었다. 과량의 탈륨은 칼륨에 의존하는 각종 대사 과정에 서서히 영향을 미치는데, 뇌, 신경, 근육 등이 주된 장소다. 수용성인 탈륨 염은 입, 위, 장 등의 점막에서 쉽게 흡수되고 피부도 뚫을 수 있다.

우리 몸은 왜 이렇게 쉽게 탈륨을 받아들일까? 탈륨 양이온(Tl^+)의 크기가 칼륨 이온(K^+)의 크기와 거의 같고, 칼륨 이온은 살아 있는 세포에 꼭 필요한 물질이기 때문이다. 세포는 칼륨 이온과 몹시 흡사한 탈륨 이온을 기꺼이 받아들이지만, 일단 탈륨이 세포에 들어가면 칼륨과의 작은 차이가 두드러지게 드러나서 세포의 기능이 훼손된다. 탈륨은 몸 구석구석에서 칼륨의 자리를 빼앗을 정도로 효과적으로 칼륨 행세를 한다. 가장 큰 피해를 입고 곧 작동이 멎는 곳은 중

추 신경계다. 탈륨은 또 모낭에 영향을 미쳐 머리카락의 생성을 막는다. 그래서 원래 있던 머리카락과 온몸의 털이 빠진다.

방사성 동위 원소 탈륨 204를 사용해[59] 체내에서 탈륨의 움직임을 추적해 보면 뼈, 신장, 위벽, 장, 췌장, 침샘 등에 탈륨이 쌓이는 것을 알 수 있다. 머리카락, 눈, 혀에도 상당한 양이 쌓이고, 근육과 간의 농도는 낮은 편이다. 배출은 주로 대소변으로 이루어지는데 대변을 통한 배출량이 압도적으로 많다. 일단 몸에 침투한 탈륨은 염화탈륨을 이루는 경향이 있고, 이 물질은 용해도가 높지 않기 때문에 몸이 탈륨을 제거하는 데에는 오랜 시간이 걸린다. 탈륨 204를 활용한 연구 결과 우리 몸이 섭취한 탈륨의 절반을 배출하는 데에는 최소한 한 달이 걸린다. 배출 속도가 정말 느리기 때문에 석 달 뒤까지 소변에서 탈륨이 검출되는 경우도 있다.

탈륨의 생화학은 아직 충분히 연구되지 않았다. 그래서 우리는 탈륨이 몸에서 어떤 작용을 하는지 완벽히 알지 못한다. 다만 칼륨을 흉내 내는 것 외에도 비타민 B, 칼슘, 철의 활동도 방해하는 듯하다. 탈륨 섭취 효과가 티아민(비타민 B_1) 결핍 현상과 굉장히 비슷한 걸 보면 탈륨은 어떤 식으로든 티아민 대사 활동을 방해한다. 탈륨은 또 에너지 생산에 관여하는 또 다른 비타민인 리보플라빈(비타민 B_2[60])을 망가뜨리고, 당 대사 활동을 교란시켜 당뇨 증세를 일으킨다. 또한 남자의 성 기능에 이상을 초래해 불임으로 만든다. 그러나 뭐니뭐니해

---

[59] 탈륨 204는 반감기가 3년 40주이고 인체에 해롭지 않은 베타선을 방출한다.
[60] 한때 우유에 아세트산탈륨을 섞어 리보플라빈을 분리하기도 했다. 탈륨 때문에 리보플라빈이 불용성 물질로 침전한다.

도 중추 신경계에 미치는 영향이 가장 위험하다. 특히 피부, 고환, 심장처럼 에너지 소모가 많은 기관들의 신경을 손상시킨다.

성인의 경우 탈륨 치사량은 약 800밀리그램으로 찻숟가락 4분의 1보다 적은 양이다. 그런데도 옛날에는 탈륨 염을 500밀리그램씩 백선[61] 치료 보조제로 처방하고는 했다. 탈륨으로 머리카락이 모두 빠지고 나면 백선균을 말끔히 뿌리뽑기가 쉬웠던 것이다. 머리카락은 10일 후부터 빠지기 시작한다. 오늘날이라면 머리카락 빠지는 것을 보는 즉시 치명적인 수준에 가까운 탈륨 중독 증세라고 이해하겠지만 말이다. 치사량의 탈륨 염은 다음과 같은 효과들을 가져온다.

첫날: 아무 증상이 없거나 감기 또는 독감 같은 가벼운 증상들.

둘째날: 위염, 발이 콕콕 쑤시듯 따끔거리는 느낌, 때로는 설사.

셋째날: 몸 전체가 조이는 듯한 통증, 관절 통증, 발의 촉감이 몹시 예민해짐, 잠을 거의 자지 못함.

하루하루 지날수록 신경계가 점점 더 영향을 받고, 증상들이 심해진다. 나중에는 말하고 삼키는 근육들, 혀와 입술을 움직이는 근육들이 마비된다. 눈에 염증이 생기고 실명할 수도 있다. 얼굴과 입이 마비되어 가면처럼 딱딱해지고 전혀 말을 하지 못한다. 피부는 회색이 되고 비늘처럼 껍질이 인다. 손에 발진이 생길 때도 있다. 땀이 줄줄 흐르고 손발바닥에서 불쾌한 냄새가 난다. 소변량이 많아지는 경우도 있지만 막상 소변을 통한 탈륨 배출량은 극히 적다. 심장, 간, 신장 기능이 퇴화되고 폐 마비나 폐렴 같은 호흡기 질환이나 심장 이상으로

---

61 백선은 전염성이 아주 높다. 젖소 같은 농장 동물들과의 접촉을 통해서도 옮는다.

사망하기 쉽다. 탈륨이 동맥 근육을 자극하기 때문에 혈압이 높아진다. 육체적 현상과 더불어 정신적 이상도 발생한다. 몹시 우울해하거나 죽고 싶다고 생각하고, 심해지면 환각을 보거나 간질성 발작을 일으킨다.

언뜻 보기에도 탈륨 중독을 여러 다른 질환으로 착각할 만하다 싶다. 탈륨 중독이 극히 드문 사회에서는 더 그랬을 것이다. 다음 장에서 소개할 이야기지만 독살자 그레이엄 영의 피해자들을 진찰했던 의사들 43명 가운데 오직 1명만 정확하게 탈륨 중독을 진단했다. 증상만으로 정확히 진단하기란 거의 불가능하고, 부검을 해도 마찬가지다. 부검을 하면 대개 온몸의 말초 신경 세포들이 손상된 것을 확인할 수 있지만 심장이나 장, 간, 비장, 췌장은 멀쩡해 보인다.

1977년에 의사들이 황산탈륨 중독을 오진했지만 애거사 크리스티의 『창백한 말』덕분에 환자가 목숨을 건진 사건이 있었다. 환자는 카타르 출신의 생후 19개월짜리 여자 아기였다. 아기는 갑자기 앓기 시작했고, 카타르의 의사들은 원인을 알아내지 못했다. 아기의 부모는 런던으로 날아와 전문가의 치료를 구했다. 아기는 입원 당시 의식이 반쯤 나간 상태였으니 몹시 위중한 게 분명했다. 하지만 대체 무슨 문제인지 알 수 없었다. 해머스미스 병원에 딸린 왕립 의학 대학원에서 아기는 소아과 전문의 매튜스(T. G. Matthews) 박사와 빅토르 듀보비츠(Victor Dubowitz) 교수의 진찰을 받았다. 의사들은 혈액을 채취하고, 요추 천자를 시행하고, 전신 엑스선 사진을 찍는 등 통상적인 진찰을 했으나 아이의 상태를 설명해 줄 만한 단서를 찾지 못했다. 어쨌든 뇌파도는 분명히 비정상이었다. 다음 며칠 동안 아기는 점차 악화되었다. 혈압이 높아지고, 심박이 1분당 200회까지 올라가고, 호흡이 불규칙해졌다. 가망이 없어 보이는 시점에 마샤 메이틀런드(Marsha Maitland)라는 간호사가 의사들의 대화를 듣고는 탈륨 중독이 아니겠느냐고 의견을 냈다. 메이틀런드는 마침 읽고 있던 『창백한 말』을 가리켰다. 그제야 모두들 아기가 탈륨 중독임을 확신했다. 아기의 머리카락이 빠지기 시작했던 것이다.

의사들은 즉시 런던 경찰청과 접촉해 아기의 소변 시료를 법의학 검사실로 보냈고, 그 결과 탈륨 농도가 정상의 10배인 3.7피피비임이 밝혀졌다. 의사들은 즉각 해독제인 페로사이안화철칼륨을 처방했다. 이후 2주 동안 소변의 탈륨 농도가 낮아지면서 아기는 차차 안정을 찾았다. 3주 뒤에는 회복의 기색이 역력했고 그로부터 1주일 뒤에 퇴원해 부모와 함께 카타르로 돌아갔다. 4개월 뒤 경과를 확인해 보니 아기는 거의 정상이었다. 아기를 죽음의 문턱까지 몰았던 탈륨은 어디서 왔을까? 집안 배수구와 정화조에 득실대는 바퀴벌레와 쥐를 잡기 위해 놓아둔 해충약이 문제였다. 아기가 부엌 개수대 아래에서 우연히 약을 발견하고 집어먹었던 것이다.

탈륨 중독을 증명하는 유일한 방법은 환자의 혈액이나 대소변을 검사하는 것이다. 사망자의 경우에는 신체 조직이나 뼈 시료를 화학적으로 분석하면 된다. 탈륨은 몸에 광범위하게 번지는 경향이 있으므로 특정 조직에서 검출되는 농도는 낮을 때가 많다. 탈륨 중독으로 사망한 사람의 경우 장기마다 농도가 다 다르지만, 대개 간, 근육, 뼈에서는 8~10피피엠이고 심장, 신장, 폐에서는 그보다 조금 더 낮은 정도, 뇌에서는 2피피엠 정도로 더욱 낮다. 아주 많은 양을 섭취한 경우에는 탈륨이 뇌에도 극적인 영향을 미칠 수 있다. 그런데 치사량이 아닌 소량에 노출된 사람의 뇌에도 이상이 올까? 탈륨 발견자들 중 한 사람이 참으로 기이한 행동을 했던 것을 보면 그럴지도 모르겠다.

탈륨의 발견

윌리엄 크룩스는 런던 왕립 과학 칼리지의 화학자로 있었던 1861년에 알 수 없는 불순물로 오염된 황산을 조사해 달라는 요청을 받았다. 불순물을 확인하기 위해 그가 가장 먼저 한 일은 불꽃 검사법이었다. 백금 선을 시료에 담갔다가 분젠 버너의 불꽃 중 무색인 부분에 갖다 대는 간단한 검사였다. 1초가량 짧게나마 밝은 초록색 섬광이 이는 것을 보고 크룩스는 정말 오염 물질이 있다는 것을 믿게 되었다. 초록색 섬광은 이전에 크룩스가 보았던 어떤 섬광과도 달랐으니, 불순물이 새로운 원소라는 뜻이었다.

물론 그토록 간단한 불꽃 검사가 새로운 원소를 발견했다는 **증거**가 될 수는 없었다. 이미 알려진 원소 중에서도 구리나 바륨처럼 초록 섬광을 내는 원소가 있었다. 하지만 크룩스는 그런 색깔과는 다른 초록색임을 눈치챘다. 크룩스는 분광계를 이용해 초록빛을 좀더 정확히 측정해 보았고, 어떤 알려진 원소들과도 다른 스펙트럼의 초록빛이라는 것을 확인했다. (정확한 파장은 535나노미터다.) 크룩스는 자신이 편집, 출간하는 주간 잡지 《화학 소식(*Chemical News*)》 3월 30일자에 당장 이 발견을 알렸고, 새 원소에 탈륨이라는 이름을 붙였다. 크룩스는 탈륨의 화학 성질을 조사하기 시작했으나 이후 1년 동안 몇 가지 단순한 화합물들만 소량 만들 수 있었을 뿐이다.

크룩스는 모르고 있었지만, 클로드 오귀스트 라미(Claude-Auguste Lamy, 1820~1878년)라는 프랑스 릴의 물리학자도 똑같은 초록 스펙트럼을 관찰했다. 황산 제조용 납 용기의 벽에서 긁어낸 이상한 침전물을 불꽃 검사하던 중이었다. 라미 역시 이것이 새로운 원소임을 깨닫고 정체를 밝히기 위해 철저한 조사에 나섰다. 라미는 순수한 금속을 추출하는 데 성공해 자그마한 주괴를 만들기도 했다. 라미는 프랑스 과학 학술원에 연구 내용을 알려 발견을 인정받았다. 1862년에 라미는 주괴를 런던 만국 박람회에 보냈고, 박람회 주최자들은 그 새로운 금속을 눈에 잘 띄게 전시했다. 나아가 라미에게 화학적 혁신의 공을 기리는 특별 메달을 수여했다. 소식을 들은 크룩스는 불같이 화를 냈다. 라미에게 준 상을 취소하고 대신 자신에게 줘야 한다는 주장을 여름 내내 《화학 소식》 지면에서 떠들었다. 상호 비방이 한참 오간 뒤, 박람회 위원회는 하는 수 없이 크룩스에게도 메달을 수여하기로 했다. 요즘은 탈륨 발견의 공이 대개 크룩스에게 돌아간다.

크룩스는 화학 이외의 다른 연구로도 유명했는데, 사진과 물리학 분야에서 실력이 탁월했다. 심령술 연구에 적잖은 시간을 바친 것으로도 유명했다. 탈륨이 크룩스의 사고 과정에 영향을 미쳤을까? 그는 강령회에 참석하기 시작했고, 어느 젊고 매력적인 영매가 불러내는 영혼을 직접 확인했노라 주장하는 지경까지 갔다. 영매의 강령회에 나타난 영혼을 직접 사진으로 찍었다고도 주장했다. 크룩스가 영혼보다 영매에 관심이 있는 것 같다는 소문도 돌았다. 크룩스의 부인이 열 번째 아이를 임신한 와중이었다.

첫 발견 이후에 사람들은 탈륨이 자연에 널리 퍼져 있는 원소임을 알게 되었다. 탈륨은 광천수, 담배, 사탕무, 포도주 등에서 검출되었다. 사실 이 원소는 거의 모든 식물에 들어 있을 것이다. 식물이 필요로 하는 칼륨 원소와 너무 닮았기 때문이다. 탈륨 광물은 1866년에 스웨덴에서 발견되었고, 크룩스의 이름을 따 크룩사이트라 이름 붙여졌다.[62] 탈륨은 불꽃에 집어넣었을 때 밝은 초록 섬광을 띠는 특징 때문에 확인이 쉽다. 크룩스는 탈륨 발견 이후 10년 동안 탈륨에 대해 다각도로 조사했으며, 특히 원자량이 204라는 것을 정확히 밝혀냈다.

자연의 탈륨과 그 사용

탈륨은 아주 적은 양이나마 대부분의 식물에 들어 있고, 그를 통해 먹이 사슬에도 침투한다. 채소와 고기의 탈륨 농도는 0.02~0.12피피엠으로 사람의 건강에 영향을 미치기에는 적은 양이다. 식물의 뿌리는 별 어려움 없이 토양에서 탈륨을 흡수하고, 토양 속 탈륨 농도가 높을수록 많이 흡수한다. 어떤 식물은 꽤 다량을 보유한다. 소나무는 100피피엠까지 축적시키고, 어떤 꽃들은 1만 7000피피엠(1.7퍼센트)이라는 놀라운 농도까지도 흡수한다. 1980년대에 독일의 한 시멘트 공장 주변 식생에서 높은 탈륨 함유량이 확인되었다. 시멘트 가마에서 방출된 탈륨을 흡수한 것이었는데, 회사가 새로운 시멘트 재료로 연구하던 바위에 탈륨이 많이 들어 있었던 것이다. 물론 회사

---

[62] 구리 탈륨 셀레늄 광물로서 화학 조성은 Cu_7TlSe_4이다.

> ### 크룩스와 탈륨
>
> 윌리엄 크룩스는 과학 연구에서 팔방미인이었다. 그는 1832년에 런던 리전트 가에서 재단사의 아들로 태어났다. 아버지로부터 넉넉한 재산을 물려받은 크룩스는 화학과 사진에 대한 관심을 자유롭게 추구할 수 있었고, 개인 실험실도 지을 수 있었다. 크룩스는 과학의 여러 분야에 손을 댔다. 특히 초기의 방전관을 발명한 것으로 유명하다. 방전관은 후대의 연구자들이 엑스선과 음극선을 발명할 때 사용한 기기로서 20세기에는 텔레비전 수상기용으로 수십억 개씩 대량 생산되었다. 크룩스는 1897년에 기사 작위를, 1910년에 메리트 훈장(대영 제국 군주가 개인적으로 수여하는 공로 훈장이다.)을 받았고, 영국의 과학자가 성취할 수 있는 최고의 영예인 왕립 학회 회장이 되었다. 크룩스는 1919년에 죽었다. 그가 1860년대에 탈륨 연구로 악영향을 받았다 하더라도 영구적인 손상은 전혀 입지 않았던 셈이다.

는 그 사실을 몰랐다. 공장 주변 밭의 양배추들은 최대 45피피엠(생체 중)으로 최고의 농도를 기록했고, 포도도 25피피엠으로 높았다. 인근의 닭들이 낳은 달걀도 1피피엠이 넘었다.

탈륨은 희귀한 원소가 아니다. 은보다 10배 이상 풍부하다. 토양 속 농도는 0.02피피엠에서 2피피엠 이상까지 다양하지만 대개 0.2피피엠 정도다. 바닷물에는 탈륨이 거의 없어서 10피피티 정도고, 대기에도 거의 없는 것이나 마찬가지다. 수은이나 납 같은 중금속들과 달리 탈륨이 산업 현장에서 방출되어 지구 환경을 심각하게 오염시킨 사건은 한 번도 없었다. 금속 정련 및 가공 산업에서 연간 600톤의 탈륨이 방출되고, 석탄 발전소에서도 비슷한 양이 방출되는 것으로 추정된다.

산업계는 아연이나 납 제련 과정의 부산물로 나오는 탈륨으로 수요를 충당한다. 탈륨 화합물 생산량은 전 세계적으로 연간 30톤 정도고, 탈륨 금속 자체의 생산량은 1톤이 채 못 된다. 사실 지금껏 만들어진 탈륨 합금 가운데 유용한 것은 별로 없었다. 굴절률 높은 특수 렌즈를 만드는 데 산화탈륨이 조금 사용되고, 화학 연구에 탈륨이 간혹 사용될 뿐이다. 개발 도상국에서는 아직도 황산탈륨이 해충약으로 판매되는데, 서양에서는 금지된 물질이다. 황산탈륨을 설탕물에 녹여 쥐나 바퀴벌레, 개미의 먹이로 두면 효과가 좋다고 한다. 그 밖에 황화탈륨, 셀레늄화탈륨, 비소화탈륨이 광전지에 쓰이고, 브로민-아이오딘화탈륨 결정이 적외선 감지기에 쓰인다. 화학자들은 특별히 선택적인 산화제가 필요한 경우에 질산화탈륨(III)을 사용할 때가 있다.

의학적 사용과 상업적 오용

한때 탈륨 염이 약전에 올라 있던 적이 있었다. 탈모 용도였다. 이 특이한 현상은 1890년대에 결핵 환자들을 대상으로 하여 한밤중 식은땀 치료에 탈륨을 시험하던 중 우연히 밝혀졌다. 탈륨은 식은땀에는 효과가 없었지만 머리카락을 빠지게 했다. 파리 생루이 병원의 수석 피부과 의사였던 사보랭(R. J. Sabourand)이 1898년에 이 현상을 보고했다. 사보랭은 백선 환자의 머리카락을 제거하는 데 한동안 탈륨을 썼으나, 독성이 너무 강한 것을 알고 사용을 포기했다. 이후 1920년대 초에 사람들은 다시 탈륨을 쓰기 시작했다. 의사들은 몸무게 1킬로그램당 8밀리그램을 적용하도록 권했다. 처방받은 사람의 약 40퍼센트가 부작용을 경험했지만 대개 가벼운 문제들이었고, 3주 후에는 사라지는 부작용들이었다. 루리어 박사와 츠비트키스 박사가 500명의 환자를 대상으로 수행한 조사에서도 마찬가지 결론이었다. 환자 중 4분의 1이 다리 통증과 배탈을 경험했지만 심각하게 중독되는 일은 없었다. (탈륨이 몸에서 다 빠져나가면 머리카락이 다시 자라 정상으로 돌아간다.)

탈륨에 대해 걱정할 필요는 별로 없는 것 같았고, 아세트산탈륨은 탈모 촉진제로서 일반 처방약으로 팔려도 좋을 만큼 안전하다고 여겨졌다. 그런데 알고 보면 아세트산탈륨은 불편한 친척들을 제거하는 데에도 쓰였다. 아세트산탈륨은 셀리오 크림 또는 코렘루 크림이라는 이름으로 팔렸고 특히 1930년대에 인기를 끌었다. 크림 속의 아세트산탈륨 농도는 7퍼센트였으므로 10그램짜리 튜브 하나에는 700밀리그램 정도가 들어 있었다.

탈륨에 대한 반응은 사람마다 차이가 크다. 과거에는 아세트산탈륨 1,200밀리그램이면 치명적이라고 했으나, 그 2배 이상을 스스로 먹고도 살아남은 사람들이 있다. 어느 10세 소년은 고작 200밀리그램을 먹고 죽은 반면, 셀리오 크림 세 통을 먹고 자살하려 한 사람은

살았다. 자살자들은 보통 한 통 정도 크림을 먹었다. 대개의 경우에는 죽음에 이르기에 부족한 양이었지만 몇몇 사람에게는 치사량이었다. 자살자든 사고로 먹은 사람이든 그가 살아남을 가능성은 얼마나 빨리 중독 사실이 겉으로 드러나느냐에 달려 있었다. 처음에 아무도 눈치채지 못하고 지나가면 나중에 아무리 열심히 치료해도 소용없었다. 1970년대까지는 해독제가 없었기 때문이다.

1920년대와 1930년대에 실수로 아세트산탈륨을 과다 복용한 사망 사고가 종종 등장하자 의사들은 점차 탈륨 치료를 하지 않게 되었고, 1950년대부터는 아예 중단했다. 한번은 부다페스트의 소년들이 백선 치료를 위해 500밀리그램이 아닌 5,000밀리그램을 섭취하는 바람에 모두 죽는 일도 있었다. 에스파냐 그라나다의 한 고아원에서도 비슷한 일이 있었다. 탈륨을 과다 복용한 아이들 16명 중 14명이 죽었는데, 이 경우 약제사의 고장난 저울이 문제였다. 죽은 아이들 중 머리카락이 빠진 아이는 아무도 없었다. 살아남은 두 아이도 아세트산탈륨 섭취 1개월 후에야 머리카락이 빠지기 시작했다.

1920년대에 해충 구제책으로 도입된 황산탈륨 역시 사망 사고, 자살, 살인을 일으켰다. 멕시코에서는 대가족 일가가 몽땅 중독되는 일이 있었다. 보리에 1퍼센트 농도의 황산탈륨을 입혀 다람쥐 잡는 약으로 쓰던 탈그레인이라는 제품이 있었는데, 누군가가 훔쳐 온 탈그레인 한 봉지로 가족이 토르티야를 해 먹었던 것이다. 토르티야를 만든 여성은 보리의 색이 특이하고 겉에 뭔가 묻어 있어서 이상하게 여겼지만 어쨌든 요리를 강행했다. 그 결과 함께 식사했던 31명 가운데 20명이 앓았고 6명이 죽었다. 사망자 중 5명은 2주 안에 죽었지만 나머지 1명은 1개월을 버티다 숨을 거두었다.

1980년대 초에 남아메리카 가이아나에서 일어났던 탈륨 중독 사건은 규모가 꽤 컸다. 수백 명이 피해를 입었고 44명이 죽었다. 발단은 가이아나 설탕 회사가 독일에서 황산탈륨 500킬로그램을 수입한 것이었다. 사탕수수 밭의 쥐들을 박멸할 용도였다. 2년 동안 아무 일도 없다가 1983년에 수도 조지타운의 세인트조지프 병원에 탈륨 중독 환자들이 몰려들기 시작했다. 처음에는 발병 사례가 드문드문했으나 몇 달이 지나자 100명 이상이 치료를 받았고, 급기야 조지타운의 한 유력 가문에도 환자가 생겨 뭔가 조치를 취하지 않을 수 없었다. 그때쯤 중독은 걱정스러운 수준으로 번져 있었다.

가족이 늘 마셨던 우유를 검사한 결과, 우유가 탈륨 공급원임이 밝혀졌다. 우유를 생산한 소들을 확인했더니 소들도 탈륨 중독을 앓고 있었다. 농부들은 가축이 근처 사탕수수 농장에 마구 들어가는 것을 막기 위해 탈륨 바른 당밀을 먹이로 주었고, 소들은 중독되어 몸이 약해졌으면서도 계속 우유를 생산했고, 사람들이 이 우유를 사 마셨던 것이다. 피해자가 수천 명에 달한다는 기사도 있었으나, 미국 질병 통제 예방 센터가 위탁 조사한 결과에 따르면 탈륨 중독이라 주장하는 사람들의 혈액 검사가 잘못된 경우가 많아 그 정도는 아니었다.

탈모가 진행될 정도로 심각한 탈륨 중독이 벌어졌는데 끝내 오염원을 찾지 못한 경우도 있었다. 1989년에 우크라이나의 체르노프치라는 마을 주민 300여 명이 그런 경험을 했다. 조사자들은 마을의 토양이 탈륨으로 심하게 오염된 것을 확인했다. 주민들은 탈륨이 폭우에 섞여 내렸다고 믿었지만, 그보다는 마을 사람들이 저급 연료의 효

214 세상을 바꾼 독약 한 방울 2

율을 높이고자 탈륨 화합물을 휘발유에 첨가해 썼다는 설명이 더 그 럴싸하다.

아직도 의학계에서 간간이 탈륨이 쓰인다. 하지만 중독될 정도로 많은 양을 환자에게 주입하는 경우는 없다. 반감기가 73시간인 방사성 동위 원소 탈륨 201은 심장 질환 진단에 쓰인다. 심장에 혈액 공급이 원활한 경우, 혈액의 탈륨 201은 곧 심장 근육의 칼륨을 대체한다. 의사는 탈륨 201이 방출하는 감마선을 환자의 몸 밖에서 확인할 수 있다. 즉 환자에게 동위 원소를 주사한 뒤 신체 활동을 시키면서 신틸레이션 계수기로 활동 전후의 방사선을 관찰하는 것이다. 심장이 탈륨 201을 얼마나 흡수하는지, 어떤 분포로 흡수하는지 살펴보면 심장이 얼마나 손상되었는지 알 수 있다.

살인 흉기로서 탈륨

살인 무기로서 황산탈륨은 매력적인 존재다. 물에 잘 녹아 거의 아무 맛도 안 나는 무색의 용액이 되고, 맛이 조금 나더라도 차나 커피나 콜라 등으로 쉽게 가릴 수 있다. 게다가 치사량을 한번에 먹일 수 있다. 증상은 시간 차를 두고 나타나고 앞서 보았듯 다른 질병들로 착각하기 쉬운 편이다. 이처럼 이상적인 살인 무기이기 때문에 과거의 부패 정권들이 정적을 없애는 데 사용하기도 했다. 예를 들어 1990년에 폴스무어 교도소에서 형기가 끝나 가던 넬슨 만델라 (Nelson Rolihlahla Mandela, 1918~)를 탈륨 독살하려는 음모가 있었다. 이 사실은 2002년 4월에 당시 51세의 우터 바손(Wouter Basson)을 재판하던 중에 밝혀졌다. 증인들에 따르면 바손은 흑인 활동가들과 아프리카 민족 회의 지도자들을 독살하기 위해 남아프리카공화국의 아파르트헤이트 정부가 은밀히 마련한 코스트 작전의 일원으로서 독약 제조를 담당했다. 만델라가 출소하기 하루 전에 그가 복용하는 약에 탈륨을 섞는 계획이었다. 다행스럽게도 1990년 무렵에는 아파르트헤이트의 몰락이 기정사실처럼 되었고 만델라는 무사히 풀려났다. 바손은 살인, 사기, 약물 취급 혐의로 기소되었던 것이지만 결국 무죄 방면되었다.

완벽한 독약으로 보이는 탈륨에도 두 가지 중대한 결점이 있다. 하나는 치사량에 못 미치는 양을 섭취한 희생자가 탈모를 일으키기 시작하면 사태가 끝이라는 점이다. 다른 하나는 희생자 사후에도, 심지어 화장을 한 뒤에도 법의학적 분석을 통해 탈륨을 검출할 수 있다는 점이다. 탈륨의 일부가 뼈로 옮겨 가서 쌓이기 때문이다. 하지만 특별히 중독이 의심되는 정황이 아닌 이상 살인자는 발각을 면할 수 있다. 1930년대에 오스트리아에서, 그리고 1950년대에 오스트레일리아에서 실제로 그런 일이 있었다.

1904년에 태어난 마르타 뢰벤슈타인(Martha Löwenstein)은 빈의 한 가난한 가정에 입양되었다. 그녀는 15세가 되자 세련된 의상실에 취직했는데, 그곳에서 백화점 소유주인 나이 지긋한 신사 모리츠 프리시(Moritz Fritsch)를 만났다. 프리시는 마르타의 아름다운 얼굴과 몸매에 반해 사교계 진출의 필수 단계인 교양 학원에 다닐 돈을 대 주었고, 곧 그녀를 애인으로 삼았다. 프리시는 그녀를 데리고 영국과 프랑스로 여행을 다녔고, 그녀에게 유리하게 유언장을 고쳤다. 그래서

1924년에 프리시가 죽자 그의 집과 상당한 재산이 마르타에게 넘어갔다. 모리츠의 전부인과 친척들은 분개했고, 마르타가 프리시를 독살했다며 고발했다. 경찰은 이것이 의미 있는 사건인지 확신하지 못했기에 사체 발굴 허가를 내주지 않았다. 하지만 이후 벌어진 일들을 생각해 보면 실제로 프리시는 독살되었을 가능성이 높다.

마르타는 사실 프리시를 속이고 에밀 마렉(Emil Marek)이라는 남자와 연애를 하고 있었다. 두 사람은 프리시가 죽은 뒤 몇 달 만에 결혼했다. 그러나 마르타가 물려받은 재산은 곧 바람처럼 사라졌고 부부는 보험 회사를 상대로 사기를 치기로 했다. 에밀은 1만 파운드 상당의 사고 보험에 가입했고, 첫 번째 불입금을 내자마자 사고를 당했다. 손도끼로 나무를 베다 다리를 다쳐 무릎 아래를 절단했다. 두 사람에게는 운 나쁘게도 에밀을 진찰한 의사는 3개의 깊은 도끼 자국이 사고로 난 것일 리 없다고 판단했다. 스스로 입힌 상처라고 판단했다. 사실 그것은 마르타가 낸 것이었다. 부부는 3,000파운드에 만족해야 했다. 그러나 그 돈 역시 곧 사라졌고, 생계가 어려워졌다. 마르타가 불구의 남편과 어린 아들딸을 부양하기 위해 길가의 손수레에서 채소를 팔 정도였다.

마르타는 1932년 7월에 남편을 독살했고, 1개월 뒤 아기 잉게보르크도 독살했다. 장애물을 치워 버린 그녀는 수산느 뢰벤슈타인(Susanne Löwenstein)이라는 나이 많은 친척의 말 상대가 되었다. 노부인은 마르타의 친절에 감동해 마르타에게 유리하게 유언장을 작성했고, 얼마 뒤 죽었다. 노부인이 남긴 유산이 바닥나자 마르타는 하숙인을 들였다. 그중 하나인 키텐베르거 부인은 마르타에게 달랑 300파운드를 남겨 주고 죽었다. 마르타는 다시 보험 사기를 계획했다. 집에 도둑이 들어 귀중한 그림들을 훔쳐 갔다고 신고했다. 그러나 경찰은 마르타가 사례비를 주면서 그림을 훔치라고 고용했던 사람들을 찾아냈다. 결국 마르타는 키텐베르거 부인의 아들 때문에 법의 심판을 받게 되었다. 그는 어머니가 독살된 것이 분명하다고 끈질기게 주장하며 사체를 발굴해 조사할 것을 요청했다. 시체에는 물론 탈륨이 들어 있었다. 경찰은 에밀, 잉게보르크, 수산느의 시체도 발굴했고 역시 탈륨을 검출했다. 이 무렵 마르타의 아들도 탈륨 중독으로 심하게 앓았으나 다행히 병원으로 보내져 회복했다. 마르타는 탈륨을 소지한 적이 없다고 항변했지만 경찰은 마르타에게 독을 판 약제사를 찾아냈다. 재판에서 마르타는 유죄 및 사형 선고를 받았고, 1938년 12월 6일에 참수형을 당했다. 그해 3월에 오스트리아를 장악한 히틀러가 그간 폐지되었던 사형을 막 부활시킨 뒤였다.

또 다른 유명한 탈륨 살인 재판이 1953년에 오스트레일리아 뉴사우스웨일스에서 있었다. 탈라트 쥐약으로[63] 남편을 살해한 혐의를 받은 플레처 부인의 재판이었다. 플레처는 11일 동안 고통에 시달리다 죽었는데, 머리카락이 빠지고 팔다리에 극심한 통증을 겪었다. 의사들은 그가 살아 있을 때는 정확한 진단을 하지 못했으나 부검을 통해 몸에 탈륨이 100밀리그램 있음을 알아냈다. 알고 보니 1947년에 죽은 플레처 부인의 첫 남편 버틀러도 이처럼 알 수 없는 증상에 시달렸다. 당시에도 독살 혐의가 짙어서 사체의 장기를 들어내어 비소와

---

63 황산탈륨이 2퍼센트 함유된 풀 형태의 쥐약이다.

납 검사를 했으나 아무것도 발견되지 않았다. 경찰은 버틀러의 유해를 재발굴해 탈륨을 검사했다. 역시 상당량이 검출되었다. 플레처 부인은 유죄 선고를 받고 투옥되었다.

네덜란드에서도 두 가지 사건이 있었다. 한 살인자는 자신이 일하는 식품 회사에서 쥐약으로 사용하던 탈륨으로 관리자 1명과 현장 주임 3명을 죽였다. 그의 정체는 결국 밝혀지지 않았는데, 당시의 정치 사정상 수사가 어려웠기 때문이다. 때는 1944년이라 네덜란드가 독일에 점령된 상태였다. 사람들은 경찰에 신고하면 게슈타포에게까지 이야기가 흘러 들어갈까 봐 꺼렸다. 고의적인 전시 노동 방해 행위라고 파악되면 결과가 참혹할 것이기 때문이었다. 두 번째는 한 여성이 셀리오 크림을 사용해 가족을 죽인 사건이었다. 그녀는 7명을 죽이고서야 체포되었다. 그녀가 준 약을 먹고 추가로 6명이 더 앓았는데, 그중 1명이 탈륨 중독으로 정확히 진단받아서 결국 그녀가 잡혔다. 다른 희생자들은 뇌염, 뇌종양, 알코올성 신경염, 발진 티푸스, 폐렴, 간질 등 엉뚱한 진단들을 받았다.

1964년에 로버트 하우스만(Robert Hausman)과 윌리엄 윌슨(William Wilson)은 《법의학 과학 저널(Journal of Forensic Sciences)》(9호, 72쪽)에 미국 텍사스 주 샌안토니오의 탈륨 사고에 관한 논문을 실었다. 그들은 탈륨이 함유된 쥐약 때문에 샌안토니오의 중독 사고가 늘고 있다고 했다. 가장 큰 병원 세 곳의 의료 기록을 점검한 결과, 최근 8년간 52건의 탈륨 중독 사례가 있었다. 그중 29건은 사고였는데 주로 4세 미만의 어린아이들이었고, 17건은 자살이었는데 그중 2명이 죽었고, 나머지 6건이 살인 기도였는데 그중 5명이 희생되었다. 논문에서 범죄자나 희생자의 신상까지는 밝히지 않았다. 어쨌든 그중 한 사례를 살펴보면 탈륨 중독을 정확하게 진단하는 게 얼마나 어려운지 알 수 있다.

B 부인은 1961년 10월에 39센트짜리 쥐약 한 병을 사서 동생의 남편인 66세의 보험 판매원 P에게 먹였다. 부인은 1.3퍼센트의 황산탈륨 쥐약을 동생네 집 냉장고의 물병에 부었다. 동생 부부가 모두 앓았지만 특히 남편이 많이 아팠다. P는 신앙의 힘으로 병을 고치는 것을 믿는 크리스천 사이언스 신자였기에 의료 처방을 받으려 하지 않았다. 그러나 가족의 친구 하나가 의료 당국에 P의 상태를 알려 늦게나마 병원에 실려갔다. P는 결국 탈륨 중독으로 사망했지만 의사들은 심장 혈관이 터져 죽은 것이라고 잘못 진단했다. 장례식은 11월 22일에 거행되었다. 역시 탈륨에 중독된 아내도 목발을 짚은 채 장례식에 참석했다.

B 부인은 장례식 뒤 동생 집으로 따라갔고, 틈을 타서 식수에 독약을 더 섞었다. 다음 날, 상태가 엄청나게 악화된 P 부인은 마침 찾아온 친구 덕분에 입원했다. (장례식 뒤 그 집에 따라갔던 다른 부부도 탈륨에 중독된 것으로 밝혀졌다.) 그러나 끝내 그녀도 11월 30일에 죽었다. 하지만 의사들은 이제 정확한 진단을 내렸고, 그녀의 간을 분석해 보니 실제로 탈륨 수치가 비정상적으로 높았다. P의 시체를 파헤쳐 장기를 분석했더니 역시 수치가 높았다. 경찰은 냉장고의 음식을 실험실로 가져가 독이 든 물을 발견했고, B 부인을 체포했다. 그러나 B 부인은 정신 이상인 듯해 바로 병원에 수용되었다. B 부인은 동생 부부가 자신의 사생활에 너무 간섭하는 바람에 죽일 수밖에 없었다고

말했다. 나중에 알고 보니 B 부인은 뇌 질환을 앓고 있었다.

헛똑똑이 트레팔

보다 최근에는 조지 제임스 트레팔(George James Trepal) 사건이 있었다. 트레팔은 지능 지수가 150이 넘는다. 지능 지수가 높은 엘리트들의 모임인 멘사 회원이니까 말이다. 트레팔은 1991년 6월에 이웃집의 코카콜라에 질산탈륨을 섞어 온 가족을 중독시키고 1명을 살해한 죄로 유죄 판결을 받은 뒤, 현재 플로리다 교도소에서 사형 집행을 기다리고 있다. 트레팔을 극단적인 범죄로 몰아넣은 것은 이웃집의 시끄러운 음악 소리와 개 짖는 소리였다. 처음에 트레팔은 이웃집 대문에 살인 협박장을 꽂아 그들을 쫓아내려 했다. 그러나 옆집 사람들은 무신경하게도 경고를 무시했다. 트레팔의 두 번째 전략은 이웃 부엌으로 숨어들어 코카콜라 병에 질산탈륨을 타는 것이었다.

때는 1988년, 무대는 플로리다 주의 앨터러스라는 작은 마을이었다. 39세의 트레팔에게 고통을 안긴 주인공은 문제 가정이라 할 만한 카 가족이었다. 가장인 파이 카(Pye Carr)는 대부분의 시간을 애인 로라 어빈(Laura Ervin)과 보내는 한량이었고, 아내 페기 카(Peggy Carr)와 아이들과 개들이 한 식구였다. 독 섞인 코카콜라를 가장 많이 마신 사람은 페기였다. 그녀는 며칠 만에 전형적인 탈륨 중독 증상들을 드러냈다. 손가락이 따끔거리고 발바닥에 심한 통증이 왔다. 그녀는 상태가 악화되어 윈터헤이번 병원에 입원했고, 머리카락이 빠지기 시작했다. 급기야 혼수상태에 빠졌고, 몇 주 뒤에 죽었다. 그동안 카와 아들 트래비스도 그렇게 심하지는 않지만 확실한 중독 증상을 보이고 있었다. 카의 집에 방문했던 듀언 더벌리(Duane Dubberley)도 쓰러졌다. 세 사람의 소변과 피에서 탈륨이 검출되었다.

당황한 경찰은 앨터러스 곳곳을 탐문했으나 소득이 없었다. 카 가족이 독살 대상이 된 이유에 대해 단서라 할 만한 것을 제공한 유일한 인물은 바로 트레팔이었다. 트레팔은 누군가가 그 가족이 이사 가기를 바라는 게 틀림없다고 똑 부러지게 말하면서도 과연 누가 바라는지는 말하지 않았다. 그러나 경찰은 이미 그 사람의 정체를 짐작하고 있었다. 문제는 어떻게 입증하느냐 하는 것이었다. 경찰은 트레팔의 허영을 이용한다는 꽤 천재적인 방법을 생각해 냈고, 멘사가 주최하는 연례 행사에 경관을 파견했다. 살인의 주말이라는 그 행사는 회원들이 가상의 살인 사건을 놓고 갖가지 단서들을 바탕으로 해결해 나가는 자리였다. 트레팔이 직접 행사용 소책자를 작성했는데, 소책자에는 살해 협박을 받을 경우 집안의 식료품을 다 내다 버리고 먹을 것에 주의하는 게 좋다는 이상한 충고가 적혀 있었다.

살인의 주말 행사장에서 트레팔은 새 참석자인 수전 고렉(Susan Goreck)과 허물없이 대화를 나누게 되었다. 트레팔은 피해자 모르게 중독시키려면 어떻게 해야 하는지, 어떤 독약을 쓰는 것이 최선인지 마구 떠벌렸다. 트레팔은 영리했지만 새 친구가 포크 군 보안관을 위해 일하는 잠복 형사라는 사실을 알아챌 만큼 영리하지는 못했다. 여형사가 트레팔에게서 직접 들은 말을 근거로 경찰이 그의 집을 수색했고, 차고에서 질산탈륨 0.5그램이 담긴 작은 병을 발견했다. (알고 보니 트레팔은 약물 연구소에서 화학자로 일한 적이 있어서 시약으로 쓰던 질

산탈륨을 쉽게 손에 넣을 수 있었다.) 트레팔은 체포되었고, 1990년 4월 5일에 일급 살인 한 건과 여러 건의 살인 미수 혐의로 포크 군 대배심에 기소되었다. 장장 4주를 끌 재판은 1991년 1월 7일에 시작되었다. 검사 측 증인은 80명이나 되었지만 피고 측 증인은 한 명도 없었다. 배심원들은 모든 혐의에 대해 유죄 평결을 내렸고, 9대 3의 표결로 사형에 찬성했다. 3월 6일, 사형이 선고되었다.

이후 트레팔은 시간을 질질 끌며 항소를 거듭했다. 덕택에 트레팔의 사형 집행은 앞으로도 13년 뒤에나 있을 예정이다. 트레팔의 변호사들은 여러 가지 반대 논점을 제기했다. 카에게 아내를 죽일 동기가 있다고 주장했고, 경찰이 트레팔의 차고에 일부러 탈륨 병을 두었을 수도 있다고 주장했으며, 병의 내용물 분석이 믿을 만하지 못하다고 주장했고, 카의 부엌 개수대 밑에서 미량의 탈륨이 검출되었음을 지적했다. (바퀴벌레나 쥐를 잡기 위해 뿌려 둔 것일 수 있다.) 재판에 제출되지 않았지만 좀 이상한 증거가 하나 더 있었다. 페기 카가 과거에 바토 병원에 입원한 적이 있었는데, 며칠 후에 다 나아서 퇴원했지만 그때 소변에서 예상보다 높은 비소 농도가 검출되었다는 사실이다. 소문에 따르면 그녀가 두 번째로 입원했을 때도 탈륨과 함께 비소가 검출되었다고 한다. 이 사건은 앞으로도 한동안 많은 사람들의 입방아에 오르내릴 것이 틀림없다.

사담 후세인의 비밀 병기

이라크의 사담 후세인(Saddam Hussein)은 자신에게 반대하는 이들을 제거하는 무기로 황산탈륨을 즐겨 사용했다. 후세인의 통치 기간 중에 황산탈륨으로 독살된 사람이 무려 수십 명에 이르는 듯하다. 후세인은 국가 안보 책임자로 일할 당시에 의붓 형제 바르잔 티크리티(Barzan Tikriti)와 손잡고 첩보 기관 무카바라트를 가공할 만한 공포의 존재로 둔갑시켰다. 얄궂게도 바르잔은 후에 이라크의 유엔 사절단장이 되어 1992년에는 유엔 인권 위원회에 파견되는 대표단의 단장을 맡는다. 무카바라트 요원들이 이라크 국내외에서 황산탈륨으로 독재자의 정적들을 마구 제거하는 동안 말이다.

바르잔은 1978년에 바그다드 대학교 의학부에 의료 독물 연구반을 설치하고 '알라 칼리디(Ala Khalidi)와 무아야드 우마리(Muayad Umari)라는 두 유명 의사에게 지휘를 맡겼다. 그들의 첫 습격 대상은 종교학자 모흐센 슈바르(Mohsen Shubbar)였다. 독물 연구반 설치 1년 뒤에 그들은 황산탈륨으로 슈바르를 습격했지만 슈바르는 용케 목숨을 건졌다. 그러나 시아파 지도자인 살와 바흐라니(Salwa Bahrani)는 슈바르만큼 운이 좋지 못했다. 1980년에 바흐라니는 같은 독이 든 요구르트를 먹고 오래도록 고통스럽게 앓은 끝에 5월에 사망했다. 마지디 지하드(Majidi Jehad)라는 인물도 살해당했다. 그는 영국 여행을 하기 위해 여권을 찾으러 바그다드 경찰서에 갔다가 그곳에서 오렌지 주스를 마셨다고 했다. 그는 런던에 도착하자마자 앓기 시작해 입원했다가 죽었다.

1980년대 초에는 이라크에 거주하는 반체제 과학자들이나 성직자들이 주로 독살 위험에 노출되었는데, 후반에는 오히려 국외의 반체제 인사들이 위험했다. 예를 들어 영국에 살던 44세의 이라크 출신

망명자 압둘라 알리(Abdullah Ali)는 1988년에 독살되었다. 그는 1980년에 아내와 두 아이와 함께 런던으로 이주해 출판사를 차렸지만, 회사는 파산했다. 알리는 막대한 빚을 졌으나 다행히 적잖은 자산을 건질 수 있었다.

알리의 죽음을 조사한 사람은 웨스트민스터의 검시관 폴 냅먼(Paul Knapman)이었다. 그는 탈륨 중독으로 인한 기관지 폐렴을 알리의 사인으로 보았고, 알리가 신원 미상의 인물들에게 살해되었다고 결론내렸다. 알리는 1988년 설날 아침 일찍 런던 노팅힐게이트의 클레오파트라 식당에 다녀온 뒤 아프기 시작했다. 바그다드에서 온 남자 세 명과 사업상 만남을 가졌다고 했다. 몇 가지 증거를 볼 때 알리의 회사가 그들에게 빚을 졌던 듯하고, 그렇다면 그들은 그에게 해코지할 동기가 있었던 셈이다. 임종을 앞둔 자리에서 알리는 자신이 화장실에 간 동안 그들이 보드카에 독을 탄 것 같다고 말했다. 다음 날 잠자리에서 일어난 순간부터 몸이 불편해 의사에게 갔다는 것이다. 알리는 그로부터 보름 뒤인 1988년 1월 16일에 풀럼의 세인트스티븐 병원에서 죽었다.

당시에 알리의 죽음에 대해 다른 소문도 있었다. 사담 후세인 정권이 자객으로 부리던 매력적인 여성, 이른바 이라크판 '마타 하리'의 희생자라는 설이었다. 신문들은 그녀의 이름이 나르민 아와이즈(Narmeen Hawaiz)라는 것까지 밝혔다. 국제 사면 위원회에 따르면 그녀는 남편의 자유를 사는 대가로 정부 비밀 기관을 위해 일하게 되었다고 한다. 그녀가 런던에서 암살한 사람으로는 37세의 아드남 알 미프티(Adnam Al Mifti), 38세의 사미 쇼라시(Sami Shorash), 40세의 무스타파 마흐모드(Mustafa Mahmoud) 등이 있다고 했다. 모두 후세인 군사 정권에 반대하는 쿠르드 애국 동맹의 일원이었다.

1992년에는 이라크 고위 장교들인 압달라 압델라티프(Abdallah Abdelatif)와 압델 알 마스디위(Abdel al-Masdiwi)가 후세인의 총애를 잃자마자 앓아누웠다. 그들은 시리아 다마스쿠스로 탈출해 영국 외무부에 긴급 비자 신청을 했다. 그리고 런던으로 날아와 탈륨 중독 진단을 받은 뒤 치료를 받고 나왔다. 31세의 레지스탕스 지도자 사파알 바타트(Safa al-Battat)도 같은 치료를 받았다. 그는 쿠르드 저항군의 본부를 방문하는 동안 아프기 시작했는데, 그에 따르면 콜라에 독이 들어 있는 것 같다고 했다. 그 역시 시리아를 거쳐 영국으로 와서 카디프의 병원에서 성공적으로 해독 치료를 받았다. 그는 쿠르드 반군 캠프에 후세인의 첩자가 잠입해 있었다고 믿는다.

해독제

탈륨은 인체에 꼭 필요한 영양 성분인 칼륨을 모방함으로써 장벽을 뚫고 혈관으로 들어간다. 몸은 곧 속은 것을 깨닫고 탈륨을 다시 장으로 내보내는데, 안타깝게도 아주 효과적인 대응이라고는 할 수 없다. 탈륨이 장을 따라 내려가다가 얼마 안 가 다시 칼륨인 척하며 재흡수되기 때문이다. 탈륨 중독을 치료하려면 이 배출과 재흡수의 악순환을 깨뜨려야 한다. 그 점에서 제일 좋은 해독제는 푸른색 잉크 염료인 프러시안블루다. 칼륨, 철, 사이안기로 이루어진 착물(분자나 이온들이 하나 이상의 금속 원자나 이온과 일정한 방향성을 갖는 배위 결합을 해 원자 집단을 이루고 있는 물질 — 옮긴이)염인 프러시안블루를 1969년에 해독제로 처음 제안한 사람은 독일 카를스루에의 제약학자 호르스트 하이들라우프(Horst Heydlauf)였다. 탈륨 중독은 치료할 수 없다고 여겨지던 때였다.

프러시안블루 전에도 여러 치료약이 있었다. 예를 들어 다이메르카프롤은 가끔 멋진 성공을 거두기도 했으나, 지금은 권고되지 않는 약이다. 다이티존이나 다이싸이오카브(용어 설명을 참고하라.)는 그보다 더 성공적이었고, 몸무게 1킬로그램당 25밀리그램 정도를 매일 섭취하도록 처방되었다. 1959년에 처음 도입된 다이싸이오카브는 몸속 니켈과 구리의 배출을 촉진하는 약이었는데, 쥐를 대상으로 한 실험에서 우연찮게 황산탈륨 중독을 막아 주는 성질이 발견되었다. 그후 1962년에 처음 사람에게 처방되어 탈륨 중독 환자의 목숨을 살렸다. 소변을 통한 탈륨 배출을 돕는 다이싸이오카브의 능력은 1967년에 결정적으로 입증되었다. 낙태를 하려고 황산탈륨 375밀리그램을 삼킨 18세 대학생의 목숨을 건진 사건이었다. (알고 보니 그녀는 임신이 아니었다.) 다이싸이오카브와 다이메르카프롤은 킬레이트제다. 그녀의 경우 킬레이트제를 처방받지 않았을 때 소변을 통한 탈륨 배출량은 1일 1.7밀리그램이었는데, 다이메르카프롤을 복용한 경우에는 1.6밀리그램으로 전혀 나아지지 않았고, 다이싸이오카브를 복용하면 6.1밀리그램으로 확연히 나아졌다. 학생은 차차 몸을 추슬러 7주 뒤에 퇴원했지만 그동안 거의 모든 탈륨 중독 증상들을 경험했다. 짧게는 구토와 설사로부터 길게는 탈모, 실명, 환각, 극심한 두통, 의식 불명을 겪었고 끔찍한 통증도 겪었음은 말할 필요도 없다. F. W. 선더만

(F. W. Sunderman) 박사가 1967년에 그녀의 사례를 《미국 의학 저널(American Journal of Medical Science)》(253호, 209쪽)에 보고했다.

그러나 다이싸이오카브도 이상적인 해독제와는 거리가 멀었다. 탈륨과 결합해 수용성 착물을 이룸으로써 배출을 돕긴 하지만 안타깝게도 이렇게 녹은 탈륨은 더욱 자유롭게 몸속을 돌아다닐 수 있기 때문이다. 그래서 일부가 몸 밖으로 나가기도 하지만 일부가 중추 신경계에 침투할 가능성도 높았다. 한마디로 다이싸이오카브 킬레이트 요법은 치료하는 동시에 재중독시키는 것이었다.

다이싸이오카브 같은 킬레이트제들은 소변을 통한 배출을 촉진시키지만 대변을 통한 배출에는 거의 영향을 미치지 못한다. 탈륨은 장벽에 쌓였다가 대변에 붙어 배출되는데, 안타깝게도 이 과정은 가역적이라서 대변에 붙었던 탈륨이 다시 혈관에 녹아들기도 한다. 이 재흡수를 막아 주는 것이 바로 프러시안블루, 화학명 페로사이안화철칼륨이다. (용어 설명을 참고하라.) 이 물질은 자신이 지닌 칼륨 이온을 탈륨 이온과 바꿔 탈륨 이온을 단단히 붙든 뒤 몸 밖으로 가지고 나간다.

1972년에 남아프리카의 한 병원에서 탈륨 중독 치료를 받은 26세의 여성은 프러시안블루 치료를 받은 최초의 환자들 가운데 하나였다. 그녀는 약 700밀리그램의 탈륨을 삼켰는데, 13일 동안 하루 네 번에 걸쳐 매일 3.75그램씩 프러시안블루를 주입 받고 깨끗이 나았다.

프러시안블루가 등장하면서 치사량을 넘는 황산탈륨을 먹은 사람들도 완치에 성공하는 경우가 많아졌다. 프러시안블루를 입으로 삼키게 할 수도 있지만 관을 통해 십이지장에 직접 주입하는 편이 더

좋다. 탈륨에 중독되면 위 아래쪽 조임근인 유문이 닫혀 위 내용물이 장으로 내려가기가 어렵기 때문이다. 의사들은 몸무게 1킬로그램당 약 300밀리그램의 프러시안블루를 매일 관을 통해 환자의 십이지장에 주입한다. 프러시안블루가 수월하게 지나게 하기 위해 장에 윤활제를 가할 필요도 있다.

누군가 탈륨 중독을 겪는 것 같다면 혈액이나 소변을 검사해 보면 된다. 정상보다 높은 탈륨 농도가 확인되면 해독제를 처방해 생명을 살릴 수 있다. 현대의 분석 기법을 쓰면 체액이나 조직에 1피피엠 미만으로 극히 적은 탈륨이 있는 경우에도 충분히 검출할 수 있다. 시체가 대상일 때는 조직이나 뼈에서 채취한 시료를 전자레인지에서 가열해 재처럼 바싹 말린 뒤에 측정한다.

탈륨 중독으로 죽은 사람의 장기 속 농도는 보통 몇 피피엠 수준이고, 장에서는 120피피엠까지 될 수 있다. 인체는 탈륨을 오래도록 보유하고, 탈륨은 자연적으로 체내에 존재하는 물질이 아니기 때문에, 일단 검출이 되었다면 그것은 사고가 있었다는 뜻이다. 현대의 화학 분석 기법이 얼마나 뛰어난지 잘 보여 준 극적인 사례는 밥 이글이라는 사람의 재를 검사한 사건이었다. 이제 그의 죽음에 얽힌 이야기를 들어 보도록 하자.

16 수상한 찻잔

　영원히 탈륨과 함께 기억될 연쇄 살인범이 있다면 그레이엄 영(Graham Young)이다. 앞장에서 보았듯 탈륨 중독 피해자들은 보통 다른 질환을 겪는 것으로 오진되어 쓸데없는 치료를 받게 마련이었으므로, 탈륨이 중독자에게 어떤 영향을 미치는지 정확하게 파악할 만한 기록이 드문 편이다. 그런데 그레이엄의 경우에는 몇몇 피해자들의 발병 과정이 꼼꼼하게 기록되어 있고 그레이엄이 어떤 방식으로 독약을 먹였는지도 재구성해 볼 수 있다. 왜 그레이엄이 어떤 사람은 죽이기로 했으면서 어떤 사람은 살려 두었는지는 잘 이해할 수 없지만 말이다.
　그레이엄은 두 가지 금속을 독약으로 썼다. 누군가를 괴롭혀 벌하고 싶을 때는 안티모니를, 아예 죽이고 싶을 때는 탈륨을 썼다. 그는 14세에 이미 아세트산탈륨으로 계모 몰리 영(Molly Young)을 죽였고,

후에 직장 동료 밥 이글(Bob Egle)과 프레드 브릭스(Fred Briggs)도 살해했다. 모든 피해자들에게 타타르산안티모닐나트륨이나 타타르산안티모닐칼륨을 먹였고, 몇 명에게는 치사량에 못 미치는 아세트산탈륨을 먹였다. 그레이엄 영의 억압된 분노로 인해 피해를 본 사람은 모두 13명이었다. 어쩌면 더 될지도 모른다.

성장기

그레이엄 영은 1947년 9월 7일에 세련됨과는 거리가 먼 니스덴이라는 런던 교외에서 태어났다. 어머니 마가렛은 그레이엄이 태어나고 15주 뒤인 12월 23일에 결핵으로 죽었고, 혼자 아이를 부양할 능력이 없었던 아버지 프레드 영(Fred Young)은 그레이엄을 근처 노스서큘러 로드 768번지에 사는 누이 부부에게 맡겼다. 당시 8세이던 그레이엄의 누나 위니프레드와 그레이엄은 할머니와 살러 갔다. 고모가 돌봐주었음에도 불구하고 아기 그레이엄은 이미 요람에서 앞뒤로 심하게 몸을 흔드는 등 정서 불안 장애를 겪는 아이 특유의 증상을 보이고 있었다.

어머니의 빈자리를 고모가 잘 채워 주기는 어려웠을 것 같다. 그레이엄이 잠을 잘 자지 않아 고모의 인내심을 시험하는 아이였기에 더욱 그랬다. 그나마 그레이엄이 귀에 이상이 생겨 병원에서 수술을 받아야 했기에 가정에서 정서적 안정을 누릴 시간도 별로 없었다. 아버지가 새 아내를 맞자 위니프레드와 3세 된 그레이엄은 집으로 돌아왔다. 그레이엄은 몹시 내성적인 꼬마였고, 안 그래도 불행한 유년기

는 계모 때문에 더욱 끔찍해졌다. 그는 드러내 놓고 계모를 미워했고, 계모도 아이의 증오를 맞받아쳤다. 한번은 계모가 그레이엄의 말썽에 보복한답시고 아이의 모형 비행기 수집품을 깨부순 적도 있었다. 계모는 그레이엄을 짐으로 여기는 게 분명했다. 아이가 식료품실을 뒤지는 것을 막기 위해서라는 이유로 아이를 집 밖에 내놓고 문을 걸어 잠그는가 하면, 자신이 아코디언을 연주하던 술집 밖에 세워 두고 기다리게 했다. 가족들 사이에 통하는 그레이엄의 별명은 '푸딩'이었다. 그가 뚱뚱하고 태도가 어눌했기 때문이다. 그가 더욱 내성적이고 비밀 많은 아이가 된 것도 무리가 아니었다.

그레이엄은 공부를 잘 했다. 그가 지역 고등학교 입학시험에 통과하자 아버지는 화학 실험 세트를 선물로 사 주었다. 그레이엄은 주로 개인적으로 흥미를 가진 주제에 대한 책을 읽으며 놀았는데, 범죄, 특히 독살, 의학, 오컬트와 흑마술, 나치 등이 관심 주제였다. 화학에 열광했던 그레이엄은 동네 약국의 쓰레기통에서 버려진 약병들을 주워 모았고, 학교 실험실에서 독약을 훔치기도 했다. 그것으로 계모가 아주 귀여워하던 애완 고양이를 죽였다고 한다.

어린 독살자

1960년에 12세가 된 그레이엄은 세상으로부터의 핍박에 맞서 현실적 조치를 취할 준비를 끝냈다. 그것은 계모를 제거한다는 뜻이었다. 처음에는 계모의 우상을 만들어 바늘로 찌르는 흑마술에 의지했다. 말할 필요도 없는 일이지만 초보 흑마술사의 노력이 성공할 리 없

었고, 그는 더 믿음직한 화학으로 방법을 돌렸다. 1961년 4월에 그레이엄은 약국에서 타타르산안티모닐나트륨 25그램을 샀다. 독약 판매 장부에는 M. E. 에번스(M. E. Evans)라고 서명했다. 그런데 그레이엄에게는 안된 일이지만 계모 몰리가 그의 방에서 독약을 발견해 자신의 주치의에게 알렸고 약을 판매한 약제사에게도 불평했다. 집안에 큰 다툼이 벌어졌고 가족은 그레이엄에게 다시는 독약을 사지 말라고 일렀다.

몰리의 방해를 받은 그레이엄은 다른 약국으로 구입처를 옮기고 독약들을 집 근처 웰시하프 저수지 변의 채마밭에 있는 버려진 헛간에 숨겼다. 그는 아트로핀, 디기탈리스, 아코니트, 아세트산탈륨 등 다양한 독극물들을 갖추었다. 그레이엄이 화학 중에서도 꼭 독약에만 관심이 있는 것은 아니었다. 불꽃 기술에도 흥미가 있었기 때문에 불꽃놀이 도구가 되는 다양한 화학 물질들을 사들였다. 그러다가 그만 스스로 화를 불렀다. 헛간에 불이 나서 경찰의 조사를 받게 된 것이다. 경찰은 헛간에서 온갖 종류의 화학 물질들을 발견하고 놀라지 않을 수 없었다. 관리 대상으로 지정된 독극물도 몇 포함되어 있었지만, 경찰은 더 이상 캐지 않고 넘어갔다.

1961년 내내 그레이엄은 가족과 크리스 윌리엄스(Chris Williams)라는 학교 친구에게 독약을 먹였다. 타타르산안티모닐나트륨을 한번에 100~200밀리그램 정도 먹였는데, 그 정도면 위염이나 식중독, 또는 이유를 알 수 없는 배탈에 감염된 것으로 오해할 만한 증상들이 나타났다. 그레이엄은 크리스에게 급식 대신 자기가 가져온 샌드위치를 나눠 먹자고 해 독약을 먹였다. 1961년 5월에 크리스는 월요일마다 안티모니가 가득 든 식사를 대접받았고, 먹은 것을 몽땅 토해 냈다. 한번은 둘이 런던 동물원으로 놀러 갔는데, 그때 그레이엄은 크리스에게 레모네이드를 권하면서 안 좋아진 몸을 회복시켜 줄 특별한 가루를 탔다고 말했다. 크리스의 가족 주치의가 병의 원인을 알아내지 못한 채, 소년은 계속 가슴과 위의 통증, 끔찍한 두통, 팔다리의 경련을 경험했다. 주치의는 소년을 병원으로 보냈다. 의사들은 편두통이라고 진단하면서 정신적인 이유로 인한 병인 듯하다고 했다. 크리스는 그레이엄을 매일 보지 않아도 되니 그나마 다행이었다. 매일 그레이엄의 얼굴을 봐야 했던 그레이엄의 가족에 비하면 말이다.

    1961년 11월에 그레이엄은 누나 위니프레드의 아침 찻잔에 약 50밀리그램의 아트로핀을 탔다. 위니프레드는 차 맛이 이상하다며 조금 마시고 내려놓았다. 그런데도 그날 출근길에 그녀는 현기증을 느꼈고, 직장인 런던 덴마크 가의 음악책 출판사에 도착해서는 더 심하게 아프기 시작했다. 그녀는 즉시 근처 미들섹스 병원으로 달려갔고, 아트로핀 중독 진단을 받았다. (흔히 벨라돈나라 불렸던 아트로핀은 독성이 있는 가짓과 식물에서 얻는 물질인데, 한때 동공을 팽창시키는 화장품으로 사용되었다. 멍하니 커다랗게 동공이 열린 눈이 유행했기 때문이다. 특히 여배우나 모델들이 환한 조명을 견디기 위해 즐겨 사용했다.) 그날 저녁, 당연히 집에서 또 한판 싸움이 벌어졌다. 그레이엄은 자신의 짓이 아니라고 발뺌하며 누이가 샴푸의 화학 물질 때문에 중독된 것이라고 주장했다.

    친구와 누이에게 독을 먹인 것은 그레이엄이 계획하는 주 행사, 즉 계모의 독살에 앞서 벌인 여흥에 불과했다. 그레이엄은 1961년 초부터 1962년 2월까지 계모의 음식에 타타르산안티모닐나트륨을 넣었다. 그레이엄이 일부러 소량을 반복적으로 사용해 자연적으로 앓는 것처럼 보이게 하다가 마지막에 다량으로 끝내려 했던 것인지는 분명치 않다. 어쨌든 결과적으로 그런 모양새가 되었다. 끝없는 복통에 시달리던 몰리는 궤양이 아닐까 싶어 병원에 입원했다. 병원에서는 빠르게 회복해 곧 퇴원했지만, 집으로 돌아오자마자 똑같은 상태가 되었다. 몰리는 차차 기력이 쇠했다. 더욱이 1961년 여름에 버스를 타고 가다가 교통사고를 당해 머리에 부상을 입었기 때문에 건강이 좋아질려야 좋아질 수가 없었다. (그녀가 9개월 뒤에 죽자 사람들은 이때 머리를 다쳐서 척추 꼭대기 뼈에 탈출증을 겪은 것이 사인이라고 생각했다.)

그레이엄은 1962년 4월 20일 성금요일에 몰리에게 마지막 치사량의 독을 먹였다. 이번에는 아세트산탈륨을 선택해 계모의 저녁 식사에 1,300밀리그램을 탔다. 다음 날, 잠에서 깬 몰리는 목이 뻣뻣하고 손발가락이 따끔따끔하다고 했으나 오전에 쇼핑을 갔다. 아버지 프레드가 동네 술집에서 점심을 먹은 뒤 귀가해 보니, 아내는 뒷마당에서 고통에 몸을 뒤틀고 있었고 그레이엄은 부엌 창으로 그런 그녀를 지그시 바라보고 있었다. 프레드는 몰리를 의사에게 보였고, 의사는 즉시 병원으로 환자를 이송했다. 그러나 오후 늦게 몰리는 죽었다.

검시관은 탈륨 중독을 밝혀내지 못했고 뼈 탈출증이 사인이라고 했다. 시체는 4월 26일 목요일에 골더스그린 화장터에서 화장되었다. 재는 묻지 않고 뿌렸다. 운명의 토요일에 그녀가 경험했던 것은 분명 아세트산탈륨 중독 증상이었다. 1971년에 그레이엄이 그 물질을 탔다고 실토했기 때문이다.

한 사람이 사라졌고, 한 사람이 남았다. 그레이엄은 몰리가 죽기 전부터 아버지에게 타타르산안티모닐나트륨을 먹이고 있었지만, 이제 계모가 없으니 한층 체계적으로 아버지에게 집중할 수 있었다. 그레이엄이 아버지에게 처음 독약을 먹인 것은 전해에 계모가 병원에 있을 때였다. 슬슬 프레드도 몰리처럼 몸무게가 줄기 시작했다. 그는 의사에게 갔고, 의사는 병원 진료를 추천했으나, 병원에서 입원할 만한 이상을 발견하지 못하자 그는 그냥 집으로 돌아왔다. 의사는 식사를 가볍게 할 것을 권했다. 하지만 프레드가 먹는 벵거스 환자식도 타타르산안티모닐나트륨으로 뒤덮여 있었다. 계속 구토가 일어났고, 그는 눈에 띄게 상태가 나빠졌다. 프레드는 다시 주치의를 찾아갔고, 다시 병원으로 보내졌다. 병원 의사들은 이번에는 제대로 진단했다. 비소나 안티모니 같은 자극성 독약에 중독된 것이라고 보았다. 검사 결과 안티모니가 프레드를 아프게 하고 있다는 사실이 드러났다.

그레이엄은 이때 고모 집에 머물고 있었다. 고모는 아버지에게 독을 먹였다고 그레이엄을 비난했고, 그레이엄은 물론 부인했다. 고모는 그레이엄의 방을 뒤졌지만 찾아낸 것이라고는 온통 바늘에 찔린 사람 모양 인형뿐이었다. 그레이엄이 누이에게 독을 먹였던 일을 알고 있는 고모는 의사에게 그레이엄이 수상하다고 일렀다. 그레이엄은 올가미에 걸리기 일보 직전이었다. 다만 결국 그를 낚아챈 것은 집이 아니라 학교에서의 행동이었다.

그레이엄은 똑똑한 편이었지만 과학을 제외한 다른 과목의 성적은 그저 그런 편이었다. 존켈리 중학교의 친구들은 그를 '미친 교수'라고 불렀고 그는 장차 악명 높은 독살자가 되겠다는 꿈을 친구들에게 공공연히 말하고 다녔다. 그레이엄은 학교 실험실에서 클로로폼으로 친구를 마취시키려고도 했다. 또 독약을 가지고 등교하기 시작했다. 결국 독약에 대한 그레이엄의 집착을 알게 된 교사들이 관심을 기울이기 시작했다. 과학 교사는 크리스 윌리엄스의 병에 그레이엄이 관련된 것 같다는 의혹을 교장에게 털어놓았고, 교장은 그레이엄 가족의 주치의인 윌스에게 전화해 가족 역시 알 수 없는 병을 앓았다는 이야기를 들었다. 그레이엄이 기이한 행동을 보이는 것은 틀림없었고, 이런 정보들도 있는 마당이니, 의사와 교장은 정신과 의사의 진단을 들어 보기로 했다.

1962년 5월 22일 화요일, 정신과 의사가 아동 상담 지도국에서 나온 사람으로 가장하고 학교에서 그레이엄을 만났다. 의사가 약간 부추기자 그레이엄은 화학에 대한 지식을 줄줄 늘어놓았다. 그레이엄은 대학에 합격할 수 있을 만큼 영리한 것 같았지만, 대화를 통해 드러난 그의 화학 지식은 상당한 수준이긴 해도 거의 전부 독약에 관한 것뿐이었다. 면담을 끝낸 의사는 그레이엄이 사이코패스적 독살자가 분명하다고 결론내렸다. 상황을 전해들은 경찰은 다음날 등굣길에 그레이엄을 붙잡았다. 그의 셔츠에서 타타르산안티모닐나트륨 병이 나왔다. 그레이엄은 아버지에게 독을 먹인 것을 고백했고, 웰시하프 저수지 근처 헛간과 근처 산울타리에 독약들을 숨겨 두었다고 실토했다. 그의 방에서도 독약과 화학 물질들이 더 발견되었다. 그레이엄은 중앙 형사 법원으로 이송되기에 앞서 애슈퍼드 소년 구치소에 들어갔다. 구치소에서 그는 넥타이로 목을 매 자살을 기도했으나 실패했다. 이후에 일어난 일들을 생각해 볼 때 자살에 실패한 것은 차라리

유감스러운 일이라 하겠다.

1962년 7월 5일에 재판이 열렸다. 아버지, 누이, 크리스 윌리엄스에 대한 살인 미수 혐의였다. 그레이엄은 유죄를 인정했다. 애슈퍼드 구치소의 선임 의료원인 크리스토퍼 파이시(Christopher Fysh)와 과학자 도널드 블레어(Donald Blair)는 그레이엄에게 적합한 곳은 브로드무어라고 추천했다. 그곳은 정신 이상 범죄자들을 수용하는 것으로 유명한 기관이었다. 그레이엄의 아버지는 만약 그레이엄이 풀려난다고 해도 그에게는 갈 곳이 없다는 사실을 법정에 단단히 알렸다. 노스서큘러로드의 집은 이미 팔렸고 프레드는 누이와 함께 살기로 했다. 판사는 그레이엄에게 브로드무어에서의 15년 형을 선고했다. 재판은 속전속결로 끝났다. 계모 몰리의 죽음이나 아세트산탈륨에 대해서는 한마디도 거론되지 않았다.

브로드무어

그래 봐야 고작 15세였던 그레이엄은 브로드무어에서 세 번째로 어린 수감자였다. 처음에 그는 비협조적으로 굴었지만, 18세 무렵이 되자 조기 석방되기 위해서는 독약에 대한 정신병적 집착을 치료해야 한다는 것을 깨달았다. 아니, 최소한 치료된 것처럼 보여야 했다. 1970년 가을, 5년 동안 교화된 사람처럼 정상적으로 굴려 애쓴 덕분에, 그레이엄은 의사들을 충분히 안심시켜 석방 신청을 할 수 있었다. 당시 내무 장관이었던 레지널드 모들링(Reginald Maudling)은 그레이엄의 석방 신청을 받아들였다.

모들링이 그레이엄의 석방을 허가하지 말아야 할 이유가 있었을까? 아니다. 여기 이 남자가 비록 아버지, 누이, 친구에게 독을 먹였지만 그것은 법적 책임을 지는 나이를 갓 통과한 시점의 일이었다. 공식적으로는 아무도 죽이지 않았고, 사람들에게 조금 피해를 입혔을 뿐이다. 남들에게 훨씬 심한 상처를 입힌 성인 정신병자들도 그레이엄처럼 가혹한 형을 받지는 않았다. 또한 그레이엄의 정신 상태는 극적으로 개선된 것 같았다. 하루속히 사회로 돌아가지 않으면 영원히 감옥에 안주해 버려서 직접 생계를 꾸리고 정상적인 삶을 살아가는 능력을 잃을지도 몰랐다.

그레이엄의 사회 재활을 추천한 사람은 브로드무어의 의료 감독인 패트릭 맥그라스(Patrick McGrath)와 그레이엄을 담당했던 정신과 의사 에드거 어드윈(Edgar Udwin)이었다. 그레이엄은 의학 지식으로 중무장해 있었으므로 마치 다 나은 듯 감쪽같이 그들을 속일 수 있었다. 간혹 반대의 행동을 보이기는 했지만 말이다. 그가 여전히 독약에 집착한다는 사실은 간호사들과 다른 환자들이 더 잘 알았다.

그레이엄이 브로드무어에 머무는 동안 네 건의 독약 사고가 일어났다. 첫 번째 사고는 부모를 총으로 쏘아 죽인 죄로 수감된 23세의 전직 군인 존 베리지(John Berridge)가 사이안화 화합물을 먹고 죽은 일이었다. 교도소 측은 자살로 결론내렸다. 어디서 난 독약인지는 밝혀지지 않았으나, 수감자들은 그레이엄이 구내에서 자라는 월계수 잎에서 독을 추출했다고 수군거렸다. 실제로 월계수는 사이안화물의 공급원이다. 후에 그레이엄은 자신이 베리지를 독살했다고 고백했다. 어쨌든 이 사건 이후 사람들은 월계수 나무를 모두 잘랐다.

그레이엄은 독살자로서의 자신을 동료 수감자들에게 감출 마음이 전혀 없었다. 오히려 악명을 자랑스러워했고, 자신에게 지급된 차, 커피, 설탕 통에 잘 알려진 독약 이름들을 붙여 두었다. 그레이엄이 감독 없이 구내를 돌아다닐 수 있는 초록 카드를 지급받자 간호사들은 공포에 질렸고, 《데일리 스케치(Daily Sketch)》라는 타블로이드 신문에 그 이야기를 제보해 1963년 8월 신문에 관련 기사가 실릴 정도였다. 하지만 그레이엄에 대한 치료는 다른 수감자들과 동등한 원칙에서 이루어진 것이었고, 신문은 맥그라스 박사의 전문성을 의심해 미안하다는 내용의 사과문을 그해 말에 게재해야 했다.

사람들의 의심을 잠재우고 의료진의 공포가 근거 없음을 확인시키기 위해, 맥그라스 박사는 그레이엄을 의료진의 차 시중을 드는 급사로 지명했다. 하지만 그레이엄은 어느 날 하픽 화장실 청소제를 차에 섞었고, 바로 급사 일에서 잘렸다. 그 후 그가 또 수감자들의 차 단지에 메인저스 흑설탕 비누를 섞자 감독관들은 '독방'에 한동안 가두는 처벌로 한층 심하게 다스렸고, 수감자들은 죽도록 그를 때려 주었다. 이런 갖가지 사건들은 그레이엄이 앞으로 저지를 일에 대한 경고나 마찬가지였건만 사람들은 크게 신경쓰지 않았다.

브로드무어에서 그레이엄은 정치적으로도 활발하게 활동했다. 히틀러와 나치의 열광적인 추종자였던 그는 나치 기념품들로 감방을 장식했고, 직접 만든 청동 만(卍)자 메달을 찼고, 자신이 집단 수용소의 지휘관이라 상상하며 독가스로 대량 학살하는 몽상을 하고는 했다. 그는 1960년대의 영국 극우파 정당인 국민 전선 브로드무어 지부에도 가입했다. 한번은 당원인 한 노부인이 그를 방문해 히틀러의 숲

속 은둔처 베르히테스가덴에서 영국으로 공수해 온 벽돌 하나를 기념으로 준 적도 있었다.

점잖게 굴고 세상에 정상적인 태도를 보인 보람이 있었다. 1970년 6월 16일에 가석방을 확신한 그레이엄은 누이 위니프레드에게 편지를 썼다. "몇 달만 더 있으면 누나의 다정한 이웃 프랑켄슈타인이 자유의 몸이 될 거야!" 내무 장관의 허가가 떨어졌고, 11월에 그는 헤멀 헴프스테드에 있는 누나와 매형 데니스 섀넌(Dennis Shannon)의 집에서 시험 삼아 1주일을 보내게 되었다. 모든 일이 순조로웠다. 그레이엄이 다소 과묵한 것이야 당연한 일이었고, 크리스마스 무렵에 다시 1주일 휴가를 얻었을 때는 좀더 사교적인 모습을 보였다. 이렇게 계속 나아지지 못할 이유가 없어 보였다. 그레이엄은 1971년 2월 초에 완전히 풀려났다. 그러나 사실 23세의 그레이엄은 하나도 바뀌지 않았다. 나이 든 독살자가 되었을 뿐이다.

석방 얼마 전에 그레이엄은 브로드무어에 감금되었던 햇수만큼 사람을 독살해 사회에 복수하겠다고 한 간호사에게 큰소리쳤다. 그는 학교 친구들에게 했던 말을 동료 수감자들에게도 했다. 자기 인생 최대의 야망은 대량 독살자로서 역사에 남는 것이라고 말이다. 그가 아무에게도 토로하지 않았던 사실은 이 말이 진심이라는 것이었다. 탈륨에 대해 잘 알았던 그는 탈륨이야말로 완벽한 독약이라고 믿었다. 계모를 대상으로 완전 범죄를 저지른 후 그의 야망은 더 이상 허풍이 아니라 현실이었다. 아세트산탈륨은 물에 잘 녹고, 무미, 무색, 무취했다. 효과가 늦게 드러나고, 다른 질환과 헷갈리는 증상을 보이고, 영국 의료계가 거의 아무 지식도 갖지 못한 물질이라는 점에서 탈륨은 완벽한 도구였다. 그레이엄은 혼란을 더하기 위해 아세트산탈륨을 쓰는 중간중간 타타르산안티모닐나트륨도 사용할 셈이었다.

어른 독살자

그레이엄은 1971년 2월 8일 목요일에 브로드무어를 나와 누나의 집에서 주말을 보냈다. 누나 위니프레드는 바깥세상에서 그가 기댈 수 있는 유일한 사람이었다. 은퇴한 아버지는 쉬어니스에 있는 제 누이와 매형 잭의 집에서 살았고, 벌써 몇 년 째 그레이엄과 연락하지 않았다. 그레이엄 역시 다시 아버지와 관계를 맺을 생각이 없었다.

다음 주에 그레이엄은 슬라우에 있는 정부 훈련 센터로 가서 3개월짜리 창고 관리 교육 과정을 듣기 시작했다. 그레이엄에게는 전혀 어렵지 않은 작업이었다. 브로드무어에서 그는 공부를 게을리 하지 않았고 당시의 정규 교육 인정 시험을 몇 단계 통과하기도 했다. 그는 슬라우에서 약 10킬로미터 떨어진 치퍼넘의 한 호스텔에 묵었다. 그곳에서 34세의 트레버 스파크스(Trevor Sparkes)와 친구가 되었다. 그레이엄이 왜 스파크스에게 독을 먹였는지는 의문이다. 두 번째 재판에서 그레이엄은 이 혐의에 대해서는 무죄를 인정받았지만 더 나중에 자신이 스파크스에게 타타르산안티모닐나트륨을 먹였다고 고백했다.

스파크스는 2월 10일 수요일 저녁에 몸이 아프기 시작했다. 그레이엄과 대화를 나누며 그가 주는 물 한 잔을 마신 후였다. 스파크스는 그 밤 내내 몹시 앓으며 설사를 했다. 설사는 이후 4일 동안 지속되었고, 고환에도 통증이 왔다. 스파크스는 토요일에 축구를 하러 가서

도 내내 몸이 안 좋아 경기 시작 몇 분 만에 시합을 포기했다. 그로부터 6주 뒤, 스파크스는 다시 그레이엄과 저녁 시간을 보내며 포도주를 좀 마시고 나서 또 앓기 시작했다. 그는 4월 8일 목요일에 의사를 찾아가 요로 감염 진단을 받았다. 다행스럽게도 스파크스는 4월 30일 금요일에 슬라우를 떠났고, 15개월 뒤에 그레이엄의 재판에 출석할 때까지 그레이엄을 만나지 않았다. 하지만 그의 증상은 여름 내내 지속되었다. 그는 피로감과 근육통 때문에 병원에서 두 차례 진료를 받았고, 가을이 되어서야 서서히 회복했다.

그레이엄이 스파크스의 포도주 잔에 섞은 것이 타타르산안티모닐나트륨이라면, 어디서 그 물질을 구한 걸까? 그가 처음 독약 구입을 시도한 것은 4월 17일 토요일, 그러니까 스파크스가 처음으로 앓고 난 뒤 9주가 지난 시점이고, 두 번째로 발병한 지 1주일이 지난 시점이었다. 런던 위그모어 가의 존벨 앤드 크로이든 약국에서 일하는 약제사 앨버트 킨(Albert Kearne)은 문서로 된 허가증이 없으면 독약을 팔 수 없다면서 그레이엄의 청을 거절했다. 그러자 다음 주 토요일에 그레이엄이 베드퍼드 칼리지의 메모지를 들고 왔는데, 타타르산안티모닐나트륨 25그램을 요청한다고 손 글씨로 적혀 있었다. 베드퍼드 칼리지는 런던 대학교 소속으로 위그모어 가에서 멀지 않은 곳에 있었다. 약제사가 어디에 쓸 것인가 묻자 그레이엄은 정량 정성적 화학 분석 실험에 필요하다고 했다. 실제로 이 화합물이 사용되는 타당한 실험들이 있었고 그레이엄은 **정말** 대학의 연구생처럼 보였기에 그는 독약 구입에 성공했다. 그레이엄은 5월 5일 수요일에 다시 와서 타타르산안티모닐나트륨을 추가로 구입하고 아세트산탈륨도 샀다. 이때 그레이엄은 창고 보조 직원 일자리를 막 구한 참이었고, 토요일에는 슬로우를 떠났다.

그레이엄이 묵었던 호스텔의 숙박인들이 위통을 앓았다는 주장도 있었지만, 그것은 독약 때문이 아니라 그냥 감염성 배탈이었을 가능성이 높다. 그게 아니라면 그레이엄이 동네 약국에서 타타르산안티모닐나트륨을 구입해 사용했지만 구입 내역이 비밀로 남았다는 게 된다. 아무튼 그레이엄은 슬로우에 머물렀던 마지막 2주 동안에는 확실히 독약을 갖고 있었다. 그러니 호스텔 주민들에게 독약을 사용했을 가능성도 완전히 배제할 수는 없다.

그레이엄이 슬로우에서 교육을 받을 때 관계자들은 그가 발전하는지 줄곧 지켜보았다. 세 차례 그레이엄을 면담한 정신과 의사는 그가 바깥세상에 잘 적응하고 있으며 직업 훈련도 만족스럽게 진행되고 있다고 보고했다. 그레이엄은 보호 관찰관에게도 매주 행적을 보고해야 했다. 4월 14일에 그레이엄은 허멜헴프스테드 근처 보빙던에 있는 한 회사 창고에 보조 직원으로 지원했다. 그레이엄은 지원서에 화학과 독물학을 공부했다고 적었다. 존 해드랜드(John Hadland) 소유의 그 회사는 광학 렌즈와 특수 사진 기기들을 생산하는 곳이었다. 4월 23일 금요일, 그레이엄은 관리 감독 고드프리 포스터(Godfrey Foster)에게 면접을 보았다. 포스터는 당연히 출신에 대해서 물었고, 이곳이 첫 직장이냐고도 물었다. 그레이엄은 어머니가 교통사고로 사망한 뒤 신경 쇠약에 걸렸었다고 대답했다. 다음 월요일, 그레이엄의 슬로우 교육 과정에 대한 보고서와 의사 어드윈의 진단서가 회사로 배달되었다. 1971년 1월 15일 날짜가 찍힌 진단서에 따르면 그레이엄

은 "심각한 인격 장애"를 겪었으나 "놀랍도록 쾌차해 이제 본원을 나서도 될 정도로 건강"해졌고, "평균 이상의 지력"을 갖고 있고, "어느 공동체에나 잘 적응해 사람들의 눈길을 끌지 않을 것"이라고 했다. 이로써 그레이엄에 대한 의혹은 씻은 듯 사라졌다. 포스터는 주급 24파운드에 자리를 제안했고 5월 10일 월요일 오전 8시 30분에 출근하라고 했다. 그레이엄은 기꺼이 수락했다. 이렇게 해서 말쑥하게 차려입고 말투가 조용조용한 청년이 운명의 월요일 오전에 동료들에게 소개되었다. 그들 중 4명은 그레이엄이 제공한 아세트산탈륨을 먹어 그중 둘이 죽을 것이었고, 다른 4명은 안티모니 독약을 먹게 될 운명이었다.

그레이엄이 일하게 된 뉴하우스 연구소는 직원 70명을 거느린 번창한 회사였다. 창립자 존 해드랜드는 사용이 중지된 보빙던 전시 비행장 근처에 있는 뉴하우스 농장을 인수해 회사를 확장했다. 회사의 강점은 이마콘 카메라를 생산한다는 것이었다. 그것은 6000만 분의 1초라는 극히 짧은 노출 시간으로 사진을 찍을 수 있는 카메라였다. 이 회사가 영국에서 탈륨을 적법하게 사용하는 몇 안되는 회사 가운데 하나였다는 점은 참으로 묘한 우연이다. 탈륨은 렌즈 재료인 유리에 높은 굴절률을 주는 효과가 있다. 탈륨을 함유한 유리는 인체에 무해하다. 탈륨이 유리에 강력하게 결합해 절대 떨어지지 않기 때문이다. 그러므로 창고에 탈륨 화합물 같은 것은 보관되어 있지 않았다. 그레이엄이 아세트산탈륨을 얻기 위해서는 런던까지 나가 구입해야 했다.

허멜헴프스테드에는 위니프레드가 살고 있었다. 그레이엄은 처음에 누나의 집에서 묵었는데, 매주 만나던 보호 관찰관이 독립할 필요가 있다며 혼자 살 집을 구하라고 조언하자 옳다구나 하며 방을 얻었다. 그는 허멜헴프스테드의 메이너드로드 29번지에서 완벽한 숙소를 찾아냈다. 파키스탄 이민자인 모하메드 사디크(Mohammed Saddiq) 부인의 집으로, 그레이엄의 거처는 1주일에 4파운드짜리 작은 방 하나였다. (부엌은 없었다.) 그레이엄은 집주인이나 다른 하숙인들과 거의 접촉하지 않고 지냈다. 그것이야말로 그가 원하던 바였다. 이제 제 공간을 갖게 된 그레이엄은 나치 휘장으로 방을 꾸미고 독약 수집품들을 떳떳하게 보관했다. 이후 6개월 동안 그의 방을 찾은 손님은 하나도 없었다. 그 역시 그가 바라던 바였다.

겉으로 보기에 그레이엄은 조금 외로운 독신남다운 정상 생활을 영위했다. (그는 동성애자는 아니었던 것 같지만 여성들과 원만한 관계를 맺지 못했다.) 1주일에 5일은 회사에서 일했고, 정기적으로 누나 가족을 방문해 제대로 된 식사를 했고, 평소에는 동네 패스트푸드 식당에서 밥을 먹었다. 주말이면 때때로 세인트알반스로 가서 사촌 샌드라를 만났고, 아주 가끔 쉬어니스에 있는 아버지를 만나러 가기도 했다. 세인트알반스를 방문할 때 그곳 약국에서 독약을 사기도 했다.

그레이엄은 한두 가지 묘한 습관을 갖고 있었다. 예를 들어 무엇이든 먹고 나면 반드시 이를 닦았고, 그러기 위해서 늘 칫솔을 들고 다녔다. 또 곤충을 죽이는 것을 광적으로 좋아했다. 대부분의 동료들처럼 담배를 피고 술을 마셨지만 대화 주제는 조금 이상했다. 죽음, 전쟁, 나치, 오컬트 등에 치우쳐 있었다. 그레이엄의 의학과 화학 지식이 너무 대단했기 때문에 동료들은 그가 의대 시험에 떨어져서 이곳으로 왔다고 생각했다. 5월 말이면 그레이엄은 직장에서 얼추 자리를 잡았다. 메이너드로드의 방에는 산더미처럼 독약을 쌓아 두었고, 드디어 공격 준비를 마쳤다. 그레이엄의 첫 희생자는 수석 창고 직원인 59세의 밥 이글이었다.

밥 이글 살인 사건

그레이엄의 범행 방식은 피해자의 아침 커피나 오후 차에 독약을 섞는 것이었다. 신입 직원인 그레이엄은 복도에 있는 음료 준비대에서 음료들을 가져오는 임무를 맡고 있었다. 따라서 의심받지 않고 자연스럽게 약을 탈 수 있었다. 또 사람마다 무늬가 다른 잔을 썼으므로 원하는 사람에게만 정확히 약을 먹일 수 있었다. 게다가 준비대에서 창고까지 음료를 나르는 중간에 잠시 누구의 눈에도 띄지 않는 곳이 있었다. 그레이엄은 독약을 늘 갖고 다니며 자기를 괴롭히는 사람의 잔에 바로 넣을 수 있었다.

해드랜드의 창고는 업무 공간과 뒷방으로 이루어져 있었는데, 그레이엄은 이 뒷방에서 밥 이글의 감독 아래에 일했다. 동료로는 지방 의회 의원이기도 한 프레드 빅스, 론 휴이트(Ron Hewitt), 다이애나 스마트(Diana Smart)가 있었다. 밥 이글은 6월 3일 목요일에 처음 타타르산안티모닐나트륨을 먹었다. 곧 이상을 느낀 그는 이후 3일 동안 메스꺼움과 설사로 침대에서 꼼짝하지 못했다. 이글은 다음 주 월요일에 일터로 돌아왔지만 곧 증상이 재발했고, 그 다음 주도 마찬가지였다. 이글과 아내는 결국 휴가를 쓰기로 하고 6월 19일 토요일부터 6월 26일까지 1주일 동안 노퍽 해안의 그레이트야머스로 여행을 떠났다. 다음 월요일에 복귀했을 때 이글은 건강이 훨씬 나아진 듯했다.

이글이 자리를 비운 주의 금요일, 그레이엄은 위그모어 가의 약국에서 아세트산탈륨 25그램을 샀다. 그리고 이글이 돌아온 월요일에 바로 그의 오후 찻잔에 치사량을 섞었다. 다음 날 탈륨이 효력을 드러내기 시작했고 오후가 되자 이글은 손가락 끝이 얼얼하다고 불평했다. 저녁에는 상태가 급속히 나빠졌고, 등에 통증을 느꼈으며, 발의 감각이 없어졌다. 이글은 고통에 휩싸여 한숨도 자지 못했다. 그 모습을 본 아내가 새벽 6시 30분에 의사를 불렀다. 의사는 말단 신경염이라고 진단하고 알약을 처방했지만 이글은 약을 삼킬 수조차 없었다. 상태가 자꾸 악화되자 의사가 다시 들렀고, 결국 이글은 허멜헴프스테드의 웨스트허트퍼드셔 병원으로 이송되었다. 7월 1일 목요일, 몹시 악화된 그는 세인트알반스 시립 병원 중환자실로 옮겨졌다. 의사와 간호사들이 이미 두 번이나 멎은 심장을 살리려 온갖 노력을 기울였지만, 이글은 점차 마비 증세를 보이다가 7월 7일 수요일에 죽고 말았다. 부검 결과 사인은 급성 다발 신경염을 동반한 폐렴이라고 했다. 신경 세포를 둘러싼 미엘린 수초에 자가 면역 반응이 일어나는 현상으로서 길랭바레 증후군이라고도 알려진 증상이었다. 보기 드문 경우였기에 의사들은 이글의 신장 한쪽을 떼어 보관했다. 나중에 이것을 조사해 보니 2.5피피엠의 탈륨이 검출되었다.

이글이 앓을 동안 그레이엄은 몇 번이나 그의 상태가 어떤지 물었다. 그래서인지 관리 감독 고드프리 포스터는 동료들을 대표해 이글의 장례식에 참석할 때 그레이엄을 데려갔다. 두 사람이 장례식과 화장터에 갔다가 회사로 돌아오는 동안, 그레이엄은 풍부한 의학 지식

으로 포스터에게 깊은 인상을 남겼다. 포스터는 심지어 이글의 죽음으로 공백이 된 수석 직원 업무를 임시로 그레이엄에게 맡기기로 했다. 사실 다른 직원 론 휴이트가 이글이 죽은 지 이틀째인 직전 금요일부터 자리를 비웠기 때문에 선택의 여지가 없는 결정이기도 했다.

이글이 사라지자 그레이엄의 관심의 대상은 론 휴이트가 되었다. 그레이엄이 6월 8일에 이미 휴이트의 차에 타타르산안티모닐나트륨을 탔으므로 휴이트는 지난 달부터 간간이 앓고 있었다. 당시 휴이트는 복통, 설사, 목구멍의 타는 듯한 느낌 때문에 조퇴를 했고, 다음 날인 수요일에 의사를 찾아가 식중독 진단을 받았다. 그는 그 주 내내 구토, 복통, 설사에 시달렸으나 월요일에 출근할 때는 괜찮아 보였다. 다음 3주 동안 이와 비슷한 일이 열두 차례나 거듭 일어났다. 그가 다른 직장으로 옮기려고 회사를 떠난 뒤에야 증상이 사라졌다. 그레이엄이 왜 휴이트를 노렸는지는 알다가도 모를 일이다. 휴이트는 어차피 회사를 떠날 몸이었고 지난 달부터는 그저 퇴직 예고 기간을 채우기 위해 출근하고 있었기 때문이다. 사실 그레이엄이 고용된 것도 휴이트의 빈자리를 고려한 일이었다.

직장을 구한 지 2개월 만에 그레이엄은 비록 정상 경로는 아닐지언정 그래도 순전히 자신의 힘으로 어느 정도 책임 있는 자리에 오르게 되었다. 어쩌면 그는 새로운 역할에 충실하면서 좋은 창고 관리인이 되고자 진지하게 노력했을 수도 있다. 일 처리는 대체로 뒤죽박죽이었지만, 이후 3개월 동안 간혹 다이애나 스마트의 차에 타타르산안티모닐나트륨을 탄 것 말고는 다른 활동을 자제했던 걸 보면 말이다. 스마트에게 약을 먹인 것도 그녀가 특히 그를 짜증나게 하는 날 일찍

수상한 찻잔 251

조퇴시키기 위한 정도에 그쳤다.

이 기간 중에 그레이엄은 좀더 사교적인 사람이 되었다. 시간제 직원인 프레드 빅스를 도와주려고 나서기까지 했다. 빅스가 자기 집 정원의 해충에 대해 불평하자 그레이엄이 처음에는 니코틴을, 다음에는 아세트산탈륨을 주겠다고 했다. 빅스는 아세트산탈륨 15그램짜리 한 봉지를 그레이엄에게 받아서 집으로 가져갔으나 한번도 사용하지 않았다. 그리고 다음 번에 빅스는 그레이엄으로부터 차에 섞은 아세트산탈륨을 받게 된다.

독살의 가을

비교적 평온한 여름이 흘렀다. 이른바 보빙던 '배탈'은 1971년 가을에 불같이 다시 습격해 왔다. 회사 사람들도 창고 직원들이 줄줄이 앓는 것을 눈치챘고, 어떤 세균이 유행하는 것은 아닐까 생각하면서 보빙던 배탈이라는 이름을 붙였다. 감염성 위염이 발발했다고 생각했던 것이다. 그레이엄은 피해자들의 안티모니 중독 증상을 보빙던 배탈이라는 가면으로 가릴 수 있었다.

배탈에 가장 취약한 사람은 다이애나 스마트였다. 그녀는 몸에서 불쾌한 냄새가 나는 부작용도 겪었다. 같은 회사에서 일하는 남편이 한 침대에서 자기를 꺼릴 정도였다. (의사는 그녀의 발 냄새를 무좀이라고 진단하고 치료했다.) 쉴 새 없이 타타르산안티모닐나트륨에 노출된 결과, 그녀는 우울증과 초조감에 시달렸다. 나중에 그레이엄이 유죄 판결을 받은 뒤 범죄 피해 보상 위원회는 그녀에게 367파운드의 배

상금을 결정했다.

  10월 초, 그레이엄은 동료들의 음료에 아세트산탈륨을 섞기 시작했다. 첫 희생자는 수출입 부서에서 일하는 데이비드 틸슨(David Tilson)이었다. 틸슨은 10월 8일 금요일 오전 늦게 마신 차를 통해 독약을 섭취했다. 입맛에 맞지 않게 차가 달았기 때문에 조금만 마신 게 다행이었다. 그레이엄은 탈륨의 맛이 드러날까 봐 차에 설탕을 탔던 것이다. 덕분에 틸슨은 독약을 조금만 마셨고 그런데도 중독 증상들이 드러났으니, 차를 다 마셨다면 결과는 뻔했을 것이다. 앞서 이글이 맞이한 운명, 즉 죽음이었을 것이다.

  다음 날인 토요일, 틸슨은 발이 따끔따끔한 것을 느꼈고, 일요일에는 다리 전체가 얼얼해졌다. 그는 월요일에 의사에게 갔고 수요일에는 아직 다리가 조금 뻣뻣한 데도 그냥 출근했다. 틸슨은 주중에 열심히 일한 뒤 금요일에 두 번째로 아세트산탈륨을 마셨다. 그레이엄은 틸슨에게 한 번 더 약을 먹일 계획을 미리 세우고 있었다. 틸슨을 병원에 입원시킨 뒤 아세트산탈륨이 든 작은 브랜디 병을 들고 면회를 가는 것이 원래 생각이었기 때문이다. 틸슨이 단맛 나는 차를 다 마셨다면 분명 입원을 했겠지만, 그러지 않았으니 그레이엄은 다시 직장에서 차에 약을 탈 수밖에 없었다.

  주말에 틸슨의 다리는 점점 나빠졌고 가슴 통증도 심해져 숨을 쉬기 어려울 지경이었다. 틸슨은 다시 의사를 찾아갔다. 월요일에는 잠을 잘 수 없었고, 몸에 덮는 이불 무게조차 견디지 못했다. 급격히 쇠약해진 틸슨은 10월 20일 수요일에 세인트알반스 시립 병원에 입원했다. 그곳에서 회복하기 시작했고, 다음 주 목요일에는 퇴원해도 좋을 정도가 되었다. 그런데 다음 날인 10월 29일부터 머리카락이 빠지기 시작했다. 틸슨은 2일 만에 대머리가 되었다. 11월 1일 월요일에 그는 다시 입원했다. 병원의 코완 박사가 중독을 의심하고 평소 생활 습관이며 식습관을 캐물었으나 허탕이었다. 틸슨은 5일 뒤에 또 퇴원했고 몇 주 동안 더 요양한 뒤 직장에 복귀했다. 틸슨에게 남은 장기적 이상은 발기 부전이었다. 범죄 피해 보상 위원회가 결정한 배상금은 460파운드였다.

틸슨이 퇴원하기 하루 전, 이번에는 프레드 빅스가 입원을 했고, 틸슨이 퇴원한 날인 11월 5일에는 또 다른 직원인 제스로 배트(Jethro Batt)가 같은 증상으로 입원했다. 빅스에 대해서는 잠시 뒤에 보기로 하고 먼저 배트 이야기를 하자. 39세의 배트는 보빙던에서 상당히 떨어진 할로라는 곳에 살았다. 배트는 혼잡한 시간을 피해 퇴근할 수 있도록 늦게까지 일하는 편이었고, 이때쯤 커피를 한 잔 마시고는 했다. 그는 그레이엄과 친하게 지냈고 그레이엄이 늦게까지 일할 때는 허멜헴프스테드까지 차를 태워 주기도 했다.

10월 15일 금요일, 그레이엄이 틸슨의 차에 두 번째로 아세트산탈륨을 넣은 날, 배트는 그레이엄이 늦게까지 일하는 것을 보았다. 배트는 그레이엄이 타 준 커피를 받았지만 맛이 너무 진해 한 모금만 마셨다. 그런데 틸슨과 달리 그 정도로도 충분한 양의 독을 섭취했기 때문에 곧 전형적인 탈륨 중독 증상들을 보이기 시작했다. 배트는 귀가하자마자 메스꺼운 기분을 느껴 바로 잠자리에 들었다. 다음 날인 토요일에는 다리에 이상한 감각을 느꼈고, 일요일에는 다리가 아예 얼얼해지면서 위통이 시작되었다. 월요일 아침에 배트는 의사를 찾아가

독감 진단을 받았다.

틸슨과 배트가 드러낸 증상들은 당시에 백선 치료를 위해 탈륨을 처방받은 사람들이 부작용으로 경험한 증상들과 아주 비슷했다. 당시 성인의 1회 복용량은 대개 500밀리그램이었다. 틸슨과 배트가 차나 커피를 4분의 1쯤 마시고 버렸더라도 그레이엄이 한 잔에 2그램씩 독약을 탔던 듯하니, 과연 치명적인 양을 먹은 셈이었다. 그레이엄은 분명 두 사람을 죽일 마음이었다. 나중에 그레이엄은 배트에게 2회 분량인 4그램의 독약을 먹였다고 고백했다. 그 정도 양이면 죽고도 남을 수준이지만 다행히도 배트는 아주 조금만 섭취했다. 중독 증상은 드러났으나 죽을 정도는 아니었다.

10월 21일 목요일에 배트는 침대에서 일어날 수 없었다. 발이 아팠고 위와 가슴에 통증이 있었다. 하루하루 지나면서 탈륨은 뇌에도 영향을 미쳤다. 배트는 착란을 겪었고 환각을 보았다. 우울증이 너무 심해져서 자살을 꿈꾸었다. 둘째 주가 끝날 무렵 탈모가 시작되었고 세 번째 주 금요일에 그는 입원을 했다. 틸슨과 마찬가지로 배트도 건강을 되찾았으나 역시 발기 부전이 되었다. 배트는 결혼한 몸이었기에 보상 위원회는 틸슨보다 그의 생식력 손실이 더욱 큰 결함이라 판단하고 950파운드의 지급을 결정했다.

프레드 빅스 살인 사건

이제 틸슨과 배트가 눈앞에서 사라져 한동안 돌아오지 못하게 되었다. 그레이엄은 다시 타타르산안티모닐나트륨을 쓰기 시작했다. 10월의 마지막 두 주 동안 그레이엄은 다이애나 스마트와 56세의 프레드 빅스에게 여러 차례 독약을 먹였고, 두 사람은 다시 보빙던 배탈을 앓았다. 빅스는 창고에서 벌어지는 골치 아픈 일들에 대해 그레이엄이 제대로 처신하지 못하는 것을 알아차렸고, 두 남자는 이 문제로 대립했다. 이런 경우 그레이엄의 대답은 단 하나, 아세트산탈륨이었다. 기회는 10월 30일 토요일에 찾아왔다.

그날 프레드는 아내와 함께 그레이엄의 일을 도우러 왔다. 연례 재고 조사였다. 그레이엄은 세 사람이 마실 음료를 만들기 위해 음료 찬장의 열쇠를 받았고, 빅스에게 아세트산탈륨 3회 분량을 먹였다. 그레이엄은 독살 시도들을 꼼꼼히 기록한 낱장 교체식 공책을 갖고 있었는데, 이른바 그 '일기'를 보면 빅스에게 먹인 것은 "특별한 화합물"이었다고 적혀 있다. 일기는 재판에서 그레이엄에게 가장 불리한 증거로 작용했다. 그레이엄이 그런 기록을 남긴 이유를 생각해 보면 절대 잡힐 리 없다고 믿었기 때문이라고밖에 해석할 도리가 없다.

재고 조사를 한 토요일 저녁에 빅스는 아내와 함께 런던으로 외출할 정도로 멀쩡했지만, 일요일부터 몹시 앓기 시작했다. 월요일에는 가슴 통증 때문에 자리에서 일어나지 못했다. 화요일에 의사가 와서 빅스의 발에 통증이 심한 것을 목격했고, 수요일에 빅스는 허멜헴프스테드 종합 병원에 입원했다. 회사에는 온갖 소문이 난무했다. 데이비드 틸슨, 제스로 배트, 이제 프레드 빅스까지 한결 흉악해진 보빙던 배탈에 쓰러졌다. 그레이엄은 아무 말도 하지 않았다. 하지만 사람들은 그가 의학에 관심이 있다는 것을 잘 알았다. 가끔 그레이엄이 독약에 대해서 이야기한 적이 있었고, 한번은 찻잔에 약을 타는 이야기를 농담으로 하기도 했다.

급격히 상태가 악화된 빅스는 런던 북부의 휘팅턴 병원으로 이송되었다가 다시 런던 퀸스 스퀘어에 있는 국립 신경 전문 병원으로 옮겨졌다. 의료진은 가능한 모든 조치를 취했으나 당연히 얼굴 모르는 상대와 싸우는 격이었다. 빅스의 중추 신경계 손상은 급속도로 진행되었다. 그가 말도 못하고 숨도 못 쉬게 되자 의료진은 기관 절개를 해서 폐로 이어지는 기도를 확보했다. 피부도 벗겨지기 시작했다. 그 밖의 전형적인 급성 탈륨 중독 증상들이 함께 나타났음은 물론이다. 11월 19일, 고통 속에 3주를 보낸 끝에 빅스는 숨을 거두었다.

그리고 그레이엄의 좋은 시절 또한 다 지나고 있었다.

의료 당국은 보빙던 배탈을 염려하기 시작했다. 지역 보건소장 로버트 하인드(Robert Hynd) 박사를 위시한 일군의 의사들이 회사를 방문해 알 수 없는 질병의 원인을 찾으려 애썼다. 첫 번째 가설은 식수 오염이었고 두 번째 가설은 방사성 물질, 세 번째 가능성은 바이러스 감염이었다. 당국은 근처 비행장에서 방사성 물질 확인 실험을 해 보았다. 방사선 때문에 머리카락이 빠질 수 있으므로 설령 가능성이 낮아 보여도 한 가지 가설로서 점검해 볼 만했다. 게다가 지역 신문은 보빙던 배탈의 원인으로 방사선을 가장 유력하게 꼽았다.

결국 직원 둘이 나서서 그레이엄에게 의심의 화살을 돌렸다. 우선 다이애나 스마트는 그레이엄이 배탈을 한번도 앓지 않은 것에 주목했다. 그녀는 그레이엄이 바이러스 제공자라고 의심했고, 관리 감독인 포스터에게 의혹을 털어놓았다. 다른 한 사람은 포스터의 조수인 필립 도제트(Philip Doggett)였다. 그는 그레이엄이 독약에 대해 음험한 관심을 갖고 있다는 사실을 포스터에게 알렸다. 11월의 셋째 주말, 프레드 빅스가 죽은 다음 날에 회사는 직원들을 모아 자초지종을 알릴 필요가 있다고 결정했다. 회사 소속 의사인 아서 앤더슨(Arthur Anderson)이 점심시간에 구내식당에 모인 직원들에게 사태를 알렸다. 의사는 정체 모를 질병의 원인에 대한 세 가지 가설을 소개하고, 작업장에 대한 조사에서 아직 아무것도 밝혀지지 않았음을 설명했다.

그러고 나서 의사는 직원들에게 자유롭게 이야기를 주고받을 시간을 주었다. 이때 그레이엄이 자리에서 일어나더니 가장 그럴싸한 가설은 탈륨 중독이라고 주장하면서 탈륨에 대한 풍부한 지식을 떠벌리기 시작했다. 그레이엄은 탈륨 중독 증상을 열거했고, 특히 탈모가 전형적인 증상이라고 지적했다. 말을 마치고 자리에 앉은 그레이엄은 사람들의 수수께끼를 풀어 준 동시에 스스로의 운명을 결정한 셈이었다. 모임 직후에 의사는 그레이엄을 찾아가 그의 의학 지식을 탐색해 보았고, 독물학 분야에만 국한된 지식이라는 사실을 알아냈다.

회사의 관리자들은 이제 그레이엄이 문제의 근원임을 확신했다. 하지만 그가 어떻게 탈륨을 손에 넣었을까? 공장에는 탈륨이 없었다. 다음 날 회사는 경찰을 부르기로 했고, 런던 경찰청 범죄 기록에서 그레이엄의 이름을 조회해 보았다. 결과는 허탕이었다. 그레이엄이 유죄 판결을 받은 흔적이 없다는 뜻이었다. 그들은 다시 한번 깊이 조사했고, 그제야 그레이엄이 가족에게 독을 먹인 혐의로 브로드무어에서 형을 살았던 전과자라는 끔찍한 사실을 알게 되었다.

그날 저녁 늦게 그레이엄은 주말을 보내러 가 있던 쉬어니스의 고모 집에서 체포되었다. 다음 날 그레이엄은 모든 범행을 자백했다. 제스로 배트에게 다이메르카프롤과 염화칼륨을 해독제로 처방하라고 제안하기까지 했다. 경찰은 메이너드로드의 그레이엄의 방을 뒤져 독약들과 '일기'를 찾아냈다. 일기에는 10월에 벌인 독살 행각이 시간순으로 기록되어 있었고, 희생자들의 상태가 어떤지도 적혀 있었다. 경찰은 다양한 독극물 수집품들 중에서 아세트산탈륨 3그램과 타타르산안티모닐나트륨 32그램을 발견했다.

그레이엄은 11월 23일 목요일에 프레드 빅스 살인 혐의로 기소되었다. 경찰과 법의학자들이 집중적으로 조사한 결과 빅스의 사인은 탈륨 중독으로 확인되었다. 빅스의 부검을 맡은 사람은 세인트토머스 의대 병원에서 법의학을 강의하는 휴 몰스워스 존슨(Hugh Molesworth Johnson) 교수였다. 교수는 시체에서 탈륨 중독 증상들을 모두 확인했지만 막상 탈륨을 검출하는 데에는 실패했고, 시료를 넘겨받은 런던 경찰 과학 수사 실험실의 나이젤 풀러(Nigel Fuller)가 성공했다. 장의 탈륨 농도는 120피피엠, 신장은 20피피엠, 근육과 뼈는 5피피엠, 뇌 조직은 10피피엠이었다. 풀러의 조사에서 가장 극적인 대목은 밥 이글의 뼛가루를 분석한 일이었다. 이글의 유해는 화장되었지만 다행스럽게도 어딘가에 뿌려지지 않은 채 고향인 노픽의 길링엄 마을로 옮겨져 보관되어 있었다. 1,780그램의 재에 탈륨이 9밀리그램 들어 있었다. 5피피엠인 셈이니 빅스 뼈의 농도와 같았다.

분석을 수행한 법의학자 풀러는 그 정도 탈륨이 인체에 자연적으로 존재할 수 없음을 증명하기 위해 다른 시체들의 화장재도 더불어 조사했고, 거기서는 탈륨이 전혀 검출되지 않았음을 확인했다. 이글의 재 분석 결과는 그레이엄의 유죄를 입증하기에 충분했다. 이것은 희생자의 시체를 화장해 유해가 보존되지 않았는데도 독살자를 잡을 수 있었던 최초의 사건이었다. 독극물이 유기물이었다면 화장 후에는 아무것도 남지 않았을 텐데 말이다.

그레이엄은 희생자들에게 아래와 같은 양의 탈륨을 주었다고 진술했다.

밥 이글과 프레드 빅스: 18그레인(2회에 나누어), 1,200밀리그램에 해당함.

데이비드 틸슨: 5~6그레인, 325~290밀리그램에 해당함.

제스로 배트: 4그레인, 260밀리그램에 해당함.

그레이엄은 눈짐작으로 독약의 용량을 쟀다. 5그레인(325밀리그램)짜리 두통약을 가루로 빻은 것과 대강 비교했다. 그런데 그레이엄이 말한 탈륨 양은 퍽 적은 편이다. 그 정도의 양으로 희생자들에게 그토록 심각한 영향을 미쳤을 리가 없다. 그레이엄은 틸슨과 배트에게 그보다 많은 양을 먹인 것이 틀림없다. 그레이엄이 말한 분량은 의사들이 탈모 촉진을 위해 처방하던 양보다 적기 때문이다. 그레이엄의 일기를 보면 가끔 자신의 행위를 뉘우치는 듯한 대목이 있었다. 가령 "J를 해친 것이 조금 부끄럽다."라고 적혀 있었다. J는 제스로 배트를 말한다.

그레이엄은 3월 22일에 허멜헴프스테드 치안 판사 법원에 출두했고, 재판은 5월로 잡혔다. 그레이엄이 계속 무죄를 고집하는 바람에 변호사 선임이 어려웠고, 재판이 두 차례 늦춰진 뒤에야 왕실 고문 변호사 아서 어빈(Arthur Irvine) 경이 그레이엄의 변호를 맡게 되었다. 재판은 1972년 7월 19일에 열렸다. 장소는 세인트알반스 형사 법원이

었고, 판사는 저스티스 이블리(Justice Eveleigh), 검사는 존 레너드 왕실 고문 변호사였다.

두 번째 재판은 그레이엄에게 최고의 순간이었을 것이다. 그레이엄은 인상적인 연기를 선보였다. 참말 같은 거짓말을 하며 검사 측 주장을 재치 있게 받아넘겨, 신문 기자와 독자 들에게 재미난 읽을거리를 제공해 주었다. 그레이엄은 '일기'를 가리켜 구상 중인 소설을 위한 낙서라고 주장했고, 경찰에 자백했던 것은 한시바삐 취조를 마치고 쉬고 싶어서였다고 말했다.

그레이엄의 '일기' 중 몇 대목이 법정에서 낭독되었다.

"D(다이애나 스마트)가 어제 나를 짜증나게 해서 그녀를 아프게 만들어 집으로 냉큼 쫓아 보냈다. 속을 뒤집어 놓을 정도만 주었다. 이제 와 생각하니 더 많이 먹이지 않은 것이 후회된다. 며칠 동안 집에 누워 있게 만들 걸."

"F(프레드 빅스)는 이제 몹시 아프다……. 참 괜찮은 사람인데 그런 끔찍한 최후를 맞게 해서 조금 안됐기는 하다. 하지만 나는 이미 결정을 내렸으니, 그는 제명을 다 못 살고 죽을 운명이다……. 그는 의식이 없어서 며칠 내로 숨을 거둘 것 같다. 살아난다고 해도 영구적인 손상을 겪을 테니 차라리 죽음이 자비로운 해방인 셈이다. 그는 죽는 편이 낫다. 북적대는 전장에서 한 명의 사망자가 더 나는 것뿐이다."

알다시피 빅스는 끈질기게 생명을 유지했고, 며칠 뒤의 일기에는 이런 말이 적혔다. "진짜 거슬린다. F는 너무 오래 버티면서 내 마음의 평화를 깨뜨린다."

배심원들은 그레이엄이 과거에 유죄 판결을 받고 구형을 받았다는 사실을 몰랐다. 그레이엄이 탈륨으로 계모를 독살한 사실을 고백했다는 것도 물론 몰랐다. 어차피 그레이엄의 죄를 입증하는 증거는 차고 넘쳤다. 배심원들은 1시간 퇴정했다가 돌아와서 밥 이글과 프레드 빅스 살해에 대해 유죄를 선언했다. 선고가 내려지기 전, 그레이엄의 변호사는 건의를 신청해 그레이엄이 브로드무어 출신임을 밝혔다. 변호사는 그레이엄이 그곳으로 돌아가느니 감옥에 가고 싶어 한다고 말했다. 그래서 종신형에 처해진 그레이엄은 와이트 섬에 있는 파크허스트 감옥에서 형을 살게 되었다.

그레이엄은 악마적 숭배의 대상으로서 나름대로 악명을 떨쳤다. 사람들은 그레이엄이 그린 기괴한 그림들을 복제해 1세트당 20파운드에 팔았다. 1975년 6월에는 런던의 인기 있는 식당 보시앤티어즈가 그 그림들을 손님들에게 선물로 나눠 주기도 했다. 그레이엄은 42세가 되는 1990년 8월 1일에 심장 발작으로 죽었다. 자살이라고 생각하는 사람들도 있다.

그레이엄 영의 이야기는 1995년에 「청년 독살자의 수기」라는 제목의 영화로 만들어졌다. 배우 휴 오코너(Hugh O'Conor)가 그레이엄을 연기했다. 영화는 심각한 주제를 다루는 것에 비해 상당히 밝은 편이고, 거의 익살극에 가까운 대목도 간간이 등장한다. 어쩌면 그레이엄에 대한 이야기는 그런 식으로밖에 할 수 없는 것인지도 모른다. 그레이엄의 삶 자체에 정말 희극적인 요소들이 있었기 때문이다. 그레이엄이 『창백한 말』을 읽었는지 읽지 않았는지는 아직도 논란이 되는 문제인데, 그레이엄이 계모를 독살할 당시에 그 소설이 상당히 유행했음을 감안하면 아마도 읽었을 것이다. 그것이 흑마술을 다루는 소

설이라는 점도 오컬트에 흥미가 많았던 그레이엄의 구미를 끌었을 것이다. 하지만 그레이엄 자신은 그 소설을 읽지 않았다고 말했다.

크룩스, 크리스티, 그레이엄. 위험한 금속 탈륨에 매료된 이 사람들은 오컬트에도 똑같이 매료되었다. 탈륨에는 정말 뭔가 신비로운 면이 있는 것일까? 아니면 그저 우연일까?

17 또 다른 죽음의 원소들

 독이냐 아니냐는 용량에 따라 결정된다는 말이 있다. 실제로 어떤 물질이든 지나친 양이 인체에 들어오면 우리 몸은 그것에 대처하려고 애쓰는 과정에서 손상을 입어 망가진다. 산소나 물도 지나치면 곤란하다. 가령 산소가 너무 많으면 뇌가 망가진다. 조산아나 심해의 잠수부가 종종 겪는 일이다. 갈증으로 죽어 가던 사람이 급하게 물을 마시면 혈중 염 균형이 깨져서 심장 근육이 멈춤으로써 사망에 이를 수 있다.

 물론 이것은 극단적인 예들이다. 어쨌든 독약으로 널리 알려지지 않은 원소들 중에도 지나친 양을 섭취할 경우 위험한 것들이 존재하는 게 사실이다. 이번 장은 그런 원소들에 대해 이야기해 보자. 독성이 강하지 않은 편이라 범죄에 거의 사용된 적 없는 원소들이다. 알파벳순으로 나열하면 바륨, 베릴륨, 카드뮴, 크로뮴, 구리, 플루오린,

니켈, 칼륨, 셀레늄, 나트륨, 텔루륨, 주석이다. 물론 훨씬 더 치명적인 원소들도 있다. 예를 들어 5장에서 보았듯 염소 가스는 전장에서 사람을 죽이는 무기로 쓰인 바 있다. 하지만 내가 알기로 살인에 사용된 적은 없었다. (오히려 염소는 수돗물을 살균하는 데 쓰임으로써 무수한 생명을 구하고 있다. 물속에서 병원균만 죽인다.)

우리가 마주치는 원소들은 형태가 다양하다. 순수한 원소 자체일 때는 독성이 거의 없는 게 일반적이고, 불용성 화합물 역시 삼켜도 크게 유해하지 않은 편이다. 하지만 수용성 화합물일 때는 해로운 증상을 일으킬 가능성이 높다. 이처럼 용해도가 중요하다는 사실은 첫 번째로 소개할 바륨을 보면 잘 알 수 있다.

바륨으로 만든 죽음의 용액

바륨은 신진대사를 자극한다. 지나치면 심장 박동이 불규칙해질 정도다. (심실세동이라는 현상이다.) 바륨의 수용성 염은 독성이 강하다. 적은 양으로도 중추 신경계를 마비시키고 다량이면 심장을 멎게 한다. 바륨 중독의 증상은 구토, 배앓이, 설사, 떨림, 마비 등이다. 간혹 바륨을 섭취한 환자들이 죽는 사고들이 있었다. 위의 엑스선 사진을 찍기 전에 삼키는 조영액인 바륨 용액에 문제가 생긴 경우들이었다. 원래 조영액으로 쓰이는 것은 불용성인 황산바륨이다. 우리 몸의 조직은 엑스선을 통과시키지만 황산바륨은 엑스선을 흡수하므로, 조영액이 몸속을 지나는 동안 엑스선을 찍으면 용액 부분만 두드러져 보인다. 덕분에 암 세포로 인한 비정상적인 협색 구간을 쉽게 확인할

수 있다.

정상적인 조영액의 재료인 황산바륨은 완벽한 불용성이므로 삼켜도 안전하다. 위액의 염산과도 반응하지 않는다. 만에 하나 반응해 수용성인 염화바륨을 형성한다면 큰일일 텐데, 염화바륨은 흡수가 빠르고 유독하기 때문이다. 문제는 황산바륨이 아니라 탄산바륨으로 조영액을 만든 경우다. 탄산바륨은 황산바륨과 비슷해 보이지만 치명적이다. 위에서 반응해 수용성 염화바륨을 형성할 수 있으므로 드물지만 간혹 환자를 죽음으로 몰고 갔다. 용액이 잘못 만들어졌다는 사실은 조영액을 삼킨 환자가 즉각 구토와 설사를 시작하기 때문에 쉽게 알 수 있다. 때로 다량을 삼킨 뒤 10분 만에 사망하는 경우도 있지만, 이런 식으로 독을 먹은 환자들은 대부분 24시간 이상 견딘다. 탄산바륨의 치사량은 1그램 정도다. 일반적으로 조영액을 만들 때에는 황산바륨을 몇 그램 정도 사용하는데, 황산바륨과 같은 양의 탄산바륨을 사용했다면 환자가 목숨을 건질 가능성은 거의 없는 셈이다. 그 자리에서 바로 조치를 취하지 않는 한 말이다.[64]

바륨은 인체에서 아무런 생물학적 역할도 하지 않는다. 하지만 일반적인 성인의 몸에 22밀리그램 정도 들어 있다. 각종 음식에 바륨이 들어 있기 때문이다. 예를 들어 당근(건조 중량은 13피피엠 정도를 포함한다.), 양파(12피피엠), 양상추(9피피엠), 콩(8피피엠), 곡물(6피피엠) 등에 들어 있고 브라질호두에는 최대 1만 피피엠(1퍼센트)까지 들어 있

---

64 해독제인 황산나트륨을 적용하면 불용성인 황산바륨이 형성되어 바륨이 제거된다. 하지만 해독제를 곧장 주입할 때에만 효과가 있다.

다고 알려져 있다. 그래도 이런 것들이 건강에 해롭지는 않다.

바륨 염으로 살인을 저지른 사건은 거의 없다. 1994년에 텍사스 주 맨스필드에서 일어난 사건은 그 희귀한 경우에 속한다. 16세의 학생 메리 로바즈(Marie Robards)가 맨스필드 고등학교 화학 실험실에서 훔친 아세트산바륨으로 아버지를 독살했다. 의사는 사인을 심장 문제로 진단했다. 메리가 자신의 범행을 같은 반 친구에게 털어놓지만 않았어도 그녀는 잡히지 않았을 것이다. 메리가 친구에게 털어놓은 말에 따르면 그녀는 학교에서 셰익스피어의 「햄릿」 연극에 참여한 것을 계기로 이 일을 저지른 것 같다. 알다시피 햄릿은 부친 살해에 관한 이야기다. 1996년에 메리는 재판에 회부되어 유죄를 선고받았고 28년형을 받았다.

베릴륨, 보석처럼 아름답지만 치명적인 금속

1955년에 과학 소설가 아이작 아시모프는 「미끼」라는 예언적 단편을 썼다. 우주 원정대가 어느 비옥한 행성의 정착지로 조사를 나가는 내용이다. 그곳에 정착한 주민들은 모두 정체 모를 질병을 앓았는데, 숨 쉬기가 점차 힘들어지다가 몇 년 뒤에 죽는 병이었다. 식물이 풍성하게 자라는 행성이고, 사람이 거주하기에도 이상적인 환경으로 보였는데, 대체 무엇이 문제일까? 환자들의 증상이 만성 독극물 중독으로 보였기에 이런저런 검사를 수행해 보았으나 알려진 독극물은 아무것도 발견되지 않았다. 연구자들은 결국 이 행성의 토양에 베릴륨 농도가 높다는 것을 알아낸다. 베릴륨 중독으로 사람들이 죽었던 것이다.

고맙게도 베릴륨은 지구에는 흔치 않은 금속이다. 토양의 베릴륨 함유 농도는 2피피엠밖에 안된다. 베릴륨에 생물학적 기능이 없기 때문에 식물도 베릴륨을 많이 흡수하지 않는다. 하지만 당연히 조금씩은 흡수되기 때문에 사람의 몸에도 미량이 들어 있다. 그러나 건강에 영향을 미치기에는 턱 없이 적은 35마이크로그램 정도에 불과하다. 베릴륨은 인체의 필수 영양소인 마그네슘과 관계가 있다. 마그네슘 행세를 하며 중요한 효소들에서 마그네슘의 자리를 빼앗음으로써 효소 기능을 떨어뜨릴 수 있다. 다량의 베릴륨에 중독된 사람은 폐에 염증이 생기는데, 이 전형적인 만성 베릴륨 중독 증상 때문에 호흡을 못하게 된다. 몇몇 산업의 금속 노동자들이 오래전부터 일종의 직업병으로 앓아 왔던 병이다. 하지만 단 한번 다량의 베릴륨에 짧게 노출되거나 소량의 베릴륨에 다소 긴 시간 노출되는 것으로는 중독될 가능성이 낮다.

베릴륨 중독증이 거의 보고되지 않는다는 것은 아주 다행스러운 일이다. 최악의 증상을 스테로이드로 조금 달랠 수 있을 뿐, 완전한 치료법이 없기 때문이다. 베릴륨에 특히 민감하게 반응하는 것은 폐지만 베릴륨이 폐에 쌓이기 때문은 아니다. 먼지 형태로 폐에 들어온 베릴륨은 빠르게 혈류로 흡수되어 몸 곳곳으로 이동하며, 보통 뼈에 농축된다. 중독증은 최대 5년의 잠복기 후에 드러나며 환자의 약 3분의 1이 사망하고, 살아남는 사람도 영구적인 손상을 입는다.

1990년에 러시아의 중국 쪽 국경 근처 군수 공장에서 폭발이 일어나 대규모 베릴륨 중독에 대한 우려가 일었다. 그곳은 핵탄두에 쓰이는 베릴륨을 처리하던 공장이었다. 폭발 시의 돌풍 때문에 산화베릴륨 4톤이 먼지구름이 되어 인구 12만 명의 우스티 카메노고르스크 시 하늘에 덮였다. 이후 주민들을 추적 검사한 결과 10퍼센트가 높은 혈중 베릴륨 농도를 보였다. 다행스럽게도 정상적인 체내 농도에서 아주 조금 높은 정도에 그쳤다.

직업 때문에 베릴륨에 노출되어 사망하는 사례도 몇 있었다. 가장 위험한 직종은 형광등을 제조하거나 처분하는 일이었다. 미국에서 그런 일을 하던 노동자 중 400명 이상이 베릴륨 중독으로 쓰러졌다. 합금 제조에 종사하는 노동자들도 베릴륨에 노출되었다. 니켈과 베릴륨의 합금은 훌륭한 용수철 재료로 쓰이고, 구리와 베릴륨의 합금은 폭발 위험이 있는 산업에서 불꽃 생성 방지 재료로 쓰인다. 영국에서는 20세기 후반에 베릴륨 중독으로 인한 폐 마비로 사망한 사례가 30건 있었다. 베릴륨 사용은 오래전에 중단되었지만 중독증은 수십 년 동안 잠복해 있을 수도 있다. 일례로 금속 기계공으로 일했던 한 남자는 베릴륨에 심하게 노출된 뒤 29년이 지나서야 중독증으로 사망했다.

의도적인 살인에 베릴륨 화합물이 사용된 기록은 없다. 다만 그런 내용의 탐정 소설이 하나 있다. 2000년에 출간된 『베릴륨 살인 사건(The Beryllium Murder)』이라는 책으로, 은퇴한 버클리 대학교 물리학자 카밀 미니치노(Camille Minichino)가 쓴 것이다. 배경은 버클리, 사고로 보이는 베릴륨 중독 사망 사건이 발생한다. 당연히 겉보기보다 복잡한 사건으로 밝혀지는 이야기다.

카드뮴은 몸에 쌓인다

카드뮴은 축적되는 원소다. 사람은 50세쯤 되면 체내에 총 20밀리그램 정도의 카드뮴을 갖게 되는데, 주로 간에 많다. 이 중요 장기의 카드뮴 농도가 200피피엠을 넘으면 단백질, 글루코스, 아미노산의 재흡수가 방해되고, 여과 체계가 망가져 신장이 손상된다. 카드뮴은 유엔 환경 계획이 정한 가장 위험한 오염 물질 열 가지에 포함된다.

카드뮴을 식단에서 완전히 배제하기는 불가능하다. 카드뮴은 간, 조개, 쌀 등에 들어 있다. 양상추, 시금치, 양배추, 순무 같은 식물도 카드뮴 흡수 능력이 있고 특히 광대버섯이 아주 많이 흡수한다. 오래된 아연 광산처럼 카드뮴에 오염된 지역에서 자라는 식물은 함유량이 높을 수 있으므로, 그런 곳의 식물을 먹어서는 안 된다. 그런 땅을 경작해서는 안 됨은 물론이고 방목에 활용해도 안 된다. 풀을 먹고 자란 양의 신장과 간에 카드뮴이 축적되는 것으로 확인되었기 때문이다.

사람의 1일 카드뮴 섭취량은 최소 10마이크로그램에서 최대 100마이크로그램 정도고, 평균적으로 25마이크로그램이 못 된다. 세계 보건 기구는 1일 섭취량이 최대 70마이크로그램을 넘지 않도록 권장한다. 카드뮴의 문제는 체내 여러 효소들에 꼭 필요한 아연과 화학적으로 몹시 비슷하다는 것이다. 다행스럽게도 인체는 위로 들어온 카드뮴을 대부분 몰아낼 줄 알지만, 일부 카드뮴은 방어선을 뚫고 흡수되어 메탈로티오닌이라는 효소에 붙잡힌다. 이 효소 단백질은 여러 개의 카드뮴 원자들과 결합한 뒤 그들을 신장으로 끌고 간다. 이론적으로는 카드뮴이 신장에서 소변으로 배출되어야 하지만, 안타깝게도 카드뮴과 효소의 결합이 너무 강해 씻겨 내려가지 못하고 축적된다. 그래서 카드뮴 원자는 인체에 평균 30년 이상 남아 있게 된다. 카드뮴이 인체에 미치는 영향에 대해 크게 우려하는 것은 그 때문이다.

과거에 심각한 카드뮴 중독 사건이 여럿 있었다. 카드뮴은 단 며칠 만에 사람을 죽인다고 알려져 있다. 특히 산화카드뮴 연기를 들이마시면 위험하다. 1966년에 영국의 세번로드 다리에서 작업하던 건축 노동자 한 조가 중독된 것도 산화카드뮴 때문이었다. 그들은 옥시아세틸렌 토치를 써서 강철 볼트를 제거했는데, 볼트에 부식을 막기 위해 두텁게 카드뮴이 입혀져 있는 것을 몰랐다. 작업자들은 불꽃에서 피어난 증기를 쐬어 중독되었고, 다음 날 모두 아프기 시작했다. 호흡 곤란과 격렬한 기침이 증상이었다. 한 명은 병원에 실려 간 뒤 1주일 만에 죽었다. 다른 사람들은 입원 치료를 받고 모두 회복했다.

일본의 본토 혼슈 섬 서부 아시다 강변에 인구 4만 5000명의 후추라는 마을이 있다. 도쿄에서 북서쪽으로 322킬로미터쯤 떨어진 곳이다. 1950년대 중반에 이곳에서 기묘한 질병이 발생했다. 지역민들은 이타이이타이 병이라고 불렀다. (환자들이 움직일 때마다 '아야, 아야' 하는 신음을 낸다고 해 붙여진 이름이다.) 원인은 주민들이 먹던 쌀이었다. 미츠이 금속 광업 회사가 소유한 가미오카 광산의 폐기물 더미에서 카드뮴이 흘러나와 쌀을 오염시켰던 것이다. 사람들은 매일 600마이크로그램 정도의 카드뮴을 섭취했고, 결국 약 5,000명이 피해를 입었다.

시체의 카드뮴 농도가 높게 나타나서 독살 피의자가 체포된 예도 있었다. 플로리다 주 서부 해안 세인트피터즈버그 근처의 파인라스파크에 살던 46세의 페인트공이자 목수 존 크리머(John Creamer)가 그 주인공이었다. 크리머는 2002년 발렌타인데이에 37세의 아내 제인을 올랜도로 데리고 나가 식사를 했다. 그리고 그녀는 몇 시간 뒤에 죽었다. 부검 결과 그녀의 혈중 카드뮴 농도는 정상의 12배였다. 제인의 친척들은 크리머가 아내를 독살했다고 고발했고, 크리머는 2002년 12월에 체포되었다. 결정적인 단서는 제인의 자매가 제인으로부터 받은 이메일이었다. 제인은 죽은 날 보낸 이메일에서 남편이 자신의 술에 뭔가 탄 것 같다고 말했다. 제인의 혈액에서는 카드뮴과 더불어 알코올도 다량 검출되었고, 그녀가 평소 복용하던 우울증 치료제 자낙스도 검출되었다. 크리머를 체포한 경찰은 그의 집에서 카드뮴 염을 발견했는데, 유별난 물질이 아니라 페인트 염료로 적법하게 판매되는 물질이었다.[65]

2003년 10월, 크리머에 대한 기소가 취하되었고 그는 감옥에서 풀려났다. 왜일까? 그 전달, 애초에 제인의 카드뮴 중독을 확인했던 의학 전문가 샤시 고어(Shashi Gore) 박사가 혈중 카드뮴 농도 측정 기법의 맹점을 발견했기 때문이다. 때로 너무 높은 수치가 잘못 나온다는 사실을 알아낸 것이었다. 고어는 제인의 간과 신장에 대해 법의학적 조사를 추가로 수행할 것을 신청했고, 조사 결과는 이상이 없었다. 당연히 기소가 성공적으로 이루어질 수 없었다.

2002년에는 펜실베이니아 주 인디애나 카운티에서 카드뮴 중독

---

65 가령 카드뮴옐로라 불리는 황화카드뮴(CdS) 같은 것이 한때 몇 년 동안 염료로 널리 사용되었다.

'돌림병'이 발발한 듯한 사건이 있었다. 사건은 61세의 토머스 레파인(Thomas Repine)의 사망으로 시작되었다. 심장 발작인 듯 보였지만 몇몇 친척들이 의문을 품었고, 그들의 요청에 따라 시체를 발굴해 검사한 결과 혈중 카드뮴 농도가 높았다. 검시관은 다른 시체들의 카드뮴 농도도 높다는 것을 알아차렸다. 혈중 농도가 1리터당 무려 1,000마이크로그램인 경우도 있었다. (미국 환경 보호국이 정한 허용 가능치는 5마이크로그램이다.) 덕분에 과거에 일대에서 일어났던 다른 수상쩍은 사망 사고들에도 의혹의 눈길이 쏠렸다. 정말 연속 카드뮴 독살자가 있었는가 하는 의문은 아직 풀리지 않았지만, 사망자들 사이에 아무런 연관이 없는 것을 볼 때 그보다는 환경에 의한 카드뮴 중독이 유력해 보인다.

크로뮴, 좋은 것도 지나치면 독

크로뮴은 인체 필수 원소다. 다만 아주 조금이면 충분해서 보통 사람의 경우 체내 총량이 대개 2밀리그램을 넘지 않는다. 이보다 몇 배 많더라도 악영향은 없지만 크로뮴산 형태가 아니어야 한다. 크로뮴산은 매우 유독하기 때문이다.[66]

크로뮴의 1일 섭취량은 식단에 따라 천차만별이지만 보통 15~100마이크로그램 범위인데, 일반적인 멀티비타민 정제에는 25마이크로그램이 들어 있다. 크로뮴이 필수 원소인 까닭은 인체에 에너지를 공급

---

[66] 크로뮴산 이온의 화학식은 CrO_4^{2-}이다.

하는 분자인 글루코스의 소화를 돕기 때문이다. 크로뮴이 부족하면 가벼운 당뇨 증상이 일어난다. 하지만 크로뮴 결핍 사례는 극히 드물고, 발생하더라도 아세트산크로뮴 같은 수용성 크로뮴(III) 염으로 치료할 수 있다. 크로뮴이 많이 든 음식은 굴, 쇠간, 달걀노른자, 땅콩, 포도 주스, 후추, 감자, 당근 등이다.

크로뮴 화합물을 취급하는 노동자는 크로뮴 궤양이라는 이름의 직업병에 걸리기 쉽다. 1827년에 스코틀랜드 글래스고의 노동자들 사이에서 처음 보고된 병인데, 크로뮴 도금이나 프랑스 니스칠, 캘리코천 염색, 가죽 무두질 등 크로뮴산이나 크로뮴 염을 사용하는 산업에서 널리 나타나는 직업병이다. 궤양은 순식간에 몸에 등장한다. 다만 크로뮴에 노출된 지 몇 달이 지나서야 나타난다. 궤양의 지름은 1센티미터 정도고, 생살이 드러나 참을 수 없이 가렵게 느껴진다. 크로뮴 먼지를 마시는 경우에는 비강에도 궤양이 생길 수 있다. 크로뮴산을 다루는 노동자들의 폐암 발병률은 일반인보다 3배 높다.

크로뮴산 염료는 밝은 노란색으로서 과거에는 페인트, 플라스틱, 고무, 세라믹, 바닥재 등에 많이 쓰였다. 염료는 크로뮴산납(크로뮴옐로)이나 크로뮴산바륨(레몬크로뮴이나 스타인불옐로 같은 여러 이름으로 불렸다.) 등으로 만들어졌다. 염료를 사용하는 사람에게는 아무 해가 없었지만 염료를 제조하는 사람은 크로뮴 궤양에 걸릴 가능성이 있었다.

사람들은 크로뮴을 중요한 환경 오염 물질로 생각해 본 적이 없겠지만, 크로뮴이 산업 폐수에 섞여 강으로 방출되는 사고가 있었다. 특히 가죽 무두 공정의 폐수였다. 하지만 토양에 들어간 수용성 크로뮴

산은 서서히 크로뮴(III) 염으로 변하고, 이 염은 대부분 불용성이기 때문에 식물이 흡수하지 못한다. 그래서 먹이 사슬은 안전하다. 한편 크로뮴 때문에 환경은 물론이고 사람들의 건강과 재산에 피해를 입은 지역들도 있다. 건강상의 피해라면 일반적으로 암 발생률 증가를 뜻하는데, 이것은 사실 계량화하기 힘든 문제다. 금전상의 피해는 계량할 수 있다. 주된 피해는 오염 지역에 있는 집들의 가치 하락이다.

2002년에 개봉된 영화 「에린 브로코비치」는 크로뮴산 폐수로 인한 지하수 오염을 다루었다. 크로뮴으로 오염된 캘리포니아 주 힝클리 마을 사람들이 배상금을 둘러싸고 투쟁하는 이야기였다. 줄리아 로버츠가 배상 촉구 운동에 나선 젊은 아이 엄마를, 앨버트 피니가 냉소적인 늙은 변호사를 연기했다.

현실에서든 추리 소설에서든 크로뮴 화합물을 이용한 독살이 벌어진 예는 없다. 다이크로뮴산칼륨이나 크로뮴옐로 염료를 삼켜 자살 시도를 한 사례는 있는데, 이 경우 치사량은 5그램 정도다.

구리도 사람을 죽인다

세포가 에너지를 생산하기 위해서는 시토크롬 c 산화 효소가 있어야 하고, 세포가 자유 라디칼들로부터 자신을 보호하기 위해서는 과산소 디스뮤타제 효소가 있어야 한다. 둘 다 구리 원자들을 포함하는 효소다. 구리가 필수 원소인 것은 그 때문이다. 구리를 가장 많이 필요로 하는 장기는 뇌, 간, 근육으로 이들은 남는 구리를 축적해 두었다가 필요할 때 사용한다. 하지만 장기의 정상 기능을 방해할 정도로 구리가 많아서는 안 된다. 그럴 경우 구리는 독으로 작용해 생명을 위태롭게 할 수도 있다. 물론 구리가 너무 없는 것도 위험하기는 마찬가지다.

윌슨 병과 멘케 증후군은 인체가 구리를 제대로 활용하지 못하는 유전병이다. 윌슨 병은 구리가 뇌에 위험할 만큼 많이 쌓이는 현상이고, 멘케 증후군은 구리 운반 단백질의 생성을 담당하는 유전자가 없어서 구리가 심각하게 부족한 현상이다. 멘케 증후군 환자는 발달이 지체되며 어릴 때 죽는다. 멘케 증후군에는 아직 치료법이 없다. 반면 윌슨 병은 구리 제거를 촉진하는 약을 처방함으로써 치료할 수 있다.

보통의 성인은 몸에 70밀리그램의 구리를 갖고 있다. 이 수준을 유지하기 위해서는 매일 최소 1밀리그램의 구리를 섭취해야 하고, 수유를 하는 여성이라면 1.5밀리그램 정도가 필요하다. 하지만 이 수치가 너무 낮고, 누구든 매일 2밀리그램 정도를 섭취해야 좋다는 주장도 있다. 구리 함량이 낮은 식단에 대한 실험 결과도 이 주장을 뒷받침하는 듯하다. 그런 식단을 유지한 사람들은 콜레스테롤 증가, 혈압 상승, 기력 부족 등을 경험했다.

구리 섭취량을 늘리는 것은 어렵지 않다. 구리가 풍부한 식품, 특히 고기, 고기 중에서도 양고기, 돼지고기, 쇠고기를 먹으면 된다. 흡수가 쉬운 구리 단백질 형태로 구리가 많이 들어 있기 때문이다. 가금류 중에서는 오리고기의 함량이 가장 높고, 굴, 게, 가재 같은 바다 생물들의 함량은 그보다 높다. 식물 중에서는 아몬드, 호두, 브라질호두, 해바라기 씨, 버섯, 겨에 풍부하다. 이런 식품을 많이 먹으면 매일 6밀리그램 정도의 구리를 섭취할 수 있다. 한때 식품 가공 회사들은

콩 같은 통조림 채소의 색깔을 선명하게 하기 위해 구리 염을 썼는데, 지금은 법적으로 사용이 금지되어 있다.

한편 우리가 구리를 너무 **많이** 먹는다고 주장하는 연구자들도 있다. 구리가 체내에서 철이나 아연 대신 활성 부위들에 결합함으로써 이런 금속들의 활동을 방해한다는 것이다. 구리가 정자 생산에 악영향을 미치는 것도 정자에는 아연을 포함하는 효소의 농도가 높아서 구리의 영향을 크게 받기 때문인지 모른다. 구리에 지나치게 노출되어 피해를 입은 사람들 중에서 최악의 경우는 과수원과 포도밭의 일꾼들이다. 흰곰팡이병, 잎사귀 반점병, 마름병, 사과 반점병 등의 곰팡이병이나 박테리아 감염을 막기 위해 보르도액이라는 농약을 널리 사용하는데, 그 성분이 황산구리다.

황산구리 용액으로 자살을 시도한 사람도 있었다. 1그램 정도의 소량도 치명적이라고 하지만, 용액을 먹자마자 위에서 거부 반응이 일어나 자동으로 토하게 되기 때문에 정말 죽는 경우는 드물다. 훨씬 다량을 복용한 사람들만 자살에 성공했다. 살아남은 사람은 위, 장, 신장, 뇌에 심대한 피해를 입을 확률이 크다. 물론 의도적이지 않은 사망 사고도 있었다. 예를 들어 장난감 화학 실험 도구 세트에 들어 있는 황산구리를 아이가 먹고 죽은 일이 있었다. 그래서 겉보기에 안전한 듯한 이 아름다운 푸른색 결정은 요즘 교육용 세트에는 포함되지 않는다.

구리 중독으로 인한 자살이나 사고사가 있긴 해도 살인을 꾀하는 자가 독약으로 구리를 택할 것 같지는 않다. 구리 염 가운데 손쉽게 구할 수 있는 것은 황산구리뿐인데, 이것은 선명한 하늘색이라 눈에 잘 띄는 데다 맛도 금속성이 짙기 때문이다. 그래도 캐나다 앨버타 주 실반레이크라는 작은 휴양 도시의 H. J. 코디 학교 학생들이었던 14세의 두 소녀와 15세의 한 소녀는 황산구리로 같은 반 친구 하나를 중독시키기로 결심했다. 2003년 4월 17일의 일이었다. 세 소녀는 학교 실험실에서 황산구리를 훔친 뒤 동네 편의점에서 산 슬러피퍼피라는 음료에 녹였다. 과일 주스와 곱게 간 얼음으로 만든 푸른색 음료였기 때문에 독약을 숨기기에 완벽했다. 안타깝게도 의도한 희생자 외에 다른 소녀들까지 돌려 가며 음료를 마시는 바람에 총 7명이 독에 입을 댔다. 약을 탄 소녀들 중 둘도 직접 맛을 보았지만 입만 대는 수준이었다. 몇 시간 만에 다른 소녀들은 이상을 느끼기 시작했다. 구토를 했고, 오한으로 떨었고, 극심한 두통을 호소했고, 입안이 타는 듯 건조하다고 했다. 아이들은 실반레이크 의료 센터에서 치료를 받았고 다행히 죽은 사람은 없었다.

세 소녀는 살인 미수 혐의로 2003년 8월에 법정에 섰다. 하지만 생명을 위협할 의도로 불순한 물질을 사용한 혐의, 더불어 절도와 범죄 방조 혐의라는 보다 가벼운 죄목을 적용받는 대가로 유죄를 시인했다. 11월 12일 수요일에 아이들은 60일의 청소년 구치소 구금과 이후 한 달의 보호 관찰 형을 받았으나, 18개월의 집행 유예가 선고되었다. 청소년 범죄의 특성상 소녀들의 이름은 공개되지 않았다.

플루오린도 치명적일 수 있다

플루오린 원소는 매우 유독하고 반응성이 높은 기체로서 온갖 종

류의 화학 물질들을 만드는 데 사용된다. 가장 유명한 예를 들자면 테플론을 만드는 데에 쓰인다. 한편 플루오린화물, 즉 음으로 대전된 플루오린 원자 F^-는 상대적으로 반응성이 낮은데, 자연에서 플루오린은 이 형태로 존재한다. 플루오린이 생명체에서 무언가 역할을 맡고 있다는 사실은 일찍이 1802년부터 알려졌다. 플루오린이 상아, 뼈, 이에 존재하는 것이 그때 확인되었다. 19세기 중반에는 혈액, 바닷물, 알, 침, 머리카락 등에도 존재하는 것이 알려졌다. 하지만 모든 생명체에 플루오린이 있는 듯하다고 해서 플루오린이 필수 원소로 **입증된** 것은 아니었다. 동물에게 플루오린이 제거된 식단을 적용해 확인하는 절차가 필요했다. 실제 실험 결과, 성장이 제대로 이뤄지지 않고 빈혈, 불임이 야기되었다. 오늘날 플루오린은 사람에게도 꼭 필요한 원소로 여겨진다. 하지만 아주 적은 양으로 충분하다.

보통 사람 몸속의 플루오린은 3~6그램이다. 이 정도 양을 한번에 섭취하면 치명적일 수 있다. 조금 후에 어느 살인 사건을 소개할 때 이야기하겠지만, 플루오린화나트륨 한 찻숟가락으로 몇 시간 만에 사람이 죽은 경우도 있었다. 체내에 플루오린이 있어도 안전한 까닭은 플루오린이 주로 이와 뼈의 재료인 인산칼슘에 단단히 결합해 움직이지 않기 때문이다. 이 반응으로 생기는 물질을 플루오린인회석이라고 하는데, 이것은 그냥 인산칼슘보다 훨씬 단단하고 충치로 인한 부식에도 잘 견딘다. 그 때문에 수돗물이나 치약에 플루오린을 첨가하는 것이다. 하지만 플루오린이 지나치게 많이 몸 속에 돌아다니면 심각한 위협이 된다. 플루오린 이온은 효소 활동을 효과적으로 차단하는 능력을 갖고 있기 때문이다.

보통 사람은 하루에 0.3~3밀리그램의 플루오린을 음식으로부터 섭취한다. 플루오린이 첨가된 수돗물에서 얻기도 하지만 대부분은 닭, 돼지고기, 달걀, 치즈, 차 같은 음식에서 온다. 특히 차는 플루오린을 0.4밀리그램쯤 제공한다. 생선에도 플루오린이 풍부하다. 물고기가 사는 바닷물의 플루오린 농도가 1피피엠으로 높기 때문이다. 고등어의 플루오린 함량은 27피피엠(생체 중량)이나 된다.

플루오린화물의 양이 얼마면 적당하고 얼마면 지나친지에 대해서는 확실한 경계가 있다. 몇백 년 전부터 사람들은 화산재가 내린 지역에서 풀을 뜯은 가축은 몸이 약해지고 불구가 된다는 사실을 알고 있었다. 이제 우리는 그것이 플루오린화물 과다 섭취로 인한 것임을 안다. 1970년에 아이슬란드에서 수행된 연구에 따르면 이런 풀의 플루오린화물 함량은 0.4퍼센트(건조 중량)나 되었다. 사람도 플루오린화물에 지나치게 노출되면 동물처럼 플루오린 침착증을 겪는데, 첫 증세는 이가 얼룩덜룩해지는 이른바 반상치 현상이다. 심해지면 뼈가 딱딱해져 골격이 변형될 수도 있다. 인도 일부 지역, 예를 들어 펀자브 주 같은 곳에서는 플루오린 침착증이 풍토병처럼 흔하다. 특히 플루오린 농도가 15피피엠 이상인 우물물을 마시는 마을에서 그렇다. 인도 인구 중 2500만 명 정도가 가벼운 플루오린 침착증을 겪으며, 수천 명이 골격 변형까지 겪는다.

플루오린 중독으로 인한 사망은 드물다. 일어나더라도 사고인 경우가 많다. 일례로 1943년에 미국의 한 병원에서는 염화나트륨(평범한 소금) 대신 실수로 플루오린화나트륨을 뿌린 스크램블드에그 때문에 환자 163명이 앓고 47명이 죽었다. 플루오린화나트륨은 해충제로 판

282　세상을 바꾼 독약 한 방울 2

매되었는데, 이것이 쥐나 개미, 바퀴벌레 약으로 널리 팔리는 이상 사람에게 고의로 적용될 가능성은 항상 존재하는 셈이었다. 미국에서는 플루오린화나트륨 함량이 80퍼센트쯤 되는 앤트베인이나 비브랜치로치킬러 같은 제품들이 팔렸다. 1949년 1월의 어느 날, 루이지애나 주 보갈루사에 살던 메이미 퍼(Mamie Furr) 부인이 갑자기 죽은 것도 그런 해충제 때문이었다.

 1월 25일 아침, 그녀는 평소처럼 상자 제조 공장에 일을 나갔다가 점심께 집에 돌아왔다. 이때 이웃집 여성 콜라 레밍(Cola Leming)이 차나 한 잔 하자며 그녀를 불렀다. 두 여인은 레밍의 집 뒷 현관 계단 꼭대기에 앉아 차를 마시며 이야기를 나누었다. 이 모습을 목격한 이웃 사람도 있었다. 아마도 상냥한 대화는 아니었을 것이다. 레밍은 지난 10월에 메이미의 남편인 윌과 사랑의 도피 행각을 벌여 뉴올리언스로 가서 부부 행세를 하며 산 적이 있었다. 결국 둘 다 보갈루사로 돌아와 각자의 배우자에게 돌아갔지만, 콜라는 언젠가는 윌과 결혼하는 날이 오리라 희망하고 있었고 윌더러 이혼을 하라고 설득해 둔 참이었다.

 메이미는 집으로 돌아가자마자 몸이 좋지 못한 것을 느꼈다. 곧 그녀는 구토를 시작했고, 피까지 토했다. 그녀는 다른 이웃 사람에게 남편을 불러 달라고 부탁했다. 구급차가 왔고, 그녀는 병원으로 즉시 이송되었으나, 입원 1시간 만에 죽었다. 이웃 사람이 목격한 바에 따르면 그동안 콜라는 뒷 현관의 흔들의자에 앉아 이렇게 중얼거렸다고 한다. "세상에, 내가 무슨 짓을 한 거야?"

 레밍이 한 짓은 메이미의 커피에 나트륨 해충제를 탄 것이었다. 사망자의 위 내용물과 토사물, 레밍의 집 부엌의 식탁보를 조사한 결과 플루오린화나트륨이 검출되었다. 검시관은 망설임 없이 플루오린 중독에 의한 사망으로 결론내렸다. 콜라는 1950년 3월에 재판을 받았다. 변호사는 메이미가 여러 차례 자살 행각을 벌였다고 주장했지만 배심원들은 그 말에 크게 무게를 두지 않았다. 그들이 보갈루사로 돌아온 직후인 1949년 새해 첫날, 콜라가 어떤 대가를 치르고서라도 윌퍼를 쟁취하고 말겠다고 맹세했다는 증거가 있었기 때문이다. 대가는 살인죄였다. 사형까지 언도되지는 않았지만, 콜라는 남은 생을 루이지애나 주립 교도소에서 노역을 하며 보냈다.

니켈이 골칫덩이가 될 때

니켈은 인간 사회와 자연 환경을 더럽힐 수 있다. 지구에서 니켈 오염이 가장 심한 지역을 꼽으라면 광업과 제련업에 의존해 살아가는 러시아 북서부 무르만스크 주의 산업 도시 몬체고르스크일 것이다. 이 도시 상공에는 니켈이 함유된 연기가 장막처럼 드리워져 있어서 주민들은 호흡기 질병과 폐 질환 발생률이 아주 높다. 주변 환경도 니켈에 오염되어 초지에는 풀이 자라지 않고 나무에는 잎이 나지 않는 등 황량하다.

독성이 있기는 하지만 니켈도 인체에 꼭 필요한 필수 원소인 듯하다. 하지만 매일 5마이크로그램 정도의 소량만 필요하다. 니켈이 왜 필요한지, 왜 인체에 15밀리그램 정도가 있는지는 아직 정확히 밝혀지지 않았다. 다만 몇몇 동물들의 경우 성장과 관련이 있는 것으로

추측된다. 우리가 매일 섭취하는 양은 보통 150마이크로그램 정도다. 조리한 콩 통조림에 특히 니켈이 풍부하다. 콩의 성분 중에 잭빈 우레아제라는 효소가 있는데, 이 효소 분자 하나당 니켈 원자가 12개씩 포함되어 있기 때문이다. 차에도 니켈이 풍부하다.

니켈이 꼭 필요한 원소일지는 모르겠지만 인체에 닿았을 때 문제를 일으키는 것도 사실이다. 우리가 경험하는 문제는 세 가지다. 니켈이나 그 합금을 만졌을 때의 문제, 수용성 염을 삼켰을 때의 문제, 먼지나 카보닐니켈 증기를 흡입했을 때의 문제. 우선 니켈 자체나 스테인리스 같은 니켈 합금과 접촉하면 이른바 '니켈 가려움증'이라는 피부염이 생길 수 있다. 이런 증상이 있는 사람은 스테인리스로 된 시계나 옷의 클립, 안경테, 귀걸이 등을 쓰지 않는 것이 좋다. 과거에는 여성들이 스타킹을 신을 때 가터 벨트를 썼는데, 가터 벨트의 클립이 스테인리스로 만들어졌기 때문에 무수한 여성들이 니켈 가려움증을 앓았다. 여성의 10퍼센트는 니켈에 민감하기 때문에 더욱 문제일 수밖에 없었다. (반면 남성은 100명 중 1명꼴로 니켈에 민감하다.)

니켈로 인해 문제를 겪는 또 다른 사람들은 니켈이나 니켈 염 용액을 산업 현장에서 다루는 사람들이다. 역학 조사 결과 니켈 제련 노동자들은 폐암과 비강암 발병률이 높았다. 일을 그만둔 지 몇 년이 지난 사람도 마찬가지였다. 아마도 니켈 원자가 DNA 복제에 관여하는 DNA 중합 효소라는 중요한 효소 속의 아연과 마그네슘 원자를 대체하기 때문인 듯하다. 당연히 니켈 이온은 이들과는 조금 차이가 있기 때문에 효소는 잘못된 DNA 서열을 만들게 되고, 그래서 암 세포가 자란다.

니켈은 몸에 들어가면 알부민에 결합한 뒤 혈액을 통해 신장, 간, 폐 등의 몇몇 장기로 이동해 축적된다. 니켈은 주로 소변을 통해 배출된다. 니켈 화합물로 인한 치명적인 중독 사고는 극히 드물지만 2세 아이가 황산니켈 결정 15그램을 먹고 4시간 만에 사망한 예가 있었다. 신장 투석을 받던 사람들이 심각한 중독을 겪은 사례도 있었다. 투석 용액에 실수로 니켈 염이 들어갔던 것이다. 다행히 죽은 사람은 없었다. 니켈 염은 치명적일 수 있지만 일반인이 살 수 있는 물건이 아니다. 내가 아는 한 니켈 염을 살인 도구로 쓴 예는 이제껏 없었다.

가장 무시무시한 형태는 카보닐니켈이다. 웨일스의 한 니켈 제련소에서 일꾼들이 미처 위험을 깨닫기도 전에 카보닐니켈 때문에 사망한 일이 있었다. 사람들이 이 화합물에 관심을 갖기 시작한 것은 1888년의 일이었다. 실업가 루드비히 몬트(Ludwig Mond)와 조수 카를 랑거(Carl Langer)는 일산화탄소(CO) 기체를 운반하는 관의 밸브가 새는 문제를 조사하고 있었다. 알고 보니 일산화탄소가 밸브 재료인 니켈과 반응해 휘발성인 카보닐니켈, 즉 $Ni(CO)_4$가 되기 때문이었다. 이것은 끓는점이 43도고, 퀴퀴한 연기 같은 냄새를 내는 액체다. 두 사람은 여기에 착안해 몬트니켈 추출법이라는 공정을 개발했다. 매우 순수한 니켈을 얻을 수 있는 기법이었는데, 문제는 막상 생산에 적용하니 공장 노동자들이 알 수 없는 이유로 갑자기 죽어 나가더라는 것이었다.

카보닐니켈 증기를 몇 모금만 마셔도 즉시 목이 아프고 가슴이 답답해진다. 두통이 오고, 메스껍고, 어지럽다. 노출 시간이 짧다면 증상들은 며칠 만에 사라진다. 심하게 노출된 경우에도 이처럼 회복하는 듯한 모습을 보이지만, 1주일쯤 지나면 오히려 더 심각한 증상들이 드러난다. 특히 폐가 많이 다친다. 이런 경우에는 사망 확률이 높다.

1957년에 일어났던 카보닐니켈 중독 사건은 유명하다. 25세의 남성이 실수로 증기를 쐬었는데 당장 숨이 막혀 얼굴이 파랗게 질렸다. 의료진은 산소로 응급 치료를 한 뒤 해독제인 다이에틸다이티오카바메이트(DDC)를 투여하고 병원으로 환자를 옮겼다. 그의 소변 속 니켈 농도는 사상 최대인 2피피엠이었다. 즉시 응급 치료를 받은 덕분에 그는 죽지 않고 완전히 회복할 수 있었다. 한편 이보다 낮은 농도에서도 사망한 사례들이 있다. 어떤 남자는 소변 속 니켈 농도가 0.5피피엠이었고 DDC 처방을 받았는데도 죽었다.

칼륨, 꼭 필요하지만 치명적인 독

칼륨은 우리 몸에서 여러 기능을 담당한다. 가장 중요한 것은 신경 자극을 전달하고 근육을 수축시키는 일이다. 칼륨은 양으로 대전된 이온(K^+) 형태로 존재하고, 세포 안쪽에 모여 있다. 체내의 칼륨 중 95퍼센트가 이처럼 세포 안쪽에 존재한다. 세포 바깥에 풍부하게 존재하는 나트륨이나 칼슘과 다른 점이다. 세포막에는 수백만 개의 작은 통로들이 나 있는데, 그 통로를 통해 1초에 칼륨 이온 수백 개씩이 세포 안팎으로 들락거린다. 칼륨의 이런 움직임 덕분에 신경 자극이 뇌까지 전달된다. 자극은 마치 전류처럼 신경 섬유를 따라 파동을 일으키며 움직인다.

통로들 중에는 칼륨만을 위한 것도 있는데, 코브라과의 뱀 블랙맘

바의 독은 그 통로들을 막아 버림으로써 사람을 죽인다. 염화칼륨 농축액을 혈액에 주입해도 같은 결과가 된다. 이미 세포 바깥에 칼륨이 너무 많이 있어서 칼륨들이 세포 밖으로 나오지 못하는 것이다. 모든 신체 기능이 영향을 받겠지만 가장 극적인 것은 심장 근육이 멎는다는 점이다. 염화칼륨을 사용한 살인은 자주 있었다. 특히 의사나 간호사들이 불치병 환자에게 이 용액을 주사해 목숨을 끊어 주는 사건들이 많았다. 미국에서는 사형 집행에도 염화칼륨 주사를 쓴다.

치명적인 물질이 될 수도 있지만, 그래도 칼륨은 음식을 통해 반드시 섭취해야 하는 중요한 원소다. 칼륨이 부족하면 근육이 약해진다. 사실 나트륨 염보다 칼륨 염을 더 많이 섭취해야 하는데 그 사실을 알고 있는 사람은 많지 않다. 칼륨의 1일 섭취 권장량은 3.5그램인데 나트륨 염은 1.5그램이다. 채식주의자는 채식을 하지 않는 사람보다 칼륨을 더 많이 먹게 된다. 식물에 칼륨이 특히 풍부하기 때문이다. 인체는 칼륨을 저장할 줄 모르기 때문에 우리는 정기적으로 음식을 통해 몸에 칼륨을 공급해 주어야 하지만, 거의 모든 음식에 칼륨이 포함되어 있으니 딱히 결핍을 걱정하지 않아도 된다. 칼륨이 특히 풍부한 음식은 건포도, 아몬드, 땅콩, 바나나 등이다. 바나나 하나면 하루치 섭취량의 4분의 1을 채울 수 있다. 그밖에 감자, 베이컨, 겨, 버섯, 초콜릿, 과일 주스에도 많다.

염화칼륨을 60퍼센트, 염화나트륨을 40퍼센트로 섞은 혼합물은 소금 대용품으로 요리에 쓰인다. 이때의 염화칼륨은 생명을 위협하기는커녕 돕는 역할을 한다. 심장 질환 환자들의 식단에서 소금 양을 줄여 주기 때문이다. 이 물질을 과다 섭취해서 문제가 생기는 경우도

드물지만 있었다. 이 소금 대용품 14그램을 먹은 사람이 죽은 사례가 실제로 있었다. 하지만 염화칼륨이 심각한 중독 반응을 일으키려면 보통 20그램 이상 필요하다.

염화칼륨을 이용해 아기와 어린아이를 대상으로 연쇄 살인을 저질렀던 악명 높은 살인범도 있다. 영국 링컨셔의 그랜섬 앤드 케스티번 종합 병원 소아 병동 간호사였던 베벌리 알리트(Beverley Allitt) 이야기다. 그녀는 10주 동안 10명의 아이들에게 염화칼륨을 주사했다. 불행 중 다행으로, 사망한 아이는 4명뿐이었다.

알리트는 간호 교육을 받았지만 거듭 시험에 떨어졌다. 그러던 중 1991년 2월에 그녀는 일손이 부족한 병원에 임시로 고용되었다. 알리트의 첫 희생자는 생후 7주의 남자 아이 리엄 테일러(Liam Taylor)로, 폐 울혈 때문에 2월 21일에 소아 병동에 입원했다. 알리트는 아이를 잘 돌보겠노라며 아이의 부모를 안심시켰다. 부모가 몇 시간 뒤에 돌아와 보니 아기는 응급 치료를 받고 이제 막 한숨 돌린 차라고 했다. 부모는 그날 밤을 병원에서 보내기로 하고 환자 부모용 침실로 안내되었다. 그들은 만일의 사태에 대비해 알리트가 특별히 리엄 곁에서 밤 근무를 서게 되었다는 말을 듣고 기뻐했다. 자정 무렵에 아이의 심장 박동이 멈추자 알리트는 즉각 도움을 요청했고, 의사와 간호사들이 아기를 소생시키려 애썼으나 허사였다. 아기는 죽었다.

1991년 3월 5일, 뇌성마비를 앓는 11세의 남자 아이 티모시 하드윅(Timothy Hardwick)이 심한 간질성 발작을 일으킨 뒤 입원해 알리트의 간호를 받게 되었다. 알리트는 소년을 보살피는 데 각별히 신경 쓰는 모습이었다. 그런데 그녀가 소년과 단 둘이 있게 되자마자 소년의 심장이 멈췄다. 알리트는 즉시 의사를 호출했지만 소아 전문의의 노력에도 불구하고 아이는 죽었다. 부검에서도 명백한 사인을 발견할 수 없었기에 아이의 사인은 발작으로 기록되었다.

며칠 뒤인 3월 10일에 폐 울혈을 앓는 1세의 여자 아기 케일리 데스몬드(Kayley Desmond)가 입원했다. 알리트의 담당이었다. 아기는 차차 나아지는 듯했으나 별안간 심장 마비가 왔다. 응급팀이 가까스로 소생에 성공했고, 아기는 노팅엄에 있는 큰 병원으로 옮겨져 완전히 회복했다. 그곳 병원의 의사들은 아기의 겨드랑이에 작은 구멍이 있는 것을 발견했다. 피부 아래에 공기가 갇혀 있어서 눈에 띈 것이었다. 우리가 이제서야 아는 바지만, 그 구멍은 알리트가 주사기의 공기를 다 빼지도 않은 채 염화칼륨 용액을 주사해 생긴 것이었다. (간호사 시험에 떨어진 것도 당연하다 싶다.)

케일리를 죽이는 데 실패해 낙담한 알리트는 범행 수법을 바꾸었다. 인슐린을 쓰기로 한 것이다. 3월 20일, 생후 5개월의 폴 크램프턴(Paul Crampton)이 심각한 기관지염으로 입원했다. 아기는 갑자기 혼수상태에 빠졌고, 의사들은 소생에 성공한 뒤 혈당이 위험할 정도로 떨어진 것을 발견했다. 인슐린의 영향이었다. 의료진이 갖은 애를 썼지만 아기는 두 차례 더 위기를 겪었고, 전문적인 치료를 위해 노팅엄으로 옮겨진 뒤에야 회복했다.

다음 날 알리트는 다시 염화칼륨을 잡았다. 5세 된 브래들리 깁슨(Bradley Gibson)이 갑자기 심장 마비를 일으켰고, 역시 의사들이 살려냈다. 아기의 심장이 밤에 또 한 번 멎자 그도 노팅엄으로 보내졌고 살아남았다. 다음 희생자도 마찬가지였다. 창문에서 떨어져 두개골이 골절된 2세 된 아기 차익훙(Yik Hung Cha)으로, 브래들리와 같은 문제를 보이다가 노팅엄으로 옮겨져 목숨을 건졌다. 그러나 알리트의 다음 희생자는 운이 좋지 못했다.

케이티 필립스(Katie Phillips)와 베키 필립스(Becky Phillips)는 조산아로 태어난 쌍둥이로, 이 병원에 있다가 1991년 3월에 퇴원했다. 4월 1일에 베키가 위염으로 병동에 들어왔다. 알리트가 간호를 맡았고 아기는 그날 저녁에 발작을 일으켰으나 의사는 질환으로 인한 발작이라고 진단했다. 아기의 부모가 밤새 머리맡을 지켰지만 아기는 밤중에 죽고 말았다. 부검 결과 뚜렷한 사인이 드러나지 않았다. 얼마 지나지 않아 쌍둥이 케이티도 입원했고, 이틀 동안 두 번이나 심장 발작을 일으켰다. 부모는 알리트가 딸의 목숨을 구하기 위해 열성을 다하는 것을 보고 감명받았다. 하지만 케이티가 노팅엄으로 옮겨진 뒤에 그곳 의사들은 아기의 갈비뼈 5개가 부러진 것을 발견했고(심폐 소생술 때문인 듯했다.) 산소 결핍으로 뇌도 손상된 것을 확인했다. 하지만 케이티의 부모는 딸이 목숨을 건진 것만으로도 감사했고 그것이 알리트의 신속한 조치 때문이라고 생각했다. 심지어 알리트에게 아기의 대모가 되어 달라고 부탁했다. 알리트는 며칠 뒤에 케이티가 세례를 받을 때 대모가 되어 주었다.

그동안 알리트가 맡은 다른 아이들도 계속 예기치 못한 합병증에 시달렸으나 번번이 다른 의사와 간호사들 덕분에 살아났다. 처음에 병원 당국은 바이러스가 유행하는 것이라고 생각해 소아 병동을 깨끗이 청소했다. 그래도 소용이 없자 의문의 사고들 뒤에 사람의 손이 개입했을 가능성을 의심하기 시작했다. 그리고 그들이 아는 한 모든 사고에 가까이 있었던 사람은 단 하나, 알리트였다. 그들의 의혹은 곧 사실로 밝혀졌다.

클레어 펙(Claire Peck)이라는 소녀는 천식으로 입원해 있었다. 상태가 너무 나빠서 의사들은 호흡을 돕고자 목구멍에 관을 삽입했다. 소녀는 갑자기 심장 발작을 일으켰고, 당시 병동에 있던 간호사는 알리트뿐이었다. 응급팀이 달려와 소녀를 소생시켰는데 그들이 떠나고 알리트 혼자 남자마자 소녀는 또 발작을 일으켰다. 이번에는 소생에 성공하지 못했고 아이는 죽었다. 병원은 부검에서 혈액 분석을 수행했고, 비정상적으로 높은 칼륨 수치를 확인했다. 병원이 경찰에 연락을 취해 알리트가 체포되었다.

알리트는 1993년 3월에 법정에 섰다. 2개월 가까이 끈 재판 결과 그녀는 유죄에다 13번의 종신형 누적 선고를 받았다. 여성에게 내려진 최고형 기록이었다. 알리트는 왜 그런 짓을 했을까? 아마 그녀는 대리인에 의한 뮌하우젠 증후군을 앓았던 것 같다. 1977년에 처음 진단된 이 희귀한 증후군은 자신의 보호 아래 있는 사람들을 악의적으로 아프게 함으로써 사람들의 관심을 끌려는 정신 상태를 말한다.

셀레늄은 음흉하다

셀레늄 역시 인체에 필수적이지만 소량으로도 위험할 수 있는 물질이다. 1817년에 처음 발견된 이래 셀레늄은 가까이 하면 안 될 물질로 여겨져 왔다. 처음으로 셀레늄 중독을 앓은 사람은 다름 아니라 최초의 발견자였던 스웨덴 화학자 옌스 야코브 베르셀리우스(Jöns

Jacob Berzelius, 1779~1848년)였다. 어느 날 베르셀리우스의 가정부가 그에게서 끔찍한 입 냄새가 난다면서 생마늘을 너무 많이 먹은 것 아니냐고 말한 순간 그는 셀레늄의 뚜렷한 부작용 한 가지를 알아차렸다. 미처 깨닫지 못했겠지만 베르셀리우스는 다이메틸셀레늄이라는 기체를 내뿜고 있었다. 냄새가 나쁘기로 따지면 몇 손가락 안에 드는 기체다. 베르셀리우스는 다른 형태로도 이 불쾌한 원소 셀레늄을 접했다. 셀레늄화수소 기체(화학식 H_2Se)였다. 이 기체가 치명적이라는 것을 전혀 몰랐던 그는 2주 동안 앓아누웠다.

셀레늄에 장기간 노출되었던 몇몇 산업의 종사자들은 빈혈, 체중 감소, 피부염을 겪었고, 사회적으로도 위축되었다. 셀레늄은 천한 원소, 가급적 피해야 할 원소로 여겨졌다. 그러나 1975년에 텍사스 주 갤버스턴의 요게쉬 아와스티(Yogesh Awasthi)는 우리가 셀레늄을 완벽히 피할 수 없을 뿐더러 셀레늄이 인체 필수 원소라는 사실을 밝혀냈다. 글루타티온 퍼록시다제라는 항산화 효소의 일부로 셀레늄이 기능한다는 것이다. 그것은 과산화물을 제거함으로써 위험한 자유라디칼의 형성을 막는 효소다. 셀레늄은 우리 몸을 **보호하기** 위해 존재하고 있었다. 1991년에 베를린 한-마이트너 연구소의 디트리히 베네(Dietrich Behne) 교수는 셀레늄이 갑상선 호르몬 생산을 촉진하는 데이오나제라는 효소에도 들어 있음을 확인했다. 수조 개에 달하는 살아 있는 인체의 세포들은 각각 100만 개 이상의 셀레늄 원자를 갖고 있고, 체내 총량은 14밀리그램쯤 된다. 셀레늄의 1일 섭취 권장량은 최대 450마이크로그램이다. 이 이상 섭취하면 중독 위험이 있고, 가장 두드러지는 중독 증상은 끔찍한 구취와 몸 냄새다. 우리 몸이 잉여의 셀레늄을 배출하려고 노력하는 바람에 생기는 현상이다.

　셀레늄의 1일 섭취량은 식단에 달려 있다. 보통 사람은 매일 약 65마이크로그램을 먹게 되는데, 이 정도면 결핍을 막기에 충분하다. 남성의 1일 권장량인 75마이크로그램에는 못 미치지만 말이다. 셀레늄 농도는 머리카락, 신장, 고환에 높다. 고환에서 셀레늄은 정자를 보호하는 역할을 한다. 대부분의 사람들은 아침 식사용 시리얼이나 빵에서 셀레늄을 얻는다. 특히 통밀빵은 밀이 자란 토양에 따라 조금씩 차이는 있지만 대개 두 조각만으로도 30마이크로그램 정도를 공급한다. 그밖에 셀레늄이 풍부한 음식으로 브라질호두, 당밀, 참치, 대구, 연어, 간, 신장, 땅콩, 겨 등이 있다.

　셀레늄이 살인 무기로 쓰였다는 기록은 없다. 그렇게 쓸 수 있을 것 같지도 않다. 피해자의 입 냄새가 재깍 알아차릴 수 있을 정도로 고약해져서, 무언가 이상한 것을 섭취한 게 아니냐는 의심을 당장 하게 될 것이기 때문이다.

나트륨에 대한 의혹

　나트륨 화합물의 종류는 수없이 많다. 하지만 우리 삶 속에서 이 원소는 대개 소금(NaCl)의 형태로 존재한다. 소금 속의 나트륨은 양으로 대전된 이온, 즉 Na^+라는 안정한 상태를 취한다. 소금은 엄밀히 말해 독약이라 할 수 없다. 하지만 조심해야 할 대상임은 분명하다. 의사들에 따르면 소금을 지나치게 많이 섭취할 경우 몸에 불필요한 스트레스가 가해진다. 특히 고혈압 환자나 심장 질환 위험이 높은 사람들은 조심해야 한다. 우리 몸은 잉여의 소금을 제거하지 못하는 상태가 되면 물을 더 섭취해 균형을 맞추려 하고, 그 때문에 동맥 혈압이 높아져서 고혈압에 따른 각종 문제가 발생한다. 그럼에도 불구하고 규칙적으로 나트륨을 섭취하는 것은 아주 중요한 일이다. 신장이 혈액의 나트륨을 계속 거르기 때문에 생기는 부족분을 섭취해야 한다.

사람이 하루에 섭취하는 나트륨 양은 개인마다, 문화마다 천차만별이다. 어떤 사람은 2그램도 먹지 않는 반면 어떤 사람은 20그램 넘게 먹는다. 소금이 많이 든 음식으로는 참치, 정어리, 달걀, 간, 버터, 치즈, 피클 등이 있다. 채소에는 비교적 적다. 몸에 들어온 나트륨 중 많은 양이 재활용되지만 못지 않게 많은 양이 소변(농도가 350피피엠쯤 된다.), 대변, 땀을 통해 빠져나간다.

피가 짭짤한 것은 소금이 많이 들어 있기 때문이다. 농도는 약 0.35퍼센트다. 골격에도 소금이 많이 들어 있고(1퍼센트), 대부분의 조직에도 들어 있다. 그렇기에 인체의 총 나트륨 함유량은 100그램이나 된다. 나트륨은 주로 세포 밖의 체액에 들어 있다. 칼륨과 반대인 셈이다. 삼투압과 혈압을 유지하기 위해서, 또한 단백질과 유기산들을 용해하기 위해서 혈액에는 다량의 나트륨이 꼭 필요하다.

소금은 열대 지방에서는 더없이 소중한 선물로서 수백만 명의 목숨을 구한다. 매년 수백만 명의 아이들이 설사와 그로 인한 탈수로 죽어 가는데, 이 치명적일 수 있는 병에 대한 간단한 해결책이 바로 글루코스와 소금을 탄 용액을 마시는 것이다. 유엔 아동 기금은 그런 용도로 쓸 소금 봉투를 수백만 개씩 나눠준다.

소금은 그처럼 생명을 살리는 데 사용될 수 있지만, 해를 끼칠 수도 있다. 사람을 죽일 정도는 아니라도 말이다. 한번에 소금을 너무 많이 먹으면 구토 반응이 나타나기 때문에 소금을 먹여 누군가를 살해한다는 게 불가능해 보일지 모르겠는데, 스코틀랜드 에든버러에서 실제 그런 사건이 있었다. 39세의 수전 해밀턴(Susan Hamiliton)이 소금으로 자기 딸을 서서히 독살한 사건이었다. 해밀턴은 2003년 6월 6일에 배심원들 앞에 섰다. 3주의 재판 끝에 그녀는 폭행 및 살인 기도 혐의에 대해 4년 형을 선고받았다. 해밀턴이 범행을 저지른 것은 3년 전인 2000년 3월 10일이었다. 딸의 위에 삽입된 급식 튜브에 농축 소금물을 주사했던 것이다.

해밀턴의 딸은 1991년에 태어났다. 법적인 이유에서 이름은 밝힐 수 없다. 아이는 근육에 문제가 있어서 잘 삼키지 못했는데, 의사들의 진단은 소모성 질환이 아닐까 하는 것이었다. 아이가 4세가 되자 의사들은 한쪽 코를 통해 위까지 닿는 비강 영양 튜브를 삽입하기로 했다. 하지만 이것도 마땅치 않자 위에 직접 관을 삽입하는 피부 경유 내시경 위루술을 시행했다. 해밀턴이 딸에게 행한 짓을 생각하면 위루술을 하지 말았어야 했지만, 당시에는 이것이 올바른 처치로 보였다.

해밀턴은 자꾸만 딸이 위독하다고 호소했고, 결국 아이는 에든버러 왕립 병원에 입원했다. 의료진이 검사를 할 때마다 나트륨 농도가 정상보다 높게 나왔는데, 의학적으로 그럴 이유가 전혀 없었기 때문에 처음에는 아무도 의문을 품지 않았다. 그러나 결국 의사들은 누군가 교묘하게 아이를 독살하려 한다는 결론을 내렸다. 아이가 먹는 특별식이나 약물에는 그 정도로 나트륨 농도를 높일 만한 것이 없었

기 때문이다. 경찰이 개입했고, 해밀턴의 집을 조사하던 중 액체가 몇 방울 담긴 주사기가 발견되었다. 실험실에서 조사해 보았더니 액체는 소금물이었다.

해밀턴이 마지막으로 딸에게 주사한 소금물 때문에 아이는 거의 죽음의 문턱에까지 이르렀고, 결국 살아남았지만 영구적인 손상을 입었다. 병원 기록에 따르면 해밀턴은 아이의 급식 튜브에 여러 차례 소금물을 주사했다. 아이가 너무 아파 입원해야 했던 경우만 따져도 17번이나 되었다. 한번은 이 가엾은 아이가 백혈병을 앓는 것으로 생각하여 후원자들이 유로디즈니 여행을 보내 준 일도 있었다.

해밀턴은 아이를 아프게 하고 싶을 때면 소금 두 찻숟갈 정도를 주사했다. 하지만 2000년 3월의 마지막 독살 시도에서는 훨씬 많은 양을 주입했고, 아이는 그 때문에 졸중을 겪어 뇌가 영원히 손상되었다. 해밀턴의 행동은 대리인에 의한 뮌하우젠 증후군으로 해석되었다.

텔루륨의 숨기기 힘든 향기

텔루륨은 화학적으로 셀레늄과 비슷하지만 셀레늄과 달리 몸에 축적되는 경향이 있다. 셀레늄이 아주 고약한 입 냄새와 몸 냄새를 풍긴다는 말은 앞에서 했는데, 텔루륨은 그보다 심하다. 두 원소는 화학적으로 무척 비슷하지만 한 가지 다른 점이라면 텔루륨에게는 이렇다 할 생물학적 역할이 없다는 것이다. 그래도 우리 몸에는 약 0.7밀리그램의 텔루륨이 들어 있다. 이보다 더 많은 양이 있다면 악취 때문에 누구도 우리에게 가까이 다가오려 하지 않을 것이다.

보통 사람의 1일 텔루륨 섭취량은 0.6밀리그램쯤인 듯하다. 대부분은 음식에서 오고 주로 식물에 많이 들어 있다. 식물은 땅에서 텔루륨을 흡수하는데, 최대 함유량은 6피피엠까지 되는 듯하며 양파와 마늘에 가장 많이 들어 있다. 우리가 먹은 텔루륨은 혈류로 흡수되어 주로 소변으로 배출된다. 그러나 그중 10마이크로그램 정도는 휘발성인 다이메틸텔루륨으로 전환되어 폐나 땀샘을 통해 방출된다.

텔루륨을 다루는 일을 하는 사람들은 이른바 텔루륨 구취라는 것에 걸린다. 텔루륨의 농도가 공기 1세제곱미터당 10마이크로그램의 낮은 수준일 때도 그렇다. 텔루륨과 접촉하는 사람은 비타민 C를 많이 섭취하는 게 좋다고 하는데 그러면 입 냄새를 상당히 줄일 수 있다. 1884년에 자원자들을 대상으로 산화텔루륨(TeO_2) 0.5마이크로그램을 먹는 실험을 했다. 1시간 뒤 그들의 숨결에서 악취가 풍기기 시작했고, 냄새는 30시간 뒤에도 사라지지 않았다. 15밀리그램을 먹은 사람들은 8개월 뒤까지 텔루륨 구취에 시달렸다!

텔루륨 때문에 간간이 사망 사고가 있었다. 삼산화텔루륨산나트륨(Na_2TeO_3)은 고작 2그램으로도 치명적일 수 있다. 이 사실은 1946년에 우연히 발견되었다. 약병의 표기가 잘못되는 바람에 군인 3명이 약 대신 이 물질을 복용했는데, 그중 둘이 6시간 만에 죽었다. 급성 텔루륨 중독은 구토, 장 염증, 내출혈, 호흡 곤란을 일으킨다. 만성 중독의 증상은 마늘 냄새와 비슷한 구취, 피로감, 소화 불량 등이다.

텔루륨으로 누군가를 독살한 사건이 있었을 것 같지는 않다. 텔루륨 화합물의 냄새가 너무나 독특해 즉각 의심을 일으킬 것이기 때문이다.

주석은 유기물인 한 안전하다

몇 가지 증거를 볼 때 인체는 주석을 필요로 한다. 어떤 생물들에게는 필수 원소다. 주석을 제거한 식단을 섭취한 쥐들은 잘 자라지 못했고, 주석을 보충한 뒤에야 정상으로 회복되었다. 이것을 보면 분명 주석은 중요한 역할을 하고 있다. 사람이 주석을 필요로 하는지는 아직 입증되지 않았지만, 우리 몸에는 약 30밀리그램의 주석이 들어 있고, 대개 음식물에서 온 것이다. 오염되지 않은 땅에서 자라는 식물의 주석 농도는 최대 30피피엠 정도다. 오염된 땅에서 자란 식물의 농도는 훨씬 높게 드러난다. 예를 들어 화학 공장 근처에서 자란 사탕무는 0.1퍼센트의 농도(건조 중량)를 보였고, 주석 제련소 근처의 식생은 0.2퍼센트의 농도를 보였다.

보통 사람은 매일 약 0.3밀리그램의 주석을 섭취한다. 그중 0.2밀리그램은 음식을 통해 자연스럽게 먹게 된다. 음식에 든 양 중에서 몸에 흡수되는 것은 3퍼센트가 채 못 되고, 흡수된 것도 대부분 소변으로 배출된다. 하지만 일부는 몸에 남아서 골격과 간에 쌓이므로 시간이 흐르면 인체의 주석 양이 서서히 늘게 마련이다. 위험한 수준에 이르는 경우는 없지만 말이다. 주석은 항상 우리 식단에 포함된 물질이었지만 특히 1800년대에 통조림 깡통이 등장한 뒤로 그 양이 늘었다. 그래서 요즘은 깡통 내부에 래커칠을 해 주석이 음식에 배는 것을 막는다. 통조림 식품에 대한 주석 함유량 기준은 미국의 경우 300피피엠, 영국의 경우 200피피엠이다.

주석 화합물 중 무기물은 일반적으로 유독하지 않은 편이다. 반면 유기 화합물은 위험하다. 특히 주석 원자에 3개의 유기기들이 붙어 있는 경우가 문제다. 유기 주석 화합물은 세포막을 침투할 수 있고, 세포 안에 들어와서는 여러 대사 과정을 방해해 치명적인 결과를 낳는다. 트라이메틸주석과 특히 트라이에틸주석이 사람에게 유해하고, 그보다 큰 유기기를 단 것들은 독성이 훨씬 덜하다. 그래서 트라이뷰틸주석(TBT) 같은 것은 해충제로 널리 쓰였다. 티셔츠처럼 땀에 젖기 쉬운 옷가지에 트라이뷰틸주석을 입혀 박테리아 증식을 막음으로써 불쾌한 냄새를 차단하기도 했다.

프랑스에서는 1960년대와 1970년대 초에 다이아이오딘화다이에틸주석이 스탈리논이라는 제품명으로 포도상 구균 피부 감염에 처방되었다. 다이에틸주석은 유기기가 2개 붙어 있는 물질이니 안전한 듯 생각되었지만, 막상 처방을 받고 몇몇 환자들이 죽었다. 아마 아이오딘화트라이에틸주석이 섞여 있었기 때문인 듯했다.

주석이 환경 문제의 주범으로 알려졌던 사건도 있다. 트라이뷰틸주석을 선박 페인트에 첨가해 사용했던 1960년대의 일이다. 트라이뷰틸주석은 선체 바닥에 해양 생물들이 붙어 거치적거리게 자라는 것을 막아 주었으므로 아주 인기가 좋았다. 덕분에 배가 건선거에서 점검을 받는 시간을 줄일 수 있었다. 어떤 배는 5년에 한 번만 페인트 칠을 다시 하면 될 정도였다. 트라이뷰틸주석은 에너지를 비롯한 각종 자원을 아껴 줌으로써 매년 70억 달러의 이득을 안겨 주는 것으로 보였다. 그러나 1980년대에 굴과 고등 등 해안에 서식하는 생물들이 기묘한 성 전환을 겪거나 생식력을 잃는 현상이 관찰되었고, 그 원인이 트라이뷰틸주석임이 밝혀졌다. 바닷물 1리터당 1나노그램의 낮은 농도로도(1피피비) 그런 변화를 일으킬 수 있었다. 이제 대부분의 국가에서 트라이뷰틸주석 사용을 법으로 금지하고 있다.

주석 화합물이 고의적인 살인 무기로 사용된 예는 아직까지 알려지지 않았다.

부록

표 A.1 몸무게 70킬로그램인 성인의 몸에 든 필수 원소들

원소	형태	체내 총량
산소	주로 물의 형태며* 어디에나 존재함.	43kg
탄소	물 이외의 모든 것	12kg
수소	주로 물의 형태며* 어디에나 존재함.	6.3kg
질소	단백질, DNA 등	2kg
칼슘	뼈**, 이, 세포의 신호 전달 물질	1.1kg
인	뼈**, 이, DNA, ATP	750g
칼륨	전해질, 주로 세포 안에 존재함.	225g
황	아미노산, 특히 머리카락과 피부에 많음.	150g
염소	전해질 균형을 이룸.	100g
나트륨	전해질, 주로 세포 밖에 존재함.	90g
마그네슘	대사에 관여하는 전해질	35g
규소	결합 조직	30g
철	헤모글로빈	4,200mg
플루오린	뼈와 이	2,600mg
아연	효소 요소	2,400mg
구리	효소 보조 인자	90mg
아이오딘	갑상선 호르몬	14mg
주석	알 수 없음.	14mg
셀레늄	효소, 항산화제	14mg
망가니즈	효소 요소	14mg
니켈	효소 요소	7mg
몰리브데넘	효소 보조 인자	7mg
바나듐	지질 대사 활동에 관여함.	7mg
크로뮴	글루코스 내성 인자	2mg
코발트	비타민 B_{12}의 일부	1.5mg

* 물은 몸무게의 약 60퍼센트를 차지한다.
** 뼈는 몸무게의 약 13퍼센트를 차지한다.

용어 설명

고딕으로 표시한 단어들은 용어 설명의 다른 항목으로 소개된 것들이다. **화학 물질의 다른 이름들**은 **안티모니, 비소, 납, 수은** 등 각 원소들의 항목 아래에 소개했다.

BAL은 영국 항루이사이트(British Anti-Lewisite)의 약자로, 화학명은 2,3-다이머카프토프로판-1-올이고, 속명은 다이머카프롤이다. 화학식은 $HSCH_2CH(SH)CH_2OH$이다. BAL은 루이사이트 같은 비소 화학 무기에 노출될지 모르는 병사들에게 지급할 해독제로 개발되었는데, 효력이 뛰어난 것이 입증되어 모든 형태의 비소 독소에 대한 표준 의학 처방으로 쓰이기에 이르렀다. 1940년대에 미국 연구자들은 동물을 대상으로 해 BAL이 납에도 해독제로 작용하는지 알아보았고, 실험에 성공하자 자원자들을 모집해 사람에게도 실험했다. 덕분에 이제 BAL은 납 중독 치료에도 쓰인다. 오늘날 모든 병원이 **비소, 안티모니, 납, 수은**, 기타 모든 중금속 중독 치료용으로 BAL을 갖추어 둔다. BAL은 뇌와 간에 구리가 축적되어 장애를 일으키는 윌슨병의 치료제이기도 하다.

DMPS 킬레이트제를 보라.

EDTA는 에틸렌다이아민테트라아세트산의 약자다. 화학식은 $(HO_2C)_2NCH_2CH_2N(CO_2H)_2$이다. 이 산의 나트륨 염과 칼슘 염을 섞으면 탁월한 **킬레이트제**가 된다. **베르센산염**을 참고하라.

303

EPA는 미국 환경 보호국(Environmental Protection Agency)의 약자다.

FDA는 미국 식품 의약청(Food and Drugs Administration)의 약자다.

ppb는 parts per billion의 약자로서, 1킬로그램 또는 1리터에 1마이크로그램이 든 양을 가리킨다. 1마이크로그램은 1그램의 100만 분의 1로서, 아주 작은 양으로 보일지 몰라도 원자 수조 개가 담기는 양이다.

ppm은 parts per million의 약자로서, 1킬로그램 또는 1리터에 1밀리그램이 든 양을 가리킨다. 1밀리그램은 1그램의 1,000분의 1이다.

그레인은 미터법이 표준이 되기 전에 약제사들이 사용했던 최소 무게 단위다. 1그레인은 1트로이온스(금형 온스)의 480분의 1이었고, 1트로이온스는 1파운드의 12분의 1이었다. 1그레인은 약 65밀리그램에 해당한다.

급성 질병은 갑작스레 심각한 위기를 가져오는 질환이다. 긴 시간에 걸쳐 진행되며 덜 위협적인 **만성 질병**과 대비된다.

납은 원소 번호 82, 원자량 207, 화학 기호 Pb, 주기율표에서 14족에 속하는 원소다. 납은 334도에서 녹으며 밀도는 1리터당 11.4킬로그램이다. 납은 부드러운 금속으로서 화합물은 납(II)와 납(IV)의 두 가지 산화 상태가 있다. 납(II)이 더 안정하다. 대부분의 납 화합물들은 수용성이다. 납은 자연에서 네 가지 동위 원소가 있는데, 납 204, 납 206, 납 207, 납 208

속명	화학명	화학식
크로뮴옐로	크로뮴산납(II)	$PbCrO_4$
갈레나, 방연광	황화납(II)	PbS
리사지, 노란 산화납	산화납(II)	PbO
붉은납, 미니엄	사산화납	Pb_3O_4
납당, 사파	아세트산납(II)	$Pb(CH_3CO_2)_2$
TEL	테트라에틸납	$Pb(CH_2CH_3)_4$
백연, 기본적인 탄산납	수산화탄산납(II)	$2PbCO_3 \cdot Pb(OH)_2$

이다. 납 204를 제외한 나머지는 우라늄이나 토륨 같은 무거운 방사성 원소들이 붕괴할 때 생성된다. 우라늄을 포함한 암석의 납 농도를 측정하면 암석의 나이를 알 수 있다. 또 시료 속 납 동위 원소들의 비, 특히 납 206/납 207의 비는 납의 공급원에 따라 조금씩 다르므로, 이것을 측정하면 어느 곳에서 채굴한 납인지 알아낼 수 있다. 납 화합물은 오랫동안 다양한 이름으로 불렸다.

납 중독은 인체에서 산소 운반을 담당하는 적혈구 속 헤모글로빈의 핵심 요소인 헴 분자들을 만드는 능력을 저해시킨다. 납에 중독되면 헴의 재료인 아미노레불린산(ALA)이 몸에 축적되고, ALA가 인체에 과다하게 쌓이면 각종 중독 증상들이 겉으로 드러난다.

납 해독제는 칼슘-EDTA, BAL, DMPS 같은 **킬레이트제**다. 칼슘-EDTA 같은 몇몇 종류는 아주 빨리 혈중 납 농도를 떨어뜨리지만, 그렇다고 치료를 중단하면 조직의 납이 추가로 녹아 나와서 다시 농도가 높아진다. 또 해독제를 너무 많이 적용하면 골격으로부터 납 제거 반응이 너무 빨리 일어나서 그 때문에 오히려 심각한 납 중독이 벌어질 수 있다.

다이머카프롤은 BAL의 속명이다.

만성 질병은 오랫동안 지속되고 생명에 위협을 줄 가능성은 적은 질병이다. 갑작스레 환자의 건강에 위기를 가져오는 **급성 질병**과 대비된다.

메틸수은은 메틸기(CH₃)가 수은 원자와 화학 결합을 이룬 화합물들을 일컫는 말이다. 메틸염화수은(H₃C-Hg-Cl)이나 다이메틸수은(H₃C-Hg-CH₃)처럼 말이다. 메틸수은 화합물은 뇌를 보호하는 혈뇌장벽을 통과할 수 있으므로 특히 위험하다.

베르센산염은 EDTA의 다이나트륨 염의 속명이다. 1950년대에 중금속 중독의 **킬레이트제**로 등장했다. 처음에는 납 중독을 앓는 환자 6명에게 적용되어 탁월한 해독 효과를 보였다. 코마 상태에 빠졌던 한 아이는 베르센산염에 대번 반응해 2일 만에 스스로 일어나 밥을 먹고, 다시 말을 했다. 오늘날은 EDTA를 사용할 때 주로 칼슘 다이나트륨 염 형태를 쓰는데, 그냥 칼슘-EDTA라고 부른다.

분석 시료는 어떤 화학 원소가 얼마나 들었는지 알아보기 위한 재료로서, 완벽하게 용해해 준비해야 한다. 방법은 여러 가지다. 가령 조직의 무게를 조심스럽게 잰 뒤, 농축 질산에 섞어 140도로 가열하고, 이후 황산과 과염소산을 더해서 더 높은 온도로 가열함으로써(300도 이상) 모든 유기 물질을 완벽하게 산화시키는 방법이 있다. 토양 시료는 일반적으로 왕수에 녹이고, 특별히 녹이기 어려운 물질은 플루오린화수소산을 쓴다. 마이크로파로 가열하는 방법도 널리 사용된다. 그렇게 만든 용액은 완벽하게 투명해야 하며, 녹지 않은 물질이 조금도 없어야 한다. 그런 상태가 되면 이제 **원자 흡광 분석법**이나 **유도 결합 플라스마 분석법**으로 분석할 수 있다. 유도 결합 플라스마 분석법은 보통 **질량 분석법**과 함께 쓴다.

비소는 원소 번호 33, 원자량 75, 화학 기호 As, 주기율표에서 15족에 속하는 원소다. 비소는 두 가지 형태로 존재한다. 회색 비소는 밀도가 1리터당 5.8킬로그램인 금속이고, 노란 비소는 밀도가 1리터당 2킬로그램이다. 금속 비소는 잘 부스러지고, 쉽게 변색하며, 열을 받으면 녹는 대신 616도에서 승화한다. 산소와 반응해 흰색의 삼산화비소(As_2O_3)를 형성한다. 비소 화합물은 오랫동안 다양한 이름으로 불렸다.

속명	화학명	화학식
비소, 흰 비소, 트리세녹스	삼산화비소, 산화비소(III)	As_2O_3
계관석, 붉은 비소	사황화사비소	As_4S_4
셸레그린	삼산화비소산구리	$CuHAsO_3$
파울러 용액	삼산화비소산칼륨	KH_2AsO_3, K_2HAsO_3
(아)비소산	화합물로 인정되는 개체는 아니고 용액 속에서만 존재한다.	
웅황	삼황화이비소	As_2S_3
루이사이트	다이클로로(2-클로로바이닐)아르신	$ClCH=CHAsCl_2$

비소 해독제는 **킬레이트제**면 되는데 그중 **다이머카프롤**, 즉 **BAL**이 가장 낫다. 네 시간마다 150밀리그램씩 주사하면 다량의 비소에 노출된 사람도 보통 목숨을 구할 수 있다. **베르센산 염**도 해독제로 기능한다.

수은은 원소 번호 80, 원자량 200.5, 화학 기호 Hg, 주기율표에서 12족에 속하는 원소다. 수은은 상온에서 액체로 존재하는 드문 금속이다. 어는점은 영하 39도고 끓는점은 357도다.

수은은 산과 반응하지 않는다. 수은 화합물은 오랫동안 다양한 이름으로 불렸다. 의약품으로 쓰였던 수은 화합물들을 나열한 표가 2장에 있다.

속명	화학명	화학식
감홍	염화수은(I)	Hg_2Cl_2
진사, 버밀리언	황화수은(II)	HgS
승홍	염화수은(II)	$HgCl_2$
붉은 침전물	산화수은(II), 붉은 형태	HgO
노란 침전물	산화수은(II), 노란 형태	HgO

수은 분석법을 쓰려면 수은을 이온 상태로 만들어야 한다. 그 뒤 반응 물질을 더해 주는데, 가령 다이페닐카바존을 섞으면 수은이 있을 때 푸른빛이 난다. 예전에는 아이오딘화칼륨 용액을 몇 방울 떨어뜨리는 방법을 썼다. 그러면 수은 이온이 밝은 노란색의 아이오딘화수은이 되어 침전하고, 아이오딘화칼륨을 더 많이 넣으면 침전했던 것이 다시 녹는다. 현대에는 **원자 흡광 분석법**이나 **유도 결합 플라스마 분석법**을 사용해 시료 속 수은의 양을 정확하게 측정한다. 하지만 수은의 양이 많을 때에는 불용성 황화수은을 침전시켜 무게를 다는 오래된 기법을 사용하는 편이 간편하다.
2004년 제임스 듀런트가 이끈 런던 임페리얼 대학의 연구진이 수용액 속의 수은은 0.5피피엠이라는 낮은 농도까지 감지하는 새로운 시각적 시험법을 개발했다. 감지기는 이산화타이타늄 입자들에 루테늄 염료를 붙인 것으로, 이것이 수은 이온에 접촉하면 붉은색이었던 것이 주홍색으로 바뀐다. 예전 분석 기법들에서는 수은과 비슷한 구리나 카드뮴 이온들이 있으면 방해가 되고는 했는데, 이 기법은 그런 상황에서도 수은만 탐지해 낸다.

수은 해독제는 **킬레이트제**면 되는데 여러 킬레이트제 중에서도 BAL이 가장 낫다. 수은 화합물을 다량으로 섭취한 사람에게 BAL을 먹이면 수은 흡수를 막을 수 있지만, 3시간 내에 조치를 취해야 한다. 처음에는 BAL을 300밀리그램 주사하고 나중에는 6시간 간격으로 150밀리그램씩 주입하면 대개 목숨을 건진다. 신속하게 치료했다면 환자는 48시간 만에 수은을 다 배출할 수 있다. 인체가 수은을 흡수할 시간이 있었던 경우에는 제거 속도가 느리고, 수은 중독 증상들이 오래 드러날 수 있다.
신장의 손상이 너무 심하면 해독제로도 피해자의 목숨을 건질 수 없다. 그런 환자의 목숨을 구하려면 인공 신장을 쓰는 수밖에 없다. 그리고 저단백질 식단을 유지하는 것이다. 그러면 보통 목숨은 건질 수 있다. BAL이 등장하기 전에도 급성 수은 중독을 겪은 사람의 70퍼센트가량은 살아남았고, 현대의 치료법으로는 95퍼센트를 넘어선다. 치료를 시작하기까지 시간을 오래 끌었던 사람만 목숨이 위태롭다.

안티모니는 원소 번호 51번, 원자량 122, 화학 기호 Sb, 주기율표에서 15족에 속하는 원소다. 안티모니는 두 가지 형태로 존재한다. 금속 형태는 밝은 은색이고, 단단하고, 부스러지기 쉬우며, 631도에서 녹고, 밀도는 1리터당 6.7킬로그램이다. 금속이 아닌 형태는 회색 가루다. 안티모니의 산화 상태는 안티모니(III)와 안티모니(V)의 두 가지인데, 안티모니(III)가 더 안정하다. 안티모니 화합물은 오랫동안 다양한 이름으로 불렸다.

속명, 옛날 이름, 의학명	화학명	화학식
안티모니 레굴루스	안티모니 원소	Sb
스티빈	수소화안티모니	SbH_3
타타르 구토제, 칼리 스티빌리 타르트라스, 브레히바인슈티엔	타타르산칼륨안티모니, 타타르아안티모니산칼륨염(III)	$K(SbO)C_4H_4O_6 \cdot 1/2H_2O$
황화안티모니, 스티미, 골든 설퍼렛, 케르메스 미네랄, 슈피에스글란츠, 스티브나이트	삼황화안티모니, 황화안티모니(III)	Sb_2S_3
산화 안티모니	산화안티모니(III)	Sb_2O_3
안티모니 버터	염화안티모니(III)	$SbCl_3$
염화안티모니, 알가로스 가루	산화염화안티모니	SbOCl

안티모니 분석법으로는 주로 마시 검출법(9장을 참고하라.)이 쓰였다. 하지만 비소 검출법과 무척 비슷했기 때문에 마시 검출법으로는 두 원소를 구분하기가 아주 어려웠다. 비소 분석법의 첫 단계는 우선 조사하려는 재료의 안티모니를 용액으로 녹이는 일이다. **분석 시료** 항목을 참고하라. 조직이 모두 녹으면 그 용액으로 다양한 검사를 할 수 있다. 안티모니의 산화 상태가 V이면 산화 상태 III으로 환원해야 하는데 아이오딘화칼륨 용액을 더하면 가능하다. (아이오딘 이온이 짙은 갈색의 아이오딘으로 전환된다. 아스코르브산을 더해주면 다시 무색의 아이오딘 이온이 된다.)

안티모니를 분석할 때는 안티모니를 스티빈 기체로 바꾸어 정체를 확인하고 양을 측정했

다. 1960년대에는 마이크로그램 단위까지 감지할 수 있는 더 나은 분석법이 등장했다. 용액이 짙은 푸른색의 테트라아이오딘안티모니산칼륨 염으로 변하는 방법인데, 이 물질은 330나노미터의 파장을 갖고 있어서 그 빛의 강도를 재면 안티모니의 양을 알 수 있다. 더 작은 양이라면 **원자 흡광 분석법**을 쓰면 된다. 요즘은 **유도 결합 플라스마 기법**을 써서 나노그램(ppb) 수준의 훨씬 작은 양까지 탐지할 수 있다. 환경이나 생물학 관련 연구에서 가끔 그런 작업이 필요하다. 때로는 범죄 수사에서도 사용된다. 안티모니가 첨가된 미량의 납의 출처를 밝히는 데 쓰인다.

안티모니 해독제는 **킬레이트제**다. 가장 많이 쓰이는 것은 **다이머카프롤**이라는 이름으로 불리는 BAL이다. 4일 동안 6시간마다 200밀리그램씩 BAL을 주입하고, 이후에는 매일 두 번씩 주입한다. 해독제를 당장 구하기 어려우면 진한 차를 많이 마시게 한다. 차의 탄닌 성분이 안티모니와 착화합물을 이루어서 안티모니의 흡수를 더디게 하기 때문이다. 기체인 스티빈 형태로 안티모니를 흡입했을 때는 지체 없이 수혈을 해 주어야 한다.

엑스선 형광 분광법(XRF)은 고에너지 복사선을 사용해서 원자 속 가장 안쪽 궤도에 있는 전자를 떼어내는 분석 기법이다. 그러면 바로 다음 궤도의 전자가 안쪽 궤도로 들어가면서 그 원소 특유의 엑스선을 방출한다. 6장에서 이야기했던 나폴레옹의 벽지의 경우에는 프로메튬(Pm147) 동위 원소를 복사선으로 써서 분석했다.

원자 흡광 분석법(AAS)은 **분석 시료**를 뜨거운 불꽃이나 레이저로 기화시킴으로써 그 속에 든 금속의 양을 알아내는 방법이다. 금속 원자들이 흡수하는 복사선을 관찰하면 금속의 종류는 물론이고 양도 계산할 수 있다. 빠르게 결과를 알 수 있는 기법이고, 나노그램 수준까지 양을 측정할 수 있다.

유기 수은과 **유기 납**은 탄소와 금속 원자 사이에 직접적인 화학 결합이 맺어진 화합물을 말한다. **유기**라는 용어는 탄소나 탄소 화합물들을 다루는 화학을 지칭하는 표현이다. 가장 단순한 유기기는 메틸기(CH_3)다. 탄소가 이룰 수 있는 4개의 결합 중 3개가 수소와 맺어지고, 네 번째는 금속 원자와 맺어진다. 이런 식으로 H_3C-Hg 부분을 지닌 메틸수은 화합물들, H_3C-Pb 부분을 지닌 메틸납 화합물들이 만들어진다. 더 복잡한 유기는 탄소 요소들을 더 많이 갖춘 것들이다. 가령 탄소를 2개 지닌 에틸기(CH_2CH_3)가 테트라에틸납 $Pb(CH_2CH_3)_4$ 같은 화합물을 이룬다. 페닐기도 흔한 유기다. 페닐기는 벤젠에서 유도된 것으로서, 화학식은 C_6H_5이다. 탄소 6개가 고리를 이루고, 그 각각에 수소 원자가 하나씩 붙었으며, 하나 남는 탄소에 금속 원자가 결합하는 형태다.

유도 결합 플라스마(ICP) 분석법은 고주파수의 에너지로 아르곤 기체를 데운 뒤 분석하고자 하는 시료를 연무질의 형태로 그 속에 뿌리는 분석 기법이다. 주파수는 90메가헤르츠까지 올라가며, 출력이 10킬로와트나 되는 발전기들을 사용한다. 그 결과 아르곤 기체의 온도는 1만 도 가까이 올라가고, 그 안에서 모든 분자들은 개별 원자들로 쪼개지며 원자들 속의 전자들도 여기된다. 이 전자들이 정상 에너지 준위로 다시 떨어질 때 특정 파장의 빛을 내므로 그 빛의 세기를 측정하면 시료 속 원소의 양까지 측정할 수 있다. ICP를 발광 분석법(ICP-OES)이나 **질량 분석법**(ICP-MS)과 결합해 사용하면 미량의 원소량도 측정할 수 있다.

중성자 방사화 분석법(NAA)은 머리카락 한 가닥의 금속 원소 양까지 알아낼 수 있는 아주 민감한 기법이다. 단점은 원자로를 써야 한다는 것이다. 원자로에서 나오는 중성자들을 시료에 가하면 시료 속 원자들은 중성자들을 흡수해 수명이 짧은 동위 원소로 변하고, 그 동위 원소가 붕괴하면서 감마선 같은 특징적인 복사선을 내놓는다. 이 복사선을 확인하면 어떤 원자들이 들었는지 알 수 있다. 나노그램(1그램의 수십억 분의 1)이나 심지어 피코그램(1그램의 수조 분의 1) 단위까지 감지할 수 있을 정도로 민감하다.

질량 분석법(MS)은 분자들의 빔을 이온화해 분자를 작은 조각들로 깨뜨림으로써 분석하는 기법이다. 그 뒤 입자의 빔을 강력한 전자기장에 통과시키면 입자들은 질량과 전하에 따라 서로 다르게 흩어진다. 이 이온들을 검출하면 질량 대 전하 비로써 어떤 입자인지 확인할 수 있으므로 빔 속에 어떤 분자가 있는지 알 수 있다. 이 기법은 같은 원소의 동위 원소들을 구별하는 데 특히 유용하다. **유도 결합 플라스마 분석법**과 함께 쓸 때가 많다.

칼슘-EDTA 킬레이트제를 보라.

킬레이트제는 분자나 이온이 둘 이상의 원자들로 마치 게의 집게발처럼 금속 원자를 꽉 물어 결합한 화합물이다. ('킬레이트'라는 단어가 집게발을 뜻하는 그리스 어에서 왔다.) 인체에서 금속을 제거하는 용도로 쓰이는 의학적 킬레이트제로는 **BAL, 칼슘-EDTA,** 다이티존, 다이싸이오카브, DMPS 등이 있다. 이들은 킬레이트 능력을 발휘해 혈액 속 금속 원자들을 붙

들거나 효소에서 금속 원자들을 뽑아낸 뒤, 신장으로 보내 배출시킨다.

칼슘-EDTA는 베르센산염이라고도 하며, 에틸렌다이아민테트라아세트산(EDTA) 분자의 나트륨 염과 칼슘 염의 혼합물이다.

다이티존의 화학식은 $C_6H_5N=N.CS.NH.HNC_6H_5$(C_6H_5는 페닐기다.)다. 황 원자를 이용해 중금속과 킬레이트를 이루는 능력이 탁월하지만, 해독제로 쓰일 때 약간의 부작용을 일으킬 수도 있다.

다이싸이오카브는 다이에틸다이싸이오카바메이트나트륨, 즉 $Et_2N.CS.SNa$다. 역시 황 원자들이 있어서 중금속과 킬레이트를 잘 이룬다.

DMPS는 2,3-다이머카프토-1-프로페인술폰산의 약자다. 화학적으로 BAL과 비슷한데, 화학식은 $HSCH_2CH(SH)CH_2SO_3H$이다. DMPS의 나트륨 염도 해독제로 사용되는데 이름은 유니싸이올이다.

타타르산의 화학식은 $CO_2H.CH(OH)CH(OH)CO_2H$이다. 세 가지 형태로 존재하는데, 각기 메소-타타르산, d-타타르산, l-타타르산이라고 한다.

타타르 구토제는 타타르산안티모닐칼륨의 속명이다.

타타르산안티모닐칼륨의 화학식은 $K_2[Sb(O_2CCH(OH)CH(OH)CO_2)_2Sb]$이다. 안티모니 원자 2개가 타타르산 이온에 붙어 있다. 안티모니는 분자 내의 여러 산소들에 결합할 수 있다.

탈륨은 원소 번호 81, 원자량 204, 화학 기호 Tl, 주기율표에서 13족에 속하는 원소다. 탈륨은 부드럽고 은백색을 띠는 금속으로 녹는점은 304도고 밀도는 리터당 11.9킬로그램이다. 납보다 약간 무거운 셈이다. 탈륨은 반응성이 높고, 습한 공기에서 쉽게 변색하며, 산과 접촉하면 쉽게 부식한다. 탈륨의 산화 상태는 두 가지로 탈륨(I)와 탈륨(III)이다. 낮은 산화 상태의 이온(Tl^+)으로 존재할 때는 칼륨을 닮았다. 바닷물 속 탈륨은 높은 산화 상태고 암석이나 토양 속 탈륨은 낮은 산화 상태다. 탈륨 중독으로 의심되는 사람에게는 소변 검사를 하는데 다이싸이오카바존의 알코올 용액을 몇 방울 떨어뜨리면 소변에 탈륨이 든 경우 붉은 체리빛으로 변한다.

탈륨 해독제는 **프러시안블루**, 즉 $KFe^{III}[Fe^{II}(CN)_6]$이다. 프러시안블루 분자는 작은 3차원 울타리가 연결된 모양으로 생겼다. 울타리에는 하나씩 걸러서 칼륨 이온이 들어 있고, 이

칼륨 이온 대신 탈륨 이온이 들어가 더 안정한 $TlFe^{III}[Fe^{II}(CN)_6]$ 화합물을 이룸으로써 탈륨이 몸 밖으로 배출된다.

티메로살은 백신 같은 민감한 물질을 보호하는 항균제로 쓰이는 수은 화합물이다. 벤젠에서 유도된 물질로서 화학식은 $CH_3CH_2HgSC_6H_4CO_2Na$이다. 벤젠 고리에서 나란히 붙은 탄소 원자 2개에 각각 나트륨기(CO_2Na)와 수은기(CH_3CH_2HgS)가 붙었다. 수은 원자가 메틸기가 아니라 에틸기에 붙었으므로, 티메로살은 일반적인 메틸수은 화합물들과 달리 심각한 독성은 띠지 않는다.

프러시안블루는 페로사이안화철칼륨의 속명으로, 화학식은 $KFe^{III}[Fe^{II}(CN)_6]$이다. 수백 년 전부터 사람들은 프러시안블루를 알았고, 푸른색 염료로 사용했다.

해독제는 가장 흔하게 쓰이는 이름으로 소개했다. **BAL, 티메로살, 베르센산염** 등이다. 특정 독소에 작용하는 해독제는 **비소 해독제, 안티모니 해독제, 납 해독제, 수은 해독제, 탈륨 해독제**로 따로 기재했다.

핵자기 공명법(NMR)은 분자 속 원자들의 위치를 파악하는 기법으로, 강력한 자기장에 분자를 노출시켰을 때 원자들이 어떤 주파수를 흡수하는지 알아본다. 수소나 탄소 13 같은 원자들의 핵은 자기장에 노출되어 스핀 방향을 바꾼다. 그 에너지가 주변 전자들에 영향을 미치고, 다시 분자의 화학 결합에도 영향을 미친다.

참고 문헌

일반

Ball, P., *Bright Earth: the Invention of Colour*, Viking, London, 2001.

Bowen, H.J.M., *Environmental Chemistry of the Elements*, Academic Press, London, 1979.

Camps, F.E. (ed.), *Gradwohl's Legal Medicine*, 2nd edn, John Wright & Son Ltd., Bristol, 1968.

Cooper, P., *Poisoning by Drugs and Chemicals, Plants and Animals*, 3rd edn, Alchemist Publications, London, 1974.

Cox, P.A., *The Elements: Their Origin, Abundance and Distribution*, Oxford University Press, Oxford, 1989.

Drummond, J.C. and Wilbraham, A., *The Englishman's Food*, Pimlico, London, 1994.

Duffus, J.H. and Worth, H.G.J. (eds), *Fundamental Toxicology for Chemists*, The Royal Society of Chemistry, Cambridge, 1996.

Emsley, J., *The Elements*, 3rd edn, Oxford University Press, Oxford, 1995.

Emsley, J., *Nature's Building Blocks*, Oxford University Press, Oxford, 2001.

Evans, C., *The Casebook of Forensic Detection*, John Wiley & Sons Inc., New York, 1996.

Feldman, P.H., *Jack the Ripper: the Final Chapter*, Virgin Books, London, 2002.

Fergusson, J.E., *The Heavy Elements*, Pergamon, Oxford, 1990.

Finlay, V., *Colour*(『컬러 여행: 명화의 운명을 바꾼 컬러 이야기』), Hodder and Stoughton, London, 2002.

Glaister, J., *The Power of Poison*, Christopher Johnson, London, 1954.

Hunter, D., *Diseases of Occupations*, 5th edn, Hodder and Stoughton, London, 1976.

Jacobs, M.B., *The Analytical Chemistry of Industrial Poisons, Hazards, and Solvents*, 2nd edn, Interscience, New York, 1949.

Kaye, B.H., *Science and the Detective*, VCH, Weinheim, 1995.

Kelleher, M. and Kelleher, C.L., *Murder Most Rare: the Female Serial Killer*, Dell Publishing, New York, 1998.

Kind, S., *The Sceptical Witness*, Hodology Ltd, Forensic Science Society, Harrogate, 1999.

Lenihan, J., *The Crumbs of Creation*, Adam Hilger, Bristol, 1988.

Martindale: The Extra Pharmacopoeia, 27th edn, The Pharmaceutical Press, London, 1977.

McLaughlin, T., *The Coward's Weapon*, Robert Hale, London, 1980.

Mann, J., *Murder, Magic and Medicine*, revised edn, Oxford University Press, Oxford, 2000.

Montgomery Hyde, H., *Crime Has its Heroes*, Constable, London, 1976.

Ottoboni, M.A., *The Dose Makes the Poison*, 2nd edn, Van Nostrand Reinhold, New York, 1991.

Polson, C.J. and Tattersall, R.N., *Clinical Toxicology*, EUP, London, 1965.

Rentoul, E. and Smith, H., *Glaister's Medical Jurisprudence and Toxicology*, 13th edn, Churchill, Edinburgh, 1973.

Root-Bernstein, R. and Root-Bernstein, M., *Honey, Mud, Maggots, and Other Medical Marvels*, Macmillan, London, 1997.

Roscoe, H.E. and Schorlemmer, C., *Treatize on Chemistry*, Macmillan & Co., London, 1913.

Rowland, R., *Poisoner in the Dock*, Arco, London, 1960.

Simpson, K., (ed.), *Taylor's Principles and Practice of Medical Jurisprudence*, Vol. II, 12th edn, Churchill, London, 1965.

Stevens, S.D. and Klarner, A., *Deadly Doses: a Writer's Guide to Poisons*, Writer's Digest Books, Cincinnati, Ohio, 1900.

Stolman, A. (ed.) and Stewart, C.P., 'The absorption, distribution, and excretion of poisons' in *Progress in Chemical Toxicology*, vol. 2, p. 141, 1965.

Stone, T. and Darlington, G., *Pills, Potions and Poisons*, Oxford University Press, Oxford, 2000.

Sunshine, I. (ed.), *Handbook of Analytical Toxicology*, Chemical Rubber Co., Cleveland, Ohio, 1969.

Thompson, C.J.S., *Poisons and Poisoners*, Harold Shaylor, London, 1931.

Thorwald, J., *Proof of Poison*, Thames & Hudson, London, 1966.

Timbrell, J., *Introduction to Toxicology*, Taylor & Francis, London, 1989.

Waldron, W.A., 'Health Standards for Heavy Metals', *Chemistry in Britain*, p. 354, 1975.

Weatherall, M., *In Search of a Cure*, Oxford University Press, Oxfords, 1990.

Wilson, C. and Pitman, P., *Encyclopaedia of Murder*, Arthur Barker, London, 1961.

Witthaus, R.A., *Manual of Toxicology*, William Wood, New York, 1911.

Wooton, A.C., *Chronicles of Pharmacy*, Milford House, Boston, 1910(republished 1971)

연금술

Clegg, B., *The First Scientist: a Life of Roger Bacon*, Constable, London, 2003.

Cobb, C., *Magick, Mayhem, and Mavericks*, Prometheus Books, Amherst NY, 2002.

Fara, P., *Newton: the Making of a Genius*, Picador, London, 2002.

Greenberg, A., *A Chemical Mystery Tour: Picturing Chemistry from Alchemy to Modern Molecular Science*, Wiley-Interscience, New York, 2000.

Greenberg, A., *The Art of Chemistry: Myths, Medicines and Materials*, Wiley-Interscience, New York, 2003.

Mackay, C., *Extraordinary Popular Delusions and the Madness of Crowds*(『대중의 미망과 광기』), Richards Bentley Publishers, London, 1841. (Reprinted by MetroBooks New York 2002.) (연금술사들을 다룬 장이 있다.)

Marshall, P., *The Philosopher's Stone: a Quest for the Secrets of Alchemy*, Macmillan,

London, 2001.

Morris, R., *The Last Sorcerers*, The Joseph Henry Press, Washington DC, 2003.

Multhauf, R.P., *The Origins of Chemistry*, Oldbourne, London, 1966.

Schwarcz, J., *The Genie in the Bottle*, W.H. Freeman, New York, 2002.

Szydlo, Z., *Water Which Does Not Wet Hands: the Alchemy of Michael Sendivogius*, Polish Academy of Sciences, Warsaw, 1994.

수은

Banic, C. et al., 'Vertical distribution of gaseous elemental mercury in Canada' in *Journal of Geophysical Research*, vol. 108, p. 4264, May 2003.

Barrett, S., 'The mercury amalgam scam; how anti-amalgamists swindle people' at http://www.quackwatch.org/01QuakeryRelatedTopics/mercury.html

Caley, E.R., 'Mercury and its compounds in ancient times' in *Chemical Education*, vol. 5, p. 419, 1928.

Cook, J., *Dr Simon Forman: a Most Notorious Physician*, Chatto & Windus, London, 2001.

Devereux, W.B., *Lives and Letters of the Devereux, Earls of Essex*, Volume II, John Murray, London, 1853.

Freemantle, M., 'Chemistry for water' in *Chemical & Engineering News*, 19 July 2004.

Goldwater, L.J., 'Mercury in the Environment' in *Scientific American*, p. 224, May 1971.

Goldwater, J. (ed.), *The Christmas Murders*, Allison & Busby, London, 1986.

Holmes, F., *The Sickly Stuarts*, Sutton Publishing, Stroud, Glos., 2003.

Irwin, M., *That Great Lucifer: a Portrait of Sir Walter Ralegh*, Chatto and Windus, London, 1960. (내용이 조금 부정확하다.)

McElwee, W., *The Wisest Fool in Christendom*, Faber & Faber, London, 1958.

McElwee, W., *The Murder of Sir Thomas Overbury*, Faber & Faber, London, 1952.

Mitra, S., *Mercury in the Ecosystem*, Trans Tech Publications, Switzerland, 1986.

Rimbault, E.F. (ed.), *The Miscellaneous Works in Prose and Verse of Sir Thomas Overbury, Kt.*, Reeves and Turner, London, 1890. (주석과 전기가 덧붙어 있다.)

Rowse, A.L., *Simon Forman*, Weidenfeld & Nicolson, London, 1974.

Rowse, A.L., *The Elizabethan Renaissance: the Life of the Society*, Macmillan, London, 1971.

Smith, W.E. and Smith, A.M., *Minamata*, Chatto & Windus, London, 1975.

Somerset, A., *Unnatural Murder: Poison at the Court of James I*, Weidenfeld & Nicolson, London, 1997.

White, B., *Cast of Ravens: the Strange Case of Sir Thomas Overbury*, John Murray, London, 1965.

비소

Beales, M., *The Hay Poisoner: Herbert Rowse Armstrong*, Robert Hale, London, 1997.

Bentley, R. and Chasteen, T.G., 'Microbial methylation of metalloids: arsenic, antimony, and bismuth' in *Microbiology and Molecular Biology Reviews*, vol. 66, p. 270, 2002.

Bentley, R. and Chasteen, T.G., 'Arsenic curiosa and humanity' in *Chemical Educator*, vol. 7, p. 51, 2002.

Christie, T.L., *Etched in Arsenic*, Harrap, London, 1969.

Gerber, S.M. and Saferstein, R. (eds), *More Chemistry and Crime*, American Chemical Society, Washington DC, 1997.

Gunther, R.T. (ed.), *The Greek Herbal of Dioscorides*, translated by John Goodyear, Oxford University Press, Oxford, 1934.

Heppenstall, R., *Reflections on the Newgate Calendar*, W.H. Allen, London, 1975.

Irving, H.B., *Trial of Mrs Maybrick*, Notable British Trials Series, William Hodge & Co., Edinburgh, 1930.

Islam, F.S. et al., 'Role of metal-reducing bacterial in arsenic release from Bengal delta sediments' in *Nature*, vol. 430, p. 68, 2004.

McConnell, V.A., *Arsenic Under the Elms*, Praeger, Westport, Connecticut, 1999.

Meharg, A., *Venemous Earth*, Macmillan, London, 2005.

Nriagu, J., *Arsenic in the Environment: Human Health and Ecosystems*, John Wiley & Sons Inc., New York, 1994.

Norman, N.C. (ed.), *Chemistry of Arsenic, Antimony and Bismuth*, Thomson Science, London, 1998.

Odel, R., *Exhumation of a Murder*, Harrap, London, 1975.

Przygoda, G., Feldmann, J., and Cullen, W.R., 'The arsenic eaters of Styria: a different picture of people who were chronically exposed to arsenic' in *Applied Organometallic Chemistry*, vol. 15, pp. 457-462, 2001.

Vallee, B.L., Ulmer, D.D. and Wacher, W.E.C., 'Arsenic Toxicology and Biochemistry' in *Archives of Industrial Health*, vol. 58, p. 132, 1960.

Whittington-Egan, R., *The Riddle of Birdhurst Rise*, Harrap, London, 1975.

안티모니

Adam, H.L., *The Trial of George Chapman*, Notable British Trials Series, William Hodge, Edinburgh and London, 1930.

McCormick, D., *The Identity of Jack the Ripper*, 2nd edn, revised, John Long, London, 1970.

Wilson, W., *A Casebook of Murder*, Leslie Frewin, London, 1969.

Farson, D., *Jack the Ripper*, Michael Joseph Ltd., London, 1972.

Jones, E. and Lloyd, J., *The Ripper File*, Arthur Barker, London, 1975.

McCallum, R.I., *Antimony in Medical History*, Pentland Press, Durham, England, 1999.

Roughead, W., *Trial of Dr Pritchard*, Notable British Trials Series, Edinburgh and London, 1925.

Shotyk W. et al., 'Anthropogenic impacts on the biochemistry and cycling of antimony', in A. Sigel, H., Sigel, and R.K.O. Sigel (eds), *Biogeochemistry, Availability, and Transport of Metals in the Environment*, vol. 44, p. 177, Marcel Dekker, New York, 2004.

Shotyk W. et al., 'Antimony in recent, ombrotrophic peat from Switzerland and Scotland', in *Global BioGeochemical Cycles*, vol. 18, Art. No. GB1017, January 2004.

Sylvia Countess of Limerick CBE, chairman, *Expert Group to Investigate Cot Death Theories: Toxic Gas Hypothesis*, Final Report May 1998, Department of Health, London.

납

Baker, G., 'An inquiry concerning the cause of endemial colic of Devonshire' in *Medical Transactions of the Royal College of Physicians*, p. 175, 1772.

Beattie, O. and Geiger, J., *Frozen in Time: Unlocking the Secrets of the Franklin Expedition*, E.P. Dutton, New York, 1988.

Beattie, O., Baadsgaard, H. and Krahn, P., 'Did solder kill Franklin's men?' in *Nature*, vol. 343, p. 319, 1990.

Boulakia, J.D.C., 'Lead in the Roman world', in *American Journal of Archaeology*, vol. 76, p. 139, 1972.

Chisholm Jr., J.J., 'Lead Poisoning' in *Scientific American*, p. 15, February 1971.

Dagg, J.H., Goldberg, A., Lochhead, A. and Smith, J.A., 'The relationship of lead poisoning to acute intermittent porphyria' in *Quarterly Journal of Medicine*, vol. 34, p. 163, 1965.

Gilfillan, S.C., 'Lead poisoning and the fall of Rome', *Journal of Occupational Medicine*, vol. 7, p. 53, 1965.

Griffin, T.B. and Knelson, J.H. (eds), *Lead*, Georg Thieme, Stuttgart, 1975.

Hammond, P.B., 'Lead poisoning: an old problem with new dimensions' in F.R. Blood (ed.), *Essays in Toxicology*, vol. 1. p. 115, Academic Press, New York, 1969.

Hernberg, S., 'Lead poisoning in a historical perspective', *American Journal of Industrial Medicine*, vol. 38, p. 244, 2000.

Macalpine, I. and Hunter, R., *George III and the Mad Business*, Alan Lane, London, 1969.

Martin, R., *Beethoven's Hair*(『베토벤의 머리카락』), Bloomsbury, London, 2001.

Nriagu, J.O., *Lead and Lead Poisoning in Antiquity*, Wiley & Sons Ltd., New York, 1983.

Patterson, C.C., 'Lead in the environment' in *Connecticut Medicine*, vol. 35, p. 347, 1971.

Waldron, H.A. and Stofen, D., *Sub-clinical Lead Poisoning*, Academic Press, London, 1974.

Warren, C., *Brush with Death: a Social History of Lead Poisoning*, The Johns Hopkins University Press, Baltimore, Maryland, 2000.

Weiss, D., Shotyk, W., and Kempf, O., 'Archives of atmospheric lead pollution' in *Naturwissenschaften*, vol. 86, p. 262, 1999.

가연 휘발유의 이모저모를 토론한 웹사이트로 미국 조지아 주 케네소 주립 대학이 만

든 다음 페이지가 있다. http://www.ChemCases.com/tel

탈륨

Cavanagh, J.B., 'What have we learnt from Graham Frederick Young? Reflections on the mechanism of thallium neurotoxicity' in *Neuropathology and Applied Neurobiology*, vol. 17, p. 3, 1991.

Christie, A., *The Pale Horse*(『창백한 말』), Collins, London, 1952.

Deeson, E., 'Commonsense and Sir William Crookes' in *New Scientist*, p. 922, 1974.

Holden, A., *The St. Albans Poisoner: the Life and Crimes of Graham Young*, Hodder & Stoughton, London, 1974.

Lee, A.G., *The Chemistry of Thallium*, Elsevier, Barking, Essex, 1971.

Marsh, N., *Final Curtain*, Collins, Toronto, 1948.

Matthews, T.G. and Dubowitz, V., 'Diagnostic mousetrap' in *British Journal of Hospital Medicine*, p. 607, June 1977.

Paul, P., *Murder Under the Microscope*, ch. 21, Macdonald, London, 1990.

Prick, J.J. G., Sillevis-Smitt, W.G., and Muller, L., *Thallium Poisoning*, Elsevier, Amsterdam, 1955.

Sunderman, F.W., 'Diethyldithiocarbamate therapy of thallotoxicosis' in *American Journal of Medical Science*, vol. 253, p. 209, 1967.

Van der Merwe, C.F., 'The treatment of thallium poisoning by Prussian blue' in *South African Medical Journal*, vol. 46, p. 960, 1972.

Young, W., *Obsessive Poisoner: Graham Young*, Robert Hale, London, 1973.

기타 독성 원소들

Asimov, I., 'Sucker Bait' in *The Martian Way*, Grafton Books, London, 1965.

Baldwin, D.R. and Marshall, W.J., 'Heavy metal poisoning and its laboratory investigation', *Annals of Clinical Biochemistry*, vol. 36, pp. 267-300, 1999.

Brown, S.S. and Kodama, Y. (eds), *Toxicology of Metals*, Ellis Horwood, Chichester, England, 1987.

Cooper, P., *Poisoning by Drugs and Chemicals, Plants and Animals*, 3rd edn, Alchemist Publications, London, 1974.

Hunter, D., *Diseases of Occupations*, 5th edn, Hodder and Stoughton, London, 1976.

Minichino, G., *The Beryllium Murder*, William Morrow & Company, New York, 2000.

Ottoboni, M.A., *The Dose Makes the Poison*, 2nd edn, Van Nostrand Reinhold, New York, 1991.

Simpson, K. (ed.), *Taylor's Principles and Practice of Medical Jurisprudence*, vol. II, 12th edn, Churchill, London, 1965.

Witthaus, R.A., *Manual of Toxicology*, William Wood, New York, 1911.

용어 설명

Bennett, H. (ed.), *Concise Chemical and Technical Dictionary*, 3rd edn, Edward Arnold, New York, 1974.

Budavari, S. (ed.), *The Merck Index*, 13th edn, Merck & Co. Inc., Rahway NJ, 2001.

Greenwood, N.N. and Earnshaw, A., *Chemistry of the Elements*, 2nd edn, Butterworth Heinemann, Oxford, 1997.

Hawley, G.G., *The Condensed Chemical Dictionary*, Van Nostrand Reinhold, New York, 1981.

Pearce, J. (ed.), *Gradner's Chemical Synonyms and Trade Names*, 9th edn, Gower Technical Press, Aldershot (UK), 1987.

Sharp, W.A. (ed.), *The Penguin Dictionary of Chemistry*, 3rd edn, Penguin, London, 2003.

찾아보기

가

가리발디 66
가미오카 광산 273
가이 병원 97, 190
가이아니 214
가재 278
가톨릭 168
각연광 120
간 19, 29, 43, 90, 95, 104, 176, 189, 272, 274, 277, 294, 299
갈레나 120
갈레노스 21
감리교 146
감자 288
갑상선 호르몬 293
강장제 183
갤버스턴 293
건조 복통 151
건지 35
건포도 288
걸리, 제임스 맨비 70~74
검시관 275, 105
게 278
게슈타포 219
겨 278, 288, 294
결핵 88, 89, 160
고둥 301
고래, 수전 222
고변 43
고야 137
고양이 234

고어, 샤시 274
고혈압 295
골더스그린 화장터 237
곰팡이균 35, 41~42
곰팡이병 279
과산소 디스타뮤제 효소 277
광대버섯 272
광산 272
광천수 209
괴혈병 172, 174
교수형 65, 69
교황 23, 175, 195~198
구리 16, 21, 31~32, 45, 76, 209, 227, 265, 277, 277~279
구리 염 279
구연산 50
국제 사면 위원회 225
국제 음악 페스티벌 55
굴 276, 278, 301
굴라르, 토마 160
궤양 276
귀 232
그라나다 213
그라지아노, 조지프 117, 150
그라펠 103
그랜섬 앤드 케스티번 종합 병원 289
그랜섬 판사 107
그레이트 오먼드 가 43
그레이트야머스 250
그레이프스 92
그레타 162
그리스 112, 119~123

322 세상을 바꾼 독약 한 방울 2

그리스 어 199
그리피스 74
그린란드 127, 129, 135
글라우버, 요한 24~26
글래스고 39, 66, 69, 276
글래스고 애서니엄 클럽 66
글로스터셔 검시관 175~176
글루칸팀 29
글루코스 272, 296
글루콘산나트륨안티모니 29
글루타티온 293
금 112
금속 16, 19, 21, 48, 226
금주 가루 73
기생충 18
긴, 빈센트 77~78
길랭바레 증후군 250
길링엄 259
길모어, 마틸다 98
길필런 121
깁슨, 브래들리 290

나

나고르나크 79
나치 164, 234, 242, 248
나트륨 265, 287, 294~295
나트륨 염 27
남극 127~128
남아메리카 214
남아프리카 공화국 216, 228
납 16, 31~32, 45, 45, 76, 109~197, 202, 208, 211, 218
납 유리 150
납당 123, 178~179, 182~183, 187, 190, 193
납땜 148, 173
내연 기관 131
냅먼, 폴 225
네덜란드 136, 219
네바다 32

노스서큘러로드 232, 240
노스캐롤라이나 153
노예 122, 124
노킹 131
노팅엄 291
노팅힐게이트 225
노퍽 250, 259
녹각 26
뇌 43, 129, 167, 189~190, 206~207, 259, 265, 277, 291, 297
뇌성마비 289
뇌종양 219
뉴사우스웨일스 218
뉴올리언스 283
뉴욕 117, 134, 150
뉴잉턴 법정 98
뉴저지 83
뉴질랜드 33, 41
뉴질랜드 요람사 대응 운동 본부 41
뉴캐슬어폰타인 50
뉴켄트로드 93
뉴턴, 아이작 147
니스덴 232
니칸데르 119
니켈 227, 265, 284~287
니켈 가려움증 285
니켈 염 285~286
니코틴 252
니콜스, 존 77
니클린, 제인 39
닉슨 140

다

다마스쿠스 226
다발성 경화증 30
다윈, 찰스 146
다이메르카프롤 227, 259
다이메틸셀레늄 293
다이메틸텔루륨 298

다이싸이오카브 227~228
다이아몬드, 앤 37
다이아이오딘화다이에틸주석 300
다이에틸다이티오카바메이트 287
다이크로뮴산칼륨 277
다이타존 227
단독 160
단백질 95, 272, 278, 295
달걀 282, 295
달걀노른자 276
닭 282
담배 209
당근 268
당밀 294
대(大)플리니우스 122
대구 294
대변 228
대서양 171
대영 제국 113, 124, 126, 146, 210
대통령 76
댈러스 77
더들리, 로버트 23
더벌리, 듀언 222
더블데이, 마사 88~89
더블린 아동 병원 43
덩굴옻나무 160
데번 27
데번 배앓이 150, 152, 154, 170
데번 사과술 154
데스몬드, 케일리 290
데이비스, 피터 53
데이비슨, 윌리엄 87
데이오나제 293
덴마크 164
덴마크 가 236
델라웨어 131
델프트 157
도나우 강 163
도제트, 필립 258
도쿄 273
도파민 116

독가스 242
독극물 61, 235, 269
독살 47, 52, 55, 59, 64, 182, 196, 241~242,
   259, 274~275, 297
독성 212
독약 87, 94, 105, 241, 247, 249, 253, 255,
   258~260, 294
독일 16, 22, 27, 30, 56~57, 83, 130, 138, 162,
   165, 170, 195, 197, 219
독일어 80
돌연사 33, 38
동위 원소 32, 118, 129, 172, 203, 215
동종 요법 30
동킨앤드홀 172
돼지고기 52, 278, 282
두다, 군터 57
듀보비츠, 비토르 205
듀퐁 사 131~132
드 몽포르 대학교 41
드 샤스트네 24
디기탈리스 235
디캔터 171
땅콩 276, 288, 294
땜납 172

라

라 리저리 24
라디에이터 148
라딘, 아브라함 82
라마치니, 베르나르디노 137
라미, 클로드 오귀스트 208
라우리온 120
라파엘로 137
라파포트, 모쉬코 80
《란셋》 40~42, 150, 193
랑거, 카를 286
러글리 60~62
러시아 270, 284
런던 26~27, 42, 60, 65, 70, 82, 84, 86, 88,

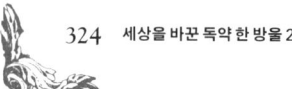

91, 146, 149, 162, 164, 168, 172, 205, 225~226, 232, 236, 245, 256~257, 262
런던 경찰 과학 실험실 259
런던 대학교 39, 245
런던 만국 박람회 208
런던 왕립 과학 칼리지 207
런던 왕립 무료 병원 57
럼주 152~153
레너드, 존 261
레밍, 콜라 283~284
레비손, 볼프 82
레스터 41
레스터 백작 23
레스트레플렉스 159
레이너, 플로런스 99
레지스탕스 226
레퀴엠 51, 57
레파인, 토머스 275
로더럼 112
로도스 섬 136
로드, 엘리자베스 139
로리오나이트 120
로마 21, 55, 113, 121~124, 126, 130, 136~137, 159, 195
로마 가톨릭 23, 80, 86, 96, 167, 195
로바즈, 메리 269
로버츠, 줄리아 277
로벤스 산업 및 환경 보건 안전 연구소 38
로빈스키, 리샤르도 133~134
로얄크레센트 67
로이즈 은행 88
로저스 88
로즈 25
론 134
롤스로이스 133
뢰벤슈타인, 마르타 216~217
루리어 212
루비, 잭 77
루에다 162
루이 14세 23, 25
루이지애나 주립 교도소 284

루터, 마르틴 147
류머티즘 53
리가 162
리마, 파우스토 45
리머릭 위원회 41, 43
리머릭, 레이디 실비아 39
리무진 77~78
리버풀 62, 157
리버풀 대학교 39, 60
리보플라빈 203
리볼버 106
리사 149, 151, 160, 197
리슈마니아 29
리슈만편모충증 29
리처드슨, 배리 35~38, 40~41
리치먼드 42
리카르도, 알렉산더 70
리튼스톤 85, 89, 91
린드, 제임스 157
릴 208
릴리움 21
링컨셔 289

마

마그네슘 119, 270
마늘 298
마담 튀소 밀랍 인형 박물관 65
마데이라 포도주 147
마드리드 156
마렉, 수산느 218
마렉, 에밀 217~218
마렉, 잉게보르크 217~218
마르멜로 159
마르살라 71
마름병 279
마리아 루이자 162
마사요, 무로즈미 127
마시, 나이오 200
마시, 루이자 100~101

찾아보기 325

마시, 모드 95~106
마시, 앨리스 99~100
마틴, 에드워드 180, 184, 190, 193
마호메트 21
마흐모드, 무스타파 226
만년설 135
만델라, 넬슨 215~216
말라리아열 183
매독 57, 164
매사추세츠베이 152
매칼파인, 아이다 169
매클레오드, 메리 67, 69
매튜스 43, 205
맥건, 엘리자베스 66~67
맥그라스, 패트릭 241~242
맥멀렌 부인 70
맥주 125
맨스필드 269
맬서스, 토머스 126
머리카락 39, 163~165, 169, 203, 212, 221, 294
멀티비타민 275
메네크라네스, 티베리우스 클라우디우스 159
메리 스튜어트 169
메리트 훈장 210
메시아 163
메싸이오닌 161
메이너드로드 248~249, 259
메이틀런드, 마샤 206
메칼로티오닌 272
메클렌부르크 공 26
메탈로이드 31
메틸기 42, 133
멕시코 162, 213
멩케 증후군 278
멜랑콜리아 57
모뉴먼트 92
모들링, 레지널드 240~241
모래파리 29
모쉬코프스키 80
모스키토 호 87

모자 상인 179
모차르트, 볼프강 아마데우스 51~56, 58~59
몬체고르스크 284
몬태나 32
몬트, 루드비히 286
몬트니켈 추출법 286
몰리에르 23
몽펠리에 160
무라노프르카야 80
무로란 공대 127
무르만스크 284
무카바라트 224
물 치료 요양소 70
물맞이 151, 167
뮌하우젠 증후군 292, 297
미 하원 특별 조사 위원회 78
미국 25, 32, 83, 112, 115, 127, 129, 132, 136, 142, 146, 148, 150, 157, 160, 162, 164, 219, 300
미국 과학 진흥 협회 134
미국 국립 과학원 128
미국 베토벤 협회 164
미국 보건국 132
미국 육군성 132
미국 환경 보호국 119, 275
미니치노, 카밀 271
미들랜드 60
미들섹스 병원 236
미엘린 수초 250
미첼, 피터 35, 37
미츠이 금속 광업 회사 273
민간요법 162
민지하트, 아드리안 26
밀 294
밀턴, 존 147

바

바그다드 대학교 224
바나나 288

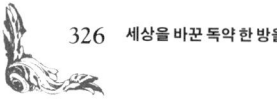

바나도 고아원 90
바데르스키, 루시 83~84
바데르스키, 메리 84
바륨 265~268
바륨 염 269
바르, 카를 53
바르샤바 80
바르샤바 방사선 방지 중앙 연구소 134
바사리오 110
바손, 우터 215, 216
바솔로뮤 광장 88
바스 151
바실루스 40
바이러스 257, 291
바이어스, 랜돌프 139
바이에른 197
바티칸 198
바흐라니, 살와 224
박테리아 40, 279
반 고흐 137
반금속 31
발햄 70, 73
발햄 미스터리 71, 75
밤베르크 197
방광 29
방사성 257
방연광 120, 141, 158
배럿 33
배빗 메탈 31~32
배빗, 아이작 31
배트, 제스로 254~255, 259~260
배핀 만 171~172
백금 207
백랍 109, 125, 165, 171
백선 199, 204, 212, 255
백악 101, 137
백연광 120, 125, 135~141, 176
백조 143
백혈병 139, 297
밸브 286
뱀퍼드 62

뱅 에그르 149
뱅거스 환자식 238
버러 97
버몬지 172
버밍엄 42, 160
버섯 278, 288
버스콧파크 71
버크벡 칼리지 39
버클리 대학교 271
버클리 테라스 66
버터 22, 295
버틀러 218
법의학자 105, 107
베네, 디트리히 293
베네딕투스 9세 195
베드퍼드 칼리지 245
베드퍼드 호텔 73
베드퍼드힐로드 70
베로나 23
베르길리우스 146
베르셀리우스, 옌스 야코브 25, 293
베르히테스가덴 243
베를린 293
베리지, 존 241
베릴륨 265, 269~271
베어링 31
베이비세이프 41
베이커, 조지 152, 154, 166, 170
베이컨 288
베토벤, 루트비히 판 56, 163~165
벤셀, 딕 판 39
벤첼 85
벨기에 133
벨라돈나 236
보갈루사 283
보드머 105
보드카 225
보르도액 279
보빙던 254, 257
보빙던 배탈 252
보스턴 152

보스턴 어린이 병원 139
보시앤티어즈 262
복막염 100, 101
본, 벤저민 153
볼티모어 140
부다페스트 213
부시, 조지 140
북극 25
북아라비아 66
북아메리카 66
분광계 207
분젠 버너 199, 207
불용성 143, 266, 268
붕소산 염 35
뷰캐넌, 콜린 200
브라보 사건 70
브라보, 찰스 15, 69~75
브라보, 플로런스 70~75
브라이턴 42, 55
브라질 45
브라질호두 268, 278, 294
브랜디 60, 64, 103, 186, 194
브레인, 윌리엄 171
브로드무어 240~242, 258, 262
브로민-아이오딘화탈륨 211
브룩스 대령 62
브룩스, 애니 61
브리들링튼 65
브리스틀 왕립 병원 151
브리스틀 공중 보건 연구소 40
브릭스, 프레드 232
블랙맘바 288
블레어, 도널드 240
블레이든, 레너드 62
블룸, 콘래드 150
비강 276
비강암 285
비니거 149
비브랜치로치킬러 283
비소 15~16, 20, 28, 35, 39, 41, 56, 104, 105
비소화탈륨 211, 218, 223

비숍스게이트 가 96
비숍스토포드 92
비스나트륨안티모니 28
비스무트 31, 101
비스크 도자기 158
비장 29, 189
비치 섬 171
비타민 B 203
비타민 C 174
비트루비우스, 마르쿠스 112
비티, 오언 172
빅스, 프레드 249, 252~257, 260
빅토리아 시대 19, 66, 93, 188
빈 54~55, 58
빈 종합 병원 56
빈티지 134
빈혈 170, 216
빌하르츠증 29
빙하기 127
빵 294

사

사과 118
사과술 155
사디크, 모하메드 248
사르데냐 123
사보랭 212
사산화안티모니 24
사우스시 65
사워크라우트 165, 170
사이안기 226
사이안화 241
사이안화물 241
사이오말산리튬안티모니 28
사진 210
사탕무 209
사탕수수 122, 214
사투르누스 121
사파 122~123

328 세상을 바꾼 독약 한 방울 2

산소 136, 265, 291
산업 혁명 128
산탄 31
산화납 137, 142, 149, 159, 197
산화안티모니 25~26, 33, 35, 42, 50
산화염화안티모니 22
산화카드뮴 273
산화탈륨 211
산화텔루륨 298
살라바, 마티아스 폰 53
살리에리, 안토니오 55~57
살리에리, 카를 토마스 56
살인 215, 301
삼염화안티모니 19, 22
새터니즘 121
샌안토니오 219
샌터모니카 121
생루이 병원 212
생명 보험 60
생인손 160
샤토뇌프 뒤 파프 134
샴페인 68
서로마 제국 124
서리 대학교 38
서인도 제도 151~152
석탄 16, 137, 211
선더만 227
선모충증 28, 52
선사 시대 127, 129
설탕 123, 171, 214, 242, 253
섭정 시대 168
성 마르크 묘지 54
세계 보건 기구 119
세네카 146
세로토닌 216
세루사이트 120
세번로드 273
세인트레너즈온시 88
세인트바솔로뮤 광장 91
세인트바솔로뮤 병원 36, 60
세인트스티븐 병원 225

세인트알반스 248
세인트알반스 시립 병원 250, 253, 261
세인트조지 홀 62
세인트조지프 병원 214
세인트존 광장 83
세인트토머스 의대 병원 259
세인트패트릭 묘지 89
세인트피터즈버그 273
센나 물 176
셀레늄 209, 294, 297
셀레늄화수소 293
셀레늄화탈륨 211, 265, 292, 293
셀리오 크림 212, 219
셰리주 71
셰익스피어 110, 269
소금 26, 288, 294~297
소더비 경매 164
소변 43, 116, 156, 170, 204, 222, 227~229, 273, 287, 295
소우셔홀 가 67
소프 93
소행성 128
속립선열 52, 58
손톤, 이언 42
쇠간 276
쇠고기 278
쇼, 조지 버나드 138
쇼디치 구빈원 91
쇼라시, 사미 225
쇼틱, 윌리엄 16, 129
수단 66
수산화납 136
수서, 에즈라 134
수소화안티모니 18
수염소연광 120
수용성 266, 268, 285
수은 57, 164, 211
순무 272
쉬어니스 248, 258
슈바르, 모흐센 224
슈페히트 195~198

스마트, 다이애나 249~252, 256, 261
스미스, 존 181~183
스웨덴 164, 209, 293
스위스 16, 53, 129
스카모니아 24
스코틀랜드 16, 45, 69, 169, 276, 296
스코틀랜드 요람사 신탁 39
스코풀라리옵시스 브레비카울리스 35, 40, 43
스콧, 루이자 제인 179
스키스토소마 29
스타인불옐로 276
스탈리논 300
스태퍼드 병원 60, 65
스태퍼드셔 158
스탠더드 오일 사 132
스테로이드 270
스테인드글라스 142
스테인리스 285
스토커 93~94, 101~105
스투파르, 프란츠 폰 발제그 52
스트리키닌 61, 64
스티보펜 29~30
스티븐스 93, 191~192
스티븐슨 190, 106
스티빈 18, 33, 37, 39, 41~43
스파크스, 트래버 243, 245
스프로트, 짐 41~42
스핏파이어 133
스핑크, 메리 이사벨라 86~90, 94, 106
스핑크, 샤드라크 86
스핑크, 윌리엄 86, 91
슬러피퍼피 280
슬로우 243, 246
습포제 54
시금치 272
시리아 226
시크 교도 113
시토크롬 C 산화 효소 277
시트르산 50
시트르산납 157
식중독 59, 251

식초 136, 149, 155, 160, 188, 194
신장 19, 90, 95, 148, 203, 206, 272~274, 286, 294
신진대사 18
신틸레이션 계수기 32, 215
실반레이크 280
실반레이크 의료 센터 280
심신증 93
심실세동 266
심장 19, 189, 206, 265, 269, 275, 289, 290
십이지장 228
싱크로트론 164
쌀 272

아

아나자르부스 20
아동 상담 지도국 239
아랍 21
아르곤 국립 연구소 164
아르신 기체 35
아모르 유스티티아 69
아몬드 278
아미노레불린산 115~116
아미노산 272
아미노산 시스테인 161
아세트산 123, 136, 149, 194, 253
아세트산납 123, 136, 157, 160, 170, 175, 178, 186, 188, 190192
아세트산바륨 269
아세트산크로뮴 276
아세트산탈륨 200, 212~213, 231, 235, 237, 240, 245, 247, 250, 252, 254, 256, 259
아스페르길루스 푸미가투스 37
아스피린 28
아시다 강 273
아시모프, 아이작 269
아연 142, 211, 272, 279
아와스티, 요게स 293
아와이즈, 나르민 225

아이다호 32
아이슬란드 282
아일랜드 43
아자르콘 162
아코니트 235
아쿠아 토파나 56~57
아테네 120
아트로핀 235~236
아파르트헤이트 216
아편 161, 176
아편제 75, 101
아프리카 33, 115, 216
안크레드, 헨리 200
안티모니 15~107, 231, 236, 247, 252
안티모니 버터 22
안티모니 염 15
안티모니화메글루민 29
안티모산 30
안티올리민 28
알 마그디위, 압델 226
알 미프티, 알 225
알 바타트, 사파 226
알가로스 가루 23
알가로티, 빅토르 23
알래스카 32~33
알렉산드로스 대왕 147
알리, 압둘라 225
알리트, 베벌리 289~290, 292
알코올 22, 60, 70, 148, 274
암 266, 277
암모니아 110, 136
압델라티프, 압달라 226
애들레이드 113
애벌린 경위 82~83
애블리, 조지 60
애슈퍼드 소년 구치소 239, 240
앤더슨, 아서 258
앤트바인 283
앤트워프 대학교 133
앨버타 280
앨버타 대학교 172

앨터러스 221~222
야보로프스키, 즈비그니에프 135
약국 234
약제사 60, 87
양 272
양고기 278
양배추 272
양상추 268, 272
양파 268
어드윈, 에드거 241, 246
어바인 78
어빈, 아서 260
에그노그 68
에나멜 19, 50
에드워드 7세 109
에드위드 7세 105
에든버러 65, 67, 296
에든버러 대학교 109, 157
에레보스 호 171
에번스 235
에스파냐 120, 124, 130, 157, 213, 21
에식스 92
에틸 사 132
에틸가솔린 사 114
에틸기 130, 133
FBI 77
엑스선 164, 205, 210, 266
엘더베리 156
엘리자베스 1세 23
엡스타인, 조이스 43
여성 노동 조합 연맹 158
연쇄 살인범 82
언어 294
열대 295
열병 가루 25
염색약 165
염소 266
염화나트륨 282, 288
염화납 120
염화바륨 268
염화칼륨 259, 289

찾아보기 331

염화탈륨 203
영, 그레이엄 205, 231~263
영, 마가렛 232
영, 몰리 231, 235, 237
영, 위니프레드 232, 236, 243, 247
영, 프레드 232, 237, 238
영국 23, 33, 35, 39, 41, 55, 60, 65, 112, 123, 125, 133, 150, 159, 162, 168, 170, 173, 216, 226, 242, 243, 271, 273, 289, 300
영국 콜레라 62
영아 돌연사 증후군 33, 43, 41
영화칼륨 288
오라토리오 163
오리고기 278
오리시스 121
오비디우스 146
오스왈드, 리 하비 77~78
오스트레일리아 33, 53, 113, 129, 139, 150, 216, 218
오스트리아 216, 18
오컬트 234, 48, 63
오코너, 휴 262
오크리지 국립 연구소 77
오페라 55, 57, 162
오헤어 151
옥시아세틸렌 273
옥텔 사 132
옥텟 133
올랜도 274
올리브 기름 159
올할로우스 교회 92
와너크, 데이비드 40
완즈위스 교도소 107
왕립 소아과 병원 39
왕립 외과 의사 학회 65
왕립 학회 27, 210
외과 의사 65, 80
월거스, 어니스트 131
요람사 33, 35, 38~39
요산 147
요크 공작 266

요크셔 65, 112
요한 163
용담 183
용의자 76
우드, 카터 160
우마리, 무아야드 224
우스티 카메노고르스크 271
우유 214
우크라이나 214
울위치 191, 193
울리히, 니나 30
워릭 백작 가루 23
워싱턴 D. C. 119
월계수 241
웨스트그린로드 84
웨스트민스터 42, 225
웨스트인디아독로드 82
웨스트허드퍼드셔 병원 250
웨슬리, 존 146
웨싱턴 162
웨이마크, 엘리자베스 89~90
웨일스 286
웰시하프 저수지 235, 239
위 15, 19, 90, 95, 104, 189, 203
위그모어 가 245
위스콘신 140
위스키 45, 58, 148
위암 94
위장 266
위염 291
위창자염 59
윈저 성 167
윈체스터 35
윈터헤이번 병원 221
윌라윌라 162
윌리엄스, 크리스 236, 239
윌밍턴 131
윌스 239
윌슨, 윌리엄 219
윌슨, 제임스 70
윌슨 병 278

윔블던코먼 166
유기산 295
유니온 가 92
유도 결합 플라스마 질량 분석기 40
유럽 70, 124, 136
유럽 연합 138
유리 142, 147, 247
유베날리스 146
유아 요람사 19
유언장 61, 182, 216
은 112, 120, 130, 142
은리아구, 제롬 121
음극선 210
음극선관 142
의사 21~24, 62, 80, 88, 101, 119, 154, 162, 164, 181, 215, 225, 245, 256, 288, 290, 295
이글, 밥 229, 232, 249, 259
이누이트 172, 174
이라크 223~226
이발사 80
이발소 83, 87
이블리, 저스티스 261
이산화타이타늄 139
이산화탄소 136
이스트엔드 85
이집트 20, 121
이타이이타이 병 273
이탈리아 23, 57, 66
인 16, 41
인도 33, 61, 113, 282
인디애나 274
인산칼슘 26, 281
인슐린 290
일본 33, 127, 136, 273
일산화탄소 286
임페리얼 칼리지 42, 80
입학시험 234
잉글랜드 35, 151
잎사귀 반점병 279

자

자고프스키, 루드비히 82
자메이카 71, 76, 152
자살 73, 75
잘츠부르크 53
장 90, 94, 189, 203, 259
장례식 220
장암 94
장티푸스 23, 29
재판 65, 106
잭더리퍼 82~83
잭빈 우레아제 285
잭슨, 앤드루 165
잿물 25
전하량 119
정신 병원 191
정신 분열 56, 134
정어리 295
제1차 세계 대전 133, 164
제임스 1세 169
제임스 가루 25~26
제임스, 로버트 25
제임스, 이언 57~58
조개 272
조니 워커 45
조영액 268
조지 1세 162
조지 3세 25, 165, 169~174
조지아드 83
조지타운 214
존벨 앤드 크로이든 245
존슨 알약 27
존슨, 새뮤얼 25
존슨, 조지 71
존슨, 휴 몰스워스 259
존켈리 중학교 238
주교 56
주석 21, 31, 265, 299
주석산 노랑 137
주철 19

주혈흡충증 28~29
준금속 31
중국 32, 270
중금속 211
중독 28, 57, 58, 64, 68, 74, 119, 121,
　　135~141, 143, 151~158, 162~165,
　　169~174, 176, 184, 189, 192, 198, 200,
　　214, 219, 225, 227, 237, 252, 258, 270, 273,
　　279, 287, 293
중성자 방사화 분석 77
중세 21, 117
쥐 214, 283
쥐스마이어, 프란츠 크사버 51, 55
즈볼렌 80
직장 104
진정 가루 70
질산 188
질산안티모니 21, 22
질산은 40
질산칼륨 26
질산탈륨 221~222
질산화탈륨 211

차

찰턴 186
참치 294~295
채프먼, 애니 84~85
채프먼, 조지 15, 51, 59, 79, 85~107
처치레인 85
천식 160
철 32, 226, 279
청동 19
체르노프치 214
체셔 91, 94
첼튼엄 스파 167
초석 26
초콜릿 288
총알 31, 76, 112, 124
췌장 203

츠비트키스 212
치과 의사 120
치즈 282, 295
침샘 203

카

카, 트래비스 222
카, 파이 221
카, 페기 221
카드뮴 265, 272~275
카드뮴 염 274
카드뮴옐로 274
카보닐니켈 285~287
카스파르 163
카타르 205~206
칼레 23
칼륨 202, 226, 265, 288, 292, 295
칼륨 염 27, 30
칼리디, 알라 224
칼슘 119, 287
캐나다 171~173, 280
캐나다 국립 수질 연구소 121
캐드월라더, 토머스 152
캔자스 의대 77
캔크로 112
캘러거, 존 77
캘리코천 276
캘리포니아 121, 277
캘리포니아 공대 127
캘리포니아 대학교 78
캠벨, 플로런스 71
커밍스, 험 132
컬럼비아 대학교 117, 134, 150, 160
컴퓨터 142
케네디, 존 피츠제럴드 76
케르너, 디터 57
케르메스 미네랄 24
켄싱턴플레이스 71
켄트 74

켈리, 조앤 37
켈트 족 151
코널리, 존 77
코랄 162
코레조 137
코렘루 크림 212
코발트 45
코브라과 288
코스트 작전 216
코완 67~68
코카콜라 157, 221
코터 94
코프로포피리노겐 115
코플리 메달 27
콕스, 제인 71, 73~76
콘스탄체 51, 55
콜럼버스, 크리스토퍼 147
콩 268, 279, 285
쿠르드 반군 226
쿠르드 애국 동맹 226
쿠르드 저항군 226
쿠빌라이 칸 147
쿡, 존 파슨스 64
퀴닌 183
퀸모드 산맥 128
퀸즐랜드 139
큐 궁 166
크램프턴, 폴 290
크레이그, 피터 41
크로노스 121
크로뮴산납 137
크로뮴 265, 275~276
크로뮴 염 276~277
크로뮴산 276~277
크로뮴산납 276
크로뮴산바륨 276
크로뮴옐로 137, 276~277
크로이든 95~96
크롤, 오스왈드 22
크룩사이트 209
크룩스, 윌리엄 199, 207~210

크리머, 제인 274
크리머, 존 274
크리스천 사이언스 220
크리스티, 애거사 199, 205
클라우디우스 황제 122
클라크, 앨프리드 98
클러컨웰 83
클레멘스 2세 175, 195~198
클로로롬 22, 239
클로셋, 토마스 프란츠 53
클로소프스키, 세베린 79~85, 107
클로소프스키, 안토니오 79
클로소프스키, 에밀리 79
클루코스 276
키텐베르거 217~218
키프, 에드먼드 178
키호, 로버트 114
킨, 앨버트 245
킬레이트 227~228
킬레이트제 20
킹스칼리지 병원 71
킹윌리엄 섬 173

타

타깃 100
타블로이드 242
타일코트 60
타타르 구토제 26~28, 47~50, 73~74, 168
타타르 크림 24, 26
타타르산 50, 235
타타르산수소화칼륨 24, 26
타타르산안티모니 21
타타르산안티모닐나트륨 232, 235, 237~239, 243~246, 249, 251~252, 259
타타르산안티모닐칼륨 26~28, 32, 48, 59, 61, 64, 68~71, 87, 92, 99, 105, 232
탄산납 120, 136, 143, 160, 176
탄산바륨 268
탄산수 103

탄산수소나트륨 48, 183
탄산염화납 120
탄산칼륨 25, 160
탈라트 218
탈로스 199
탈륨 199~263, 207, 294
탈륨 염 204
탈륨 염 211
탈모 216, 227, 260
태평양 171
터너, 마사 83
터너, 오노라 175, 178
터너, 제임스 178
터크웰, 거트루드 158~159
터키 20
테니슨, 앨프리드 로드 146
테러 호 171
테일러, 루이자 제인 179
테일러, 리암 289
테일러, 메리 제인 65
테일러, 베시 91~94, 106
테일러, 앤 176, 178
테일러, 앤드루 38
테일러, 윌리엄 93~94
테일러, 찰스 176, 178
테일러, 토머스 175~176, 179
테트라메틸납 133~135
테트라에틸납 130~135
테트라헤드라이트 32
텍사스 77, 219, 269, 293
텔레비전 142, 210
텔루륨 265, 297~298
토끼고기 102
토리당 166
토링턴, 존 171
토마토 118
토성의 가루 260
토탄지 129
토트넘 84~85
톰프슨, 마이크 39, 40, 42
통풍 146, 263

툰 부인 102, 104~105
트라이메틸스티빈 42~43
트라이뷰틸주석 300~301
트레질리스, 메리 앤 175, 180~194
트레질리스, 윌리엄 180
트레팔, 조지 제임스 221~223
트리몬 28
트리스 185~187
트리파노소마증 28
티베리우스 159
티아민 203
티크리티, 바르잔 224
티투스 55
틸슨, 데이비드 253~255, 260

파

파라셀수스 21
파리 21, 212
파리 자선 병원 112
파머 59
파머 법 60
파머, 애니 63
파머, 엘리자베스 63
파머, 월터 63~64
파머, 윌리엄 59~65
파머, 존 63
파머, 프랭크 63
파울러 용액 28
파이시, 크리스토퍼 240
파이프 120, 122, 125, 155, 190
파인라스파크 274
파키스탄 248
파프리카 143
패리 173
패터슨, 클레어 캐머런 127~129
팩, 클레어 292
퍼, 메이미 283~284
퍼, 윌 283
펀자브 282

페나스 국제 연구소 35
페놀 97
페니키아 120, 129
페로사이안화철칼륨 206, 228
페루 128
페르디난도 2세 23
페인터, 엘리자베스 92~93
페인트 109, 128, 134, 137, 140, 155, 276, 300
페퍼 가 92
펜실베이니아 274
펜토스탐 29
펠, 피터 156
펠트셔 80
폐 29, 117, 189, 204, 206, 270, 289
폐렴 58
폐암 276, 285
포더길, 존 27
포도 주스 276
포도상 구균 300
포도주 27, 122~124, 134, 148, 151, 155~157,
 160, 163, 165, 197, 209, 245
포르투갈 포도주 147
포르피린 169~170
포리스트로드 86
포스게나이트 120
포스터, 고드프리 246, 250
포시아 110
포츠머스 65
포크 223
포트와인 109, 147, 150, 163
포플러 82
폴란드 79, 83, 117
폴란드 어 82
폴리네시아 122
폴스무어 교도소 215
푸아딘 28
푸아티에 151
풀러, 나이젤 259
풀럼 225
퓨린 148
프라 가 80

프라이러히 70
프라지콴텔 29
프라하 55
프랑스 22, 27, 134, 138, 149, 150, 160, 208,
 216, 300
프랑스 과학 학술원 208
프랭클린 원정대 173
프랭클린, 벤저민 146, 152
프랭클린, 존 171
프러시안블루 226~229
프레밍, 케이 알렉산더 164
프로이트 93
프리메이슨 53~55, 66
프리시, 모리츠 216~217
프리처드, 메리 제인 67, 69
프리처드, 에드워드 윌리엄 65~68
프린스 오브 웨일스 62
프린스오브웨일스 맥주집 88
프링글, 존 153
플랑슈, 탕크렐 데 112
플럼스테드 191
플레밍, 피터 39
플레이페어, 리온 109
플레처 218
플로리다 221
플로리다 교도소 273
플루오린 265, 280~282
플루오린화나트륨 281~283
피니, 앨버트 277
피렌체 23
피로카테콜-2 28
PVC 33, 38, 40, 42, 142
피셔 195, 197
피츠허버트 부인 167
피클 295
피트, 윌리엄 146
픽통 배앓이 150, 158
핀즈베리 88
필라델피아 153
필립스, 베키 291
필립스, 케이티 291

하

하노버 대학교 30
하노버 선제후 162
하드윅, 티모시 289
하숙집 86
하우스만, 로버트 219
하이 가 97
하이델베르크 대학교 16
하이들라우프, 호르스트 227
하인드, 로버트 257
하인리히 3세 196
하일리겐슈타트 유언장 163
하트넬, 존 171
하트퍼드셔 92
하픽 242
한-마이트너 연구소 293
할레 162
합금 31, 76
항콜린에스테라제 19
해독제 259, 268, 287
해드랜드, 존 246~249
해머스미스 병원 205
해밀턴, 수전 296~297
해바라기 씨 278
해열제 58
해충제 282, 300
핵탄두 270
핼액 229
햄프셔 65
허멜헴프스테드 247, 250, 260
허시먼, 갠 52
헉스햄, 존 27, 152
헌먼비 65
헌터, 리처드 169
헝가리 143
헤리퍼드셔 152
헤모글로빈 115
헤이스팅스 86, 105
헤이우드, 오드리 151
헨델, 게오르크 프리드리히 162

헴 그룹 115
혈액 43
호두 278
호프데멜, 프란츠 55
혹즈헤드 149
혼슈 273
화이트채플 82
화이트채플하이 가 82
화장먹 141
화장품 120, 136
화학 136, 207, 211, 234, 269, 279, 297, 299
황 18, 161
황산 220
황산구리 279~280
황산나트륨 268
황산니켈 286
황산바륨 137, 268
황산탈륨 205~208, 213, 218, 224, 228
황화납 120, 137, 141, 158
황화산화안티모니 27
황화수소 95
황화안티모니 20, 25, 32, 94, 95
황화카드뮴 274
황화탈륨 211
효소 272, 277, 279, 281, 285
후세인, 사담 223~226
후추 276
후추(마을) 273
휘그당 166, 168
휘발유 127, 130~132, 134, 141
휘안석 25, 32
휘팅턴 병원 257
휴이트, 론 249, 251
흑마술 200, 234
흑사병 124
흰곰팡이병 279
히틀러, 아돌프 218, 242
히포크라테스 112
힌드 발한제 27
힐러, 페르디난트 164
힝클리 277

옮긴이 — 김명남

카이스트 화학과를 졸업하고 서울 대학교 환경 대학원에서 환경 정책을 공부했다. 인터넷 서점 알라딘 편집팀장을 지냈고 전문 번역가로 활동하고 있다. 제55회 한국출판문화상 번역 부문을 수상했다. 옮긴 책으로 『코스모스: 가능한 세계들』, 『지구의 속삭임』, 『우리 본성의 선한 천사』, 『정신병을 만드는 사람들』, 『갈릴레오』, 『인체 완전판』(공역), 『현실, 그 가슴 뛰는 마법』, 『여덟 마리 새끼 돼지』, 『시크릿 하우스』, 『이보디보』, 『특이점이 온다』, 『한 권으로 읽는 브리태니커』, 『버자이너 문화사』, 『남자들은 자꾸 나를 가르치려 든다』 등이 있다.

세상을 바꾼 독약 한 방울 2

1판 1쇄 펴냄 2010년 8월 30일
1판 5쇄 펴냄 2020년 3월 31일

지은이 존 엠슬리
옮긴이 김명남
펴낸이 박상준
펴낸곳 (주)사이언스북스

출판등록 1997. 3. 24.(제16-1444호)
(06027) 서울특별시 강남구 도산대로1길 62
대표전화 515-2000, 팩시밀리 515-2007
편집부 517-4263, 팩시밀리 514-2329
www.sciencebooks.co.kr

한국어판 ⓒ (주)사이언스북스, 2010. Printed in Seoul, Korea.

ISBN 978-89-8371-242-4 04400
ISBN 978-89-8371-240-0 (전2권)